"十四五"普通高等教育本科部委级规划教材

纺织科学与工程一流学科建设教材

纺织工程一流本科专业建设教材

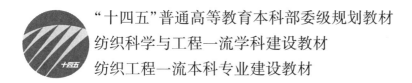

现代纺织颜色科学

刘建勇◎主　编

姜会钰◎副主编

中国纺织出版社有限公司

内 容 提 要

本书从颜色的产生和影响因素出发，介绍了颜色的特征、分类和国际上常用的颜色系统，并且以 CIE 标准色度系统和均匀颜色空间为基础，对颜色的数字化表征、白度与色差评价进行系统论述。同时，详细介绍了纺织品表面颜色深度和同色异谱现象的评价以及计算机配色的原理和方法。最后，介绍了颜色测量方法、原理、仪器以及颜色信息管理等方面的相关内容。

本书注重将颜色科学与纺织行业紧密结合，不仅可作为纺织类相关专业的本科、职业教育教材，也可供纺织、轻化及服装工程等相关专业技术人员参考。

图书在版编目（CIP）数据

现代纺织颜色科学 / 刘建勇主编 ；姜会钰副主编.
北京 ：中国纺织出版社有限公司，2024.12. -- （"十四五"普通高等教育本科部委级规划教材）（纺织科学与工程一流学科建设教材）（纺织工程一流本科专业建设教材）. -- ISBN 978-7-5229-1887-7

Ⅰ. TS105.1

中国国家版本馆 CIP 数据核字第 2024EX4557 号

责任编辑：沈 靖 责任校对：高 涵 责任印制：王艳丽

中国纺织出版社有限公司出版发行
地址：北京市朝阳区百子湾东里 A407 号楼 邮政编码：100124
销售电话：010—67004422 传真：010—87155801
http://www.c-textilep.com
中国纺织出版社天猫旗舰店
官方微博 http://weibo.com/2119887771
三河市宏盛印务有限公司印刷 各地新华书店经销
2024 年 12 月第 1 版第 1 次印刷
开本：787×1092 1/16 印张：15.75
字数：295 千字 定价：56.00 元

凡购本书，如有缺页、倒页、脱页，由本社图书营销中心调换

前言

20世纪80年代开始，颜色科学的相关技术逐渐在纺织领域得到应用，而随着计算机技术的快速发展，颜色科学理论和应用技术的进步也得到了有力推动。颜色的表征、评价更加合理，颜色测量方法及相关仪器不断更新迭代，大大提高了颜色科学在工业领域的实用性。特别是在纺织工业、服装工业、印刷业、染料制造业、涂料工业、塑料生产业、造纸工业以及摄影、交通、光源遥感等领域得到越来越广泛的应用。

为了适应纺织行业快速发展的要求，20世纪90年代，天津工业大学的董振礼教授等在多年讲授颜色科学的基础上，编写了《测色及电子计算机配色》一书，并且迅速被同行业各个高校选作教材，后经2007年和2017年两次修订，《测色与计算机配色》成为纺织类专业进行颜色科学教学的经典教材，相信亲身参与了纺织强国建设过程的一大批纺织专业人才对此深有感触。

如今，在纺织全行业实现较大跨越发展的基础上，"科技、时尚、绿色"成为发展的新要求，诸如高速数码印花、数字化智能染色工厂、服装个性化定制及服装智能制造等新的技术、装备和产业形式快速普及，迫切需要得到颜色科学等相关技术的支持。另外，颜色科学本身也在学科交叉融合过程中不断发展，结构色等新的应用对象不断出现，CIE DE2000等与人类颜色视觉更加吻合的色差公式以及新的测量仪器、方法也不断推陈出新。这种新形势下，组织编写一本既能够全面反映颜色科学进展，又能够满足行业需求的教材势在必行。

在教育部轻工类教学指导委员会和中国纺织出版社有限公司的大力支持下，由天津工业大学牵头，联合了东华大学、江南大学和武汉纺织大学的相关教师，在总结各个高校颜色科学相关课程教学经验的基础上，组成了《现代纺织颜色科学》编写组。在编写过程中，注重课程思政建设，在充分参考《测色与计算机配色》成功经验的基础上，结合行业的发展情况和各个学校的教学实践，对部分章节的顺序进行了大幅调整，多数内容也重新进行了编写，增加了颜色科学最新进展，而且在相关章节安排了实验等实践环节，提高了实用性。学生学习本书内容后，能更快地运用相关知识开展工作。

　　本书第一、第六章和第七章由天津工业大学赵晋、刘建勇编写，第二、第八章由江南大学袁久刚编写，第三、第四章由东华大学李戎编写，第五章由武汉纺织大学姜会钰、颜超编写，第九章由东华大学李戎和德塔颜色商贸（上海）有限公司张子涛编写，第十章由爱色丽（上海）色彩科技有限公司闫世成和天津工业大学刘建勇编写。全书由天津工业大学刘建勇统稿。

　　由于作者水平所限，不妥和疏漏之处在所难免，望广大读者批评、指正。

作者

2024 年 2 月

目录

第一章 颜色科学基础

大家对于颜色都不陌生,蓝色的天空,绿色的田野,五彩缤纷的服饰、建筑等,这一切都让我们发现,颜色让世界看上去如此生机无限。在不同人眼中,"颜色"这个概念具有不同的意义。在艺术家眼中,颜色的组合与变化可以用来抒发情感;在化学家眼中,颜色的变化可以来判断或者鉴别某些化学反应的发生或者某种特殊物质的存在;在微电子学家眼中,颜色可以作为各种信号标志的基础并且作为一种特殊的基质用以进行信息的传递等。经过多年的发展,颜色科学如今已经发展成为一门以视觉生理学、视觉心理学、物理光学、光电子学、电子与计算机科学等为基础的综合性学科,在照明、摄影、电影、电视、印刷、纺织、考古、中医、化工、造纸、军事、环境、文化艺术等众多领域均有着广泛的应用。

随着信息技术,尤其是网络应用的大规模普及,颜色科学也进入数字化、智能化等高科技云集的时代。与此相适应,颜色科学适用在染整行业内的理论与技术已经得到广泛、深入的补充和发展。

第一节 颜色的产生

课件

简单来说,颜色是人眼视觉系统对于光产生的一种知觉。众所周知,影响颜色的因素有很多,判断颜色产生的根本原因,对精确表征颜色意义重大。从本质上讲,我们能够看到一个物体的颜色需要满足以下三个必要条件,如图1-1所示。

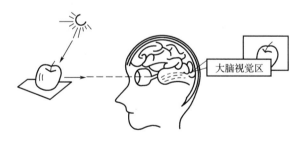

图1-1 人的颜色视觉过程

(1)光源:用于照亮有色物体。

(2)有色物体:将照射到物体表面的光选择性吸收、散射、反射等。

(3)观察者:散射反射光进入观察者眼睛并获得识别,最后传输到大脑。

光源将光线照射到有色物体表面后,物体将一部分的光线散射或者反射出来,这部分光线进入人的眼睛中,转换成光信号,经过人的视觉神经传入大脑,最终大脑对颜色做出判断。从这个过程我们可以看出,三个必要条件任何一个出现变化都会直接影响人对颜色的感知情况。

一、光的色散

光学既是古老物理学中的基础内容,又是当前科学研究中最活跃的领域。对光的认识过程是人类认识客观世界进程中一个重要的组成部分,是不断揭露矛盾、解决问题,从不完全和不确切的认识逐步走向较完善和较确切认识的过程,生产实践和科学实验是光学发展的主要源泉。

现代光学认为,光是一种电磁波。电磁波包括 X 射线、紫外线、可见光、红外线、雷达、无线电和电视广播等,其波长范围,短的小于 1nm,而长的超过 103km。可见光的波长通常认为在380～780nm,在整个电磁波中,仅仅占据着其中很小的一段。

但是,可见光的实际可视波长范围,不同人之间是有差异的,有些人对于长波端的光比较敏感,有些人对于短波端的光比较敏感,而可见光波长的两端,对任何人的颜色视觉贡献都比较小,如图 1-2 所示。所以,从物理学意义上讲,可见光的波长范围是 380～780nm,近紫外波段的光虽然不能直接被大多数人眼所感知,但却可以通过激发荧光的方式直接影响到最终成品颜色的评价结果。而在颜色评价特别是颜色计算时,又常常把可见光的波长范围确定为400～700nm。

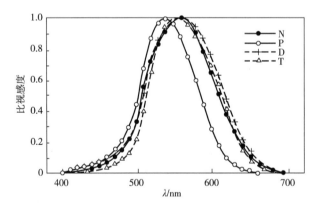

图 1-2　不同人的光谱效率曲线

N—视力相对正常的人　　P、D、T—三种视力相对有偏差的人

人类对视觉和颜色的认识与人类自身的文明史差不多一样漫长,在出土的新石器时期的陶器上,已经明确可以看出,原始社会时期,有人类利用自然土壤具有的几种简单色彩进行组合运用的痕迹。在《墨经》中有记载:"目以火见",已明确表示人眼依赖光照才能看见物体。《吕氏春秋·任数篇》指出:"目之见也借于昭。"《礼记·仲尼燕居》中也记载:"譬如终夜有求于幽室之中,非烛何见?"东汉《潜夫论》中进一步指出:"夫目之视,非能有光也,必因乎日月火炎而后

光存焉。"以上记载均说明，当时的人已经认识到光照是人眼产生视觉的必要条件。

现在人类已经认识到不同波长的可见光，在人类视觉中会产生不同的颜色感觉，当一束太阳光通过一个三棱镜时，可以得到红、橙、黄、绿、青、蓝、紫等一系列颜色，而且各颜色间并无明显界限，是一个连续谱带。人们把可见光按不同波长展开的现象称为光的色散。

彩虹作为一种自然界的色散现象，很早就引起了研究者的兴趣。在我国古代，对颜色成因的研究，起源于对虹现象的解释。在唐朝初期，孔颖达在其撰写的《礼记注疏》中提道："若云薄漏日，日照雨滴则虹生"。北宋时期的沈括在他的著作《梦溪笔谈》第21卷中曾提道："虹乃雨中日影也，日照雨则有之。"又更进一步明确了光照对于虹形成的必要性。

除了对于自然色散的观察外，中国古代也有关于天然晶体使阳光产生色散的记录。比如北宋的《杨文公谈苑》一书中有这样一段话："嘉州峨眉山有菩萨石，多人采之，色莹白，若泰山狼牙石、上饶水晶之类，日光射之有无色。"此处提到的"菩萨石"就是现在我们所说的石英。后来，李时珍在《本草纲目》第8卷中说明菩萨石"出峨眉、五台匡庐岩窦间，其质六棱，或大如枣栗，其色莹洁，映日则光彩微芒；有小如莹珠，则五色灿然可喜，亦石英之类也。"此处的六棱形的石英晶体产生色散现象与现代的分光实验本质上已经非常接近了。

同时期的欧洲对于光的色散研究也在稚拙前行，但大多数人对颜色的认识仍执着于亚里士多德的观点。亚里士多德认为，颜色是人们主观的感觉，一切颜色的形成都是光明与黑暗、白与黑按比例混合的结果。虽然，1663年波义耳提出物体的颜色并不是属于物体的固有特征，而是由于光线在被照射的物体表面上发生变异所引起的。另外还有不少科学家，如笛卡儿、胡克等也都讨论过白光分散或聚集成颜色的问题，但他们都认为棱镜是使太阳光产生了颜色而不是分离了白光中的不同波段光的颜色。因此在这个假设下，对于光色散的研究一直踟蹰不前。

最终，定义光色散现象的是英国科学家牛顿。他虽然不是最先利用三棱镜进行分光实验的科学家，但他不仅利用三棱镜将太阳光分解成多色的光，同时，也通过另一块棱镜将分解出的彩光又合成了白光，图1-3所示为牛顿所用的光色散及合成白光装置。在其所著的《光学》一书中明确提出了单色光与复色光的概念：太阳光作为复色光被分解为单色光后不能再分解或改变它的颜色；每一种单色光都有固定的折射率，红光最小，紫光最大；白光是由其他各单色光组合而成。至此，以光的色散及光的波粒二象性为基础的光学研究初成体系了。

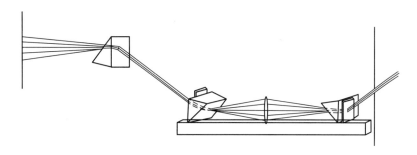

图1-3 牛顿合成白光的装置

中国第一本对于光的色散现象有比较完整实验及分析记录的是 1853 年张福僖的《光论》一书,他在翻译牛顿著作的同时,加入了后期其他科学家相关的论述,其中详细记录了分光实验、光的折射反射实验、单色光合成复色白光实验以及经典旋转色盘实验等。作者在序言中提道:"光呈即色呈,其数有七,合则为白,分则为红、为橙、为黄、为正黄、为绿、为蓝、为老蓝、为青莲。设以三角玻璃条试向日中射影于地,立见其效,红色最热,青莲色变化他物之色最易。太阳光中有无数定界黑线,惟电气、油火、烧酒诸光,但又明线,而无黑线。故知光之为物实而非虚也。""太阳光中有无数定界黑线"主要指的是后来发现的"夫琅和费谱线"。此时的颜色理论虽然没有现在严谨,却是如今颜色科学中描述颜色产生过程的基础。

综上所述,所谓光的色散顾名思义就是指利用棱镜等分光元件将一束太阳白光中的单色光分离出来的过程。能够和太阳光一样被光学元件分成多色谱带的即为复色光,而单一波长的光则为单色光,而复色光被分出的多色谱带叫作光谱带。所以从物理学意义上讲,可见光的波长范围是 380~780nm。人的颜色视觉一般仅存在 400~700nm。对于颜色科学中可见光的定义是根据物理学意义界定的,而近紫外波段的光虽然不能直接被大多数人眼所感知,但却可以通过激发荧光的方式直接影响到最终成品颜色的评价结果,图 1-4 所示为现代教学过程中,光的色散及合成的教学演示用具。

图 1-4 光的色散及合成的教学演示用具

从本质上讲,太阳光应称为太阳辐射,而能够被人类感知识别的可见光也是一种包含众多波段的复合电磁波。科技发展到今天,可以使光产生色散现象的光学器件,从之前的棱镜发展到了如今更精密的滤光片、光栅等,分出的单色光越来越趋近单一波长。单一波长的光其实与绝对零度、黑体等物理概念一样,属于一种可以无限趋近,却永远无法真正达到的理想化模型。而在实际工程应用上,我们通常将容易获得的由光学元件色散得到的较窄波长范围的光理解为单色光。

二、光源的光谱分布和色温

除了普通太阳光外,会使用到很多的光源,这些光源的特性一般使用光谱分布及色温进行表述。光谱分布通常是指形容光源光谱密度与波长之间关系的函数,也称为光谱分布函数(spectral distribution function)简称光谱。光谱密度指的是单位波长对应的辐射量,辐射量可以用光通量、强度、亮度、照度等表示。而实际中常使用光谱分布的相对值,而不是绝对值,将光谱分布函数的最大值设定为1,其他值进行归一化处理后得到的是在颜色计算时用到的相对光谱分布。

光谱按产生方式可分为发射光谱、吸收光谱和散射光谱。光源(包括日光)的光谱属于发射光谱,而发射光谱又可以分成三个不同种类:线状光谱、带状光谱和连续光谱。从物理学意义上讲,线状光谱主要产生于原子,由一些不连续的亮线组成,比如低压钠灯;带状光谱主要产生于分子,由一些密集的某个波长范围内的光组成,比如发光二极管的出射光;连续光谱则主要产生于白炽的固体、液体或高压气体受激发发射电磁辐射,由连续分布的所有波长的光组成,比如太阳光(日光)。在实际颜色评价过程中,人们可以根据自己的需要,在具有不同光谱分布的国际通用标准光源中选择与使用,如 D65、A、F2、F11 等光源。

绝对黑体的温度经常用于表征光源的特征。与绝对零度等物理量一样,黑体也是一个理想化的物理模型,它能够吸收外来的全部电磁辐射,并且不会有任何的反射与透射。也就是说,黑体对于任何波长的电磁波的吸收系数为1,透射系数为0。黑体不一定是黑色的,比如太阳在很多情况下就可以认定为一个黑体,它不反射任何电磁波,但可以放出电磁波,而这些电磁波的波长和能量则全取决于黑体的温度,不因其他因素而改变,黑体单位面积上的辐射功率只与黑体温度有关。

黑体辐射出包括可见光的电磁波,就成为光源,而且辐射只跟温度有关,黑体加热到不同温度会有不同颜色的光辐射出来。如果光源的光与黑体加热到不同温度所发出的光相匹配,此时就可以用黑体所具有的温度表示光源发出光的颜色,这就是色温。

色温可以作为光源的特征参数对光源进行标记,色温的单位用开氏温标。在可见光范围内,从红光至蓝光,波长持续变小,能量逐渐增大,加热温度越高,黑体被赋予的能量就越多,自然辐射出的能量也越多,所以,黑体的温度越高,向外辐射的波长就越短,与之匹配的光源色温就越高。开尔文通过实验,将不同的颜色对应不同的温度数值,并且形成了可操作查阅的系统性图谱。

三、物体对颜色的影响

人类感知颜色的三要素中,物体本身也是要素之一。从颜色产生的角度可以将物体颜色分成两类:一种是自身可以向周围空间辐射的自发光体(如光源等),其颜色取决于物体发出光的相对光谱分布情况;另一种则是本身不能辐射光能量,但能对照射在其表面的光进行选择性吸收、反射或透射,而呈现不同的颜色,其颜色取决于进入人眼的光谱分布情况,或者说不发光物体的颜色取决于其本身的光学特性，与物体本身的材料以及内外部的微结构有关。

当光照射到物体表面时，通常会有吸收、散射、反射、透射等情况。对于透明和不透明物体而言，这两种物体颜色的决定因素是不同的。透明物体的颜色取决于其透射光的光谱分布，而不透明的物体颜色则取决于其反射光的光谱分布。

当透明或者半透明的物体在受到光照时，会出现透射现象，即入射光中未被物体吸收和反射的一部分经过折射后穿过物体，并从另一面射出的现象（如滤光片等）。如果将透过物体的光通量定义为 ϕ_t（transmission light），入射光的光通量定义为 ϕ_i（incident light），则此物体对于这种入射光的透射率为这两个物理量的比值：

$$\tau = \frac{\phi_t}{\phi_i} \tag{1-1}$$

由于光的透过率与其波长直接相关，因此，将光通量扩展为波长的函数，即 $\phi_t(\lambda_i)$ 和 $\phi_i(\lambda_i)$。则广泛意义上的光谱透射率 $\tau(\lambda_i)$ 可以表示为：

$$\tau(\lambda_i) = \frac{\phi_t(\lambda_i)}{\phi_i(\lambda_i)} \tag{1-2}$$

所以，对于透明物体而言，物体颜色决定于该物体的透射率随波长变化的情况。

同理，对于不透明的物体，其颜色主要取决于物体的反射率随波长的变化情况。将物体表面反射出的光通量定义为 ϕ_R（reflect light），入射光的光通量定义为 ϕ_i，则物体对于这种入射光的反射率为这两个物理量的比值：

$$\rho = \frac{\phi_R}{\phi_i} \tag{1-3}$$

同样，广泛意义上的光谱反射率 $\rho(\lambda_i)$ 则可以表示为：

$$\rho(\lambda_i) = \frac{\phi_R(\lambda_i)}{\phi_i(\lambda_i)} \tag{1-4}$$

通常，物体颜色的特征可以用光谱反射率随波长变化的曲线描述，称作分光反射率曲线，描绘了物体对可见光中各个不同波长的光的吸收和反射特征。图 1-5 所示为不同颜色物体的分光反射率曲线。

当可见光区不同波长的光谱反射率均为 1 时，这种特殊的物体被称为完全反射漫射体（物理模型），在后面进行颜色测量时，作为基础"白板"，定义整体检测的基线。

物体对于光线的吸收是伴随着透射及反射同时发生的。眼睛捕捉到的是一部分波长

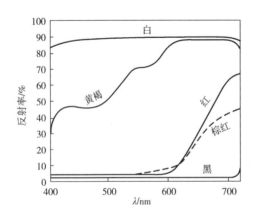

图 1-5　不同颜色物体的分光反射率曲线

的透射或反射光,通过眼睛识别后,经过大脑被感知。那些未能透射或者反射、散射的光则被物体吸收,被吸收的光能注入了物质体系中,根据能量守恒定律,这些能量会以其他的形式向外释放以达到相应的平衡。

这种物体对特定波长(能量)光产生选择性吸收、反射或散射的能力与物质本身的结构有关。由于光的能量与波长相关,有些化学基团本身由于化学键的原因,会对具有特定能量(波长)的入射光产生选择性吸收,从而使物质显色(如染料、颜料、色素等),这种情况产生的颜色通常称为色素色(或称化学色);而有些物质(如孔雀的尾羽、北极熊的毛等)具有周期性的表面微结构,会对光线产生选择性的反射、折射、散射等情况,或者通过光的干涉与衍射现象等,而使物质具有颜色,这种方式产生的颜色通常命名为结构色(又称物理色);自然界中更多的是上述两种情况同时存在,既有能发色的化学基团,又有使光路产生改变的复杂微结构。表 1-1 总结了两种情况产生的颜色。

表 1-1　自然界颜色的产生方式

颜色		色素	
		−	+
结构	−	无彩色	色素色
	+	色彩斑斓的虹彩色、散射结构色(薄膜、多层薄膜、光子晶体)	色素增效结构色

综上所述,物体的颜色与物体本身对光的吸收、散射、透射和反射情况相关,这些性能和物体本身的化学结构、聚集态结构以及表面形态结构等密切相关。"万事万物是相互联系、相互依存的。只有用普遍联系的、全面系统的、发展变化的观点观察事物,才能把握事物发展规律。"因此必须坚持系统观念,才能全面正确地理解物体对颜色产生的影响。

第二节　颜色视觉

观察者也是颜色产生三要素之一,观察者通过视觉系统捕捉可见光并加以识别后,对颜色作出判定的这个生理现象叫作颜色视觉(color vision)。

一、人类视觉系统的构成及其与颜色的关系

人眼是一个复杂的感觉器官,如图 1-6 所示,首先眼睛对颜色信号进行捕捉,然后通过视神经对信息进行传导,最后由大脑视觉中枢进行判定后,形成最终的颜色视觉。人眼最外层的角膜与房水,主要起到收集捕捉光线的作用,捕捉到的光线经过晶状体进行聚焦后进入玻璃体,在眼球后壁的视网膜成像。在这个过程中,瞳孔利用其中虹膜的扩张与收缩,可以调节瞳孔的感光量,改变视场深度(这个作用类似于相机里的光圈),最后,视网膜上图像信号转变成为能够被神经传导的电信号,通过视神经传入大脑。其中,视网膜对颜色视觉的产生具有重要的作用。

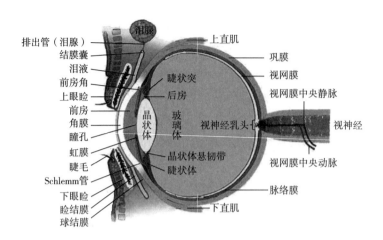

图 1-6 眼睛的结构

视网膜是由神经细胞组成的薄膜,厚度约 400μm,其位于眼底最深处的位置。组成视网膜的是数以亿计的神经细胞,整体分为三层,并通过突触组成一个信息处理的复杂网络。

第一层是色素细胞层,含有大量的黑色素颗粒和维生素 A,对感光细胞有营养和保护作用。

第二层是感光细胞层,是光—电转换产生感受器电位的关键部位,其中视杆细胞和视锥细胞是形成光感信号的核心位置。由表 1-2 可知,两种感光细胞的结构和功能截然不同,视杆细胞针对的是明暗视觉,而视锥细胞则是有彩色视觉形成的关键。这里提到的中央凹是视网膜中视觉(辨色力、分辨力)最敏锐的区域。中央凹位于黄斑区中央,只有色素上皮细胞和视锥细胞两层细胞,其他细胞均斜向周围排列,没有视杆细胞存在。

表 1-2 视杆细胞与视锥细胞的结构与功能

	项目	视杆细胞	视锥细胞
结构特征	分布	视网膜周边部分 (向外周呈递减趋势)	视网膜黄斑部分 (中央凹处为主)
	联系方式	呈聚合式,分辨力弱	呈单线式,分辨力强
	感光色素	只有视紫红质 (视蛋白+视黄醛)	有感红、绿、蓝光色素 3 种 (不同的视蛋白+视黄醛)
	种族差异	鼠、猫头鹰等动物仅有视杆细胞	鸡、爬虫类等动物仅有视锥细胞
功能作用	适宜刺激	弱光	强光
	光敏感度	高 (弱光激发锥体细胞兴奋)	低 (强光激发杆体细胞兴奋)
	分辨力	弱 (分辨轮廓)	强 (分辨色彩细节及微结构)
	专司视觉	暗视觉+无彩色觉	明视觉+有彩色觉

需要指出的是,中央凹的地方视网膜最薄,也最脆弱。在眼睛被强光照射(如激光棒)后,由于光线能量过大,眼睛失去了自身调节适应的功能,因此高能量的光线进入最容易损伤的是黄斑区中央凹的位置。这种损伤是不可逆转的,因此要避免这种伤害出现。

第三层是神经细胞层,这一层的细胞间存在着复杂联系,可利用化学物质和生物电信号纵向和水平方向传递信号,光感信号在这些细胞层中处理与加工后传输进入大脑最终形成完整的颜色视觉。

人类视觉系统的这种构成,造成在颜色视觉中存在如下现象。

(一) 视角

视角是被观察对象的大小对人眼睛形成的张角。视角的大小,决定了视网膜上物体投影(物体在视网膜上的像)的大小。与人的眼睛距离一定的物体,若物体面积较大,则与眼睛形成的张角也大,物体在视网膜上的像就大。同一个物体,越远离人的眼睛,则与眼睛形成的张角就越小,在视网膜上形成的像也越小。因此,视角的大小,既决定于物体本身的大小,又决定于物体与眼睛之间的距离。视角计算示意图如图 1-7 所示。

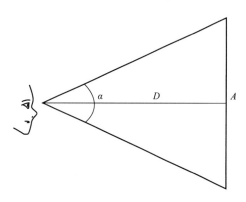

图 1-7　视角计算示意图

用眼睛直接对纺织品的颜色进行评价时,通常是在比较适宜观察距离下(约 33cm)进行的,此时视角的大小主要是由试样的大小决定的。由于人眼视觉系统中,分辨色彩和细节的视锥细胞分布于视网膜的中央凹,所以视角的大小对颜色视觉有重要影响。在颜色科学中,为了标准化和规范人类观察颜色的视角,根据人类观察习惯以及视锥细胞在视网膜上的分布情况,通常将视角分为小视角(2°视角)和大视角(10°视角)两种标准视角。

视角的大小可由下式计算:

$$\tan\frac{\alpha}{2}=\frac{A}{2D} \tag{1-5}$$

式中: α ——视角;

D ——物体与眼睛之间的距离;

A ——物体的大小。

(二) 明视觉、暗视觉

人眼视网膜中,有两种不同的感光细胞,分别在不同条件下执行着不同的视觉功能。在生活中人的眼睛在明亮的条件下,可以分辨物体的细节和颜色,但是在黑暗的条件下,只能分辨物体的大致轮廓,却分辨不出物体的细节和颜色。这就是视觉二重性,也称为明视觉、暗视觉特性。这种理论已得到医学解剖学证明,视锥细胞在明亮的条件下,可以分辨物体的细节和颜色,视杆细胞则在黑暗的条件下分辨物体的轮廓,不能分辨物体的细节和颜色。介于明视觉和暗视觉之间的视觉状态,称为微明视觉,此时人的视觉功能最差。也有人称为间视觉,此时视锥细胞和视杆细胞都只有很微弱的视觉功能。动物中有很多夜视动物,如猫头鹰等,它们眼睛的感光细胞中,只有视杆细胞而没有视锥细胞,所以,它们看到的物体都是明暗不同的灰色。

视锥细胞和视杆细胞,在人的视网膜上的分布是不均匀的,视锥细胞主要分布在中央凹的附近,而视杆细胞则分布于中央凹的外围,如图 1-8 所示。

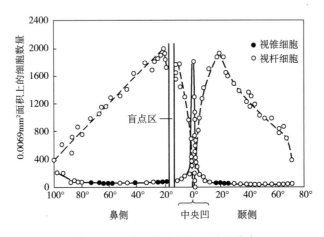

图 1-8　视锥细胞与视杆细胞的分布

视网膜上的中央凹是视锥细胞分布最密集的区域,其直径为 2~3mm。眼球的前后径,大约为 23mm,当视角为 2°时,物体的像恰好落在视网膜的中心,视锥细胞最密集的区域。

(三)光谱光效率函数

人的眼睛对于波长不同的光有不同的感受,即相同能量不同波长的光,人的眼睛会有不同

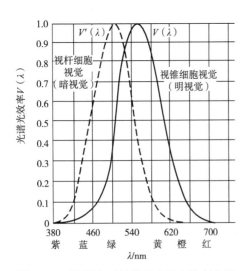

图 1-9　明视觉与暗视觉的光谱光效率曲线

明亮程度的感觉。人眼睛的这种特性,对于两种感光细胞都是存在的,只是规律有些不同,其基本规律如图 1-9 所示。图中的曲线称为明视觉、暗视觉光谱光效率函数曲线,图中的实线为明视觉光谱光效率函数曲线,虚线为暗视觉光谱光效率函数曲线。明视觉的最高感受波长为 555nm 的绿光,最低感受波长为可见光谱的两端,即小于 400nm 和大于 700nm 的区域。暗视觉的最高感受波长为 507nm,而最低感受波长为大于 700nm 的红色区域。图中纵坐标为明视觉光谱光效率函数和暗视觉光谱光效率函数的相对值,其中明视觉光谱光效率函数值,以波长

555nm 的单色光亮度为 1,暗视觉则以波长为 507nm 的单色光亮度为 1。图中的曲线表示的是单位能量的相对亮度,曲线中最突出的部分对应的波长,就是人的眼睛感觉最明亮的波长,而曲线较低部分对应的波长,则是人眼睛感觉较暗的波长。

明视觉和暗视觉现象说明颜色科学不是一门简单的学问,而是一门实验科学,几乎所有的颜色规律都来自对实践现象的总结。

二、视错觉的产生与应用

在对视觉系统进行研究的过程中,越来越多的人发现"眼见为实"并不可靠。这种不是因人体病变所导致的,看到的与实际不符合的情况,被称为视错觉。虽然自古就有很多人发现了这一现象,但直到 19 世纪末,才有科学家将视错觉作为一种很严谨的科学问题进行探究。从 19 世纪中叶到 20 世纪,有大量的经典视错觉图被发现。如松奈错觉、赫尔曼栅格错觉、弗雷泽漩涡错觉、谢弗勒尔错觉、马赫带错觉等。值得注意的是,视错觉的产生引起了各个领域科学家们的兴趣。如松奈错觉的发现者松奈是天文学家,马赫带发现者马赫是物理学家,弗雷泽错觉发现者是心理学家,而谢弗勒尔错觉的发现者则是化学家,还有很多是艺术家、心理学家、社会学家、建筑学家甚至医学家等。由于研究的参与者众多,对于视错觉的产生原因一直也是众说纷纭,直到 20 世纪,医学对大脑的研究得到飞速的发展,视错觉的产生才有了更科学的解释。

颜色视觉并非只决定于眼睛所"看"到的,而是由大脑主导的一系列行为的综合效果。在颜色视觉的判定时,视错觉的影响不可忽略。比如,当一种颜色被另一种颜色包围时,或者用一种颜色作为背景时,颜色会看起来更接近其周边的颜色。这不是颜色本身出现的情况,而是由于人类在颜色视觉中出现了色彩同化现象而产生的。

很多视错觉来自人体的视觉适应现象。换句话说,人的感觉器官在接受过久的刺激后会钝化,也就造成了补色及残像的生理错视。白光由不同波长的色光组成的,所以只要任何两种色光加在一起可成为白光,这两色就互为补色。而视网膜上的细胞受某种色光刺激后,会对这种颜色产生疲劳,受到刺激的部分细胞暂无法正常工作,而未受刺激的另一部分细胞开始活动,因而产生另一种视感,也就是补色的残像,另外还有一部分是因为物像在视觉系统滞留时,弛豫时间内产生的视觉暂存现象。

视错觉是人体视觉系统产生的一种正常的生理现象。虽然视错觉让我们"眼见为实"的经验落了空,但也同时达到了很多奇妙的效果。既然视错觉无法避免,那我们不妨利用这种生理现象,让视错觉为人类所用,达成更理想的视觉效果。如现在的动画片利用的就是视觉暂存现象,为动画人物赋予了更生动的表现力。视错觉更给很多领域的研究者提供了无限的灵感。如高清显示技术、科幻电影的拍摄等方面都有利用视错觉达到的效果。在服装应用上就更广泛,很多服装通过补色撞色使其看起来色彩线条更鲜明,因为补色的存在,视觉系统中产生的另一半补色残像被削弱或者抵消,从而看起来对比更强烈。

颜色对比、颜色适应和颜色匹配的恒定性是纺织领域经常遇到的与颜色视错觉相关的现象。在视场中,相邻区域的两个不同颜色的互相影响叫作颜色对比。在一块红色背景上,放一块白纸或灰色的纸,当人眼注视白纸几分钟后,白纸会出现绿色。当照明光源比较强、背景的红色比较浓艳时,这种作用更强烈。如果背景是黄色,白纸会出现蓝色。红色和绿色是互补色,黄色和蓝色也是互补色。每一种颜色都可以在其周围诱导出其补色。如果在一块彩色的背景上,放上另一个颜色,由于颜色对比,两颜色会互相影响,使两颜色的色调各自向另一颜色的补色方向变化。如果两颜色互为补色,则彼此加强饱和度,在两颜色的边界,对比现象明显。因此,进行颜色观察时应尽量避免环境中的对比效应的干扰。

在日光下观察物体的颜色,然后突然在室内白炽灯下观察,开始时,室内照明看起来会带有白炽灯的黄色,此时物体的颜色也会带有黄色,几分钟后,当视觉适应了白炽灯的颜色后,原来感觉到的黄色将慢慢消失,室内照明也将慢慢趋向白色。人的眼睛在颜色的刺激作用下,所造成的颜色视觉变化称为颜色适应。对某一颜色光适应以后,再观察另一颜色时,后者的颜色会发生变化。在一块暗背景下,投射一小块黄光,在观察者看来,无疑,它一定是黄色的。但是,当眼睛注视大块面积的强烈的红光一段时间后,再看原来的黄色,这时黄光会显示绿色。再经过一段时间,眼睛又从红光的适应中,慢慢恢复过来,绿色会逐渐变淡,最后又变成为原来的黄色。同样,对绿光适应以后,会使黄光变红。一般对某一颜色的光适应以后,再观察其他颜色,则其明度会降低,饱和度通常也会降低。因此,如果先后在两种不同的光源下观察颜色,就必须考虑到前一光源对视觉的颜色适应的影响。如果在某一光源下观察颜色时,周围还有其他颜色的光,也要考虑到周围光的颜色适应的影响。

如果眼睛识别为一样的两个颜色,即两个相匹配的颜色,即使在不同的颜色适应状态下观察,两个颜色仍然始终是匹配的,这一现象叫作颜色匹配的恒定性。

三、颜色视觉的缺陷

人类颜色视觉系统是一个复杂且精密的光学和生物学系统。这个过程中各个环节之间都是相互联系的,任何一个部分出现偏差,都可能导致最终颜色视觉发生变化。前文所述的视错觉是不存在器质性病变或者缺失而形成的现象,这种现象在正常人身上都会重现。还有一种则是由于颜色视觉感知细胞或者生理上有缺失所导致的颜色变化或不一致,这种缺陷只存在少数人身上,叫作颜色视觉缺陷,通常所说的色盲就属于一种色觉障碍,有这种视觉障碍的人不能分辨自然光谱中的各种颜色或某种颜色。还有一种情况,就是有的人虽然能看到正常人所看到的颜色,但辨认颜色的能力迟缓或很差,在光线较暗时几乎和色盲差不多,这种情况叫作色弱。色盲与色弱均是视觉系统存在异常时才会发生的现象,不属于视错觉的范畴。

色盲与色弱是颜色信号在视网膜上进行光电信号转化过程中出现了偏差,从而在大脑中形成了错误的认知,或者是大脑相应的分区内细胞出现了异化造成的。色盲分为全色盲和部分色盲(红色盲、绿色盲、蓝黄色盲等)。同样,色弱也包括全色弱和部分色弱(红色弱、绿色弱、蓝黄色弱等）。

全色盲无法分辨颜色的差别，但比较少见。红色盲，主要是对红色与深绿色、蓝色与紫红色以及紫色不能分辨。常把绿色视为黄色，紫色看成蓝色，将绿色和蓝色相混为白色。绿色盲，主要是不能分辨淡绿色与深红色、紫色与青蓝色、紫红色与灰色，把绿色视为灰色或暗黑色。临床医学上把红色盲与绿色盲统称为红绿色盲，在人群中比较常见。蓝黄色盲主要是对蓝黄色混淆不清，对红、绿色可辨，这种情况比较少见。

四、颜色科学的发展历史

色彩源于自然，人们对于颜色的关注几乎与人类历史是同步的。但将颜色作为科学进行系统归纳整理，却是人类文明发展到一定时期的产物。我国是四大文明古国之一，对颜色的研究可以追溯到古代。中国传统色彩体系于几千年的历史沉浮中经历了由简单到复杂的演变过程，其中具有翔实史料记载的中国古代颜色体系是五色系统。

五色观念始于帝舜，《尚书·益稷》中记载："予欲观古人之象，日、月、星辰、山、龙、华虫、作会，宗彝、藻、火、粉米、黼、黻、絺绣，以五采彰施于五色，做服，汝明。"大意就是说，帝舜想制作用于上朝、拜祭天地的礼服，五色概念诞生。《老子》中写道："五色令人目盲，五音令人耳聋，五味令人口爽。"《孙子·势篇》中记载"色不过五，五色之变，不可胜观。"此时五色的概念，已经成为人们的一种常识，被广泛接受使用。

在中国传统色彩体系中"黑、白、赤、黄、青"被称为五正色，组成了五色的概念。除此之外，还有五个间色，即"绿、红、碧（缥）、紫、骝黄"（注：此处赤与红略有差别，赤比红要深一些）。所谓间色，就是五正色相互混合配出的颜色。五色学说与五行相生相克的学说相互融合，形成了一种五色、五方、五行并行的体系，如图 1-10 所示。这个观念极大地影响了中国古代对于色彩的认知与表达。由于中国封建社会的延续时间比较长，导致了对于颜色观念传承体系相对单一，因此中国传统色彩体系几乎贯穿了中国整个的古代史。而随后中国社会进入动荡的近代史阶段，科学研究和技术革新基本停滞。同时期的

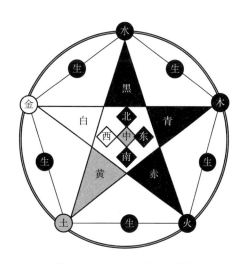

图 1-10 五色、五方、五行图

西方与北美社会，正值各种科学研究成果爆炸性呈现的年代。

以牛顿光学理论建立为坐标，大批的研究者开始对颜色视觉展开研究。19 世纪科学家托马斯·杨（Thomas Young）和亥姆霍兹（Hermann von Helmholtz），在实验中发现，红、绿、蓝三原色可以混合出不同颜色，同时视网膜上有三种视锥细胞，用来感知三原色。这是首次三原色理

论被提出,也是首次提出了颜色可以通过三原色进行合成的概念。其后,取得突破性进展的是麦克斯韦(James Clerk Maxwell),揭示了光的电磁波本性,提供了一种用波长描述颜色的方法,在 1861 年首次通过实验制作出了第一张彩色影像,从而为三原色颜色学说提供了具有说服力的佐证资料。三原色理论一度被认为是颜色视觉的终极解释,但却无法解释色盲现象。

1878 年德国物理学家赫林(E Hering)提出了对立色学说,也称作四色学说。对立学说创立的基础是在色彩对比、颜色后像、对立色(红—绿、黄—蓝、黑—白)等现象的基础上做出的,可以很完美地通过颜色成对缺乏的假设,解释色盲现象。虽然 20 世纪 50 年代在视网膜和叶侧膝状体核(LGN)上发现了对立神经细胞,从实验角度证明了四色学说的合理性。但四色论没法解释,白色日光色散后产生七色,经整合可以恢复成白光的现象。两种学说并存,视觉科学家们根据各自的资料,各执己见。

直到 1882 年,克里斯(Von Kries)提出了阶段学说理论,通过将视觉系统对于颜色知觉的产生分成了不同的阶段的方式,从而将三色学说与对立学说进行了有机整合。三色理论描述的是视觉接收过程,接收过程终结至视网膜锥体细胞产生响应的步骤。而对立色理论则描述在锥体细胞感受器向视觉中枢传导过程中经过信息加工,形成三组对立的神经反应,最终在大脑产生颜色视觉部分。因此阶段学说是目前颜色视觉理论中公认的学说,三色理论用来指导各种颜色测量和显示设备的设计,而对立学说则成为知觉色空间以及颜色信息化处理的基础。

第三节　颜色的分类和属性

课件

一、颜色的分类

自然界色彩斑斓,对颜色进行精确的分类是很复杂的问题,如果简单地对自然界中的颜色分类,可以分为两大类,一类为非彩色,另一类为彩色。

(1)非彩色。又称无彩色,包括从白到黑以及无数介于白黑之间的灰色。在色度学中,理想白色和绝对黑体也都被归类于非彩色之列。非彩色的分光反射率曲线如图 1-11 所示,这一类颜色,对可见光的各个波长的吸收,都没有明显的选择性,有时候也被称为"消色"。一般地说,对可见光从 380~780nm 的各个波长的光,反射率都在 80% 以上的表面色,常常表现为白色。而各个波长的反射率都在 4% 以下的表面色,常常表现为黑色。当然,这种区分方法只是粗略的、近似的区分。事实上,不同行业以及人的不同习惯,对黑白的认识有很大差别,很难用一个统一的界线来划分,即所谓的白色、黑色与灰色之间的界线是不存在的。

(2)彩色。彩色可以理解成是除去非彩色以外的所有颜色。实际上彩色和非彩色之间,也像白色、灰色、黑色一样,同样没有明确的界线。从彩色物体的光学特征来看,其分光反射率曲线如图 1-12 所示,与非彩色的分光反射率曲线的根本差异在于:所有的彩色,都对可见光范围内的某一部分波长有比较明显的吸收。例如,黄色物体对 400~420nm 波长的光有比较强的吸收,而对其余波长的光则吸收较少;红色物体对 490~520nm 波长的光,有较强的吸收,而对

520nm 以上的长波一侧吸收较少,而蓝色物体则吸收 590~620nm 波长的光,对短波和长波侧的可见光的吸收都较少。

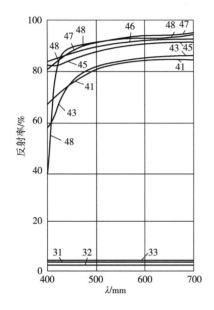
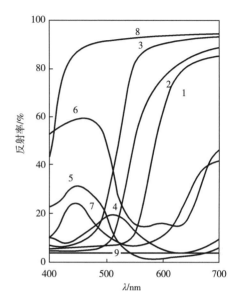

图 1-11　各种不同非彩色物体的分光反射率曲线　　　　图 1-12　不同彩色物体的分光反射率曲线

31—铁粉　32—炭黑　33—石墨　41—高岭土　43—锌氧粉　　　　1—红　2—橙　3—黄　4—绿　5—深蓝

45—水洗硫酸钡　46—铅白　47—氧化钛　48—氧化钕(金红石)　　6—浅蓝　7—紫　8—白　9—黑

　　实际上,彩色和非彩色都是颜色,本质上没有区别,无论是非彩色还是彩色,都可以利用分光反射率曲线对其颜色特征进行准确的描述。物体的颜色,只对应着唯一一条分光反射率曲线,因此有人把物体的分光反射率曲线称为物体颜色特征的"指纹"。

二、颜色的属性

　　颜色知觉体系对于颜色的感知是很复杂的过程,观察者以及物体的形状、大小、性质等方面的变化都可能引起知觉色的明显差异,特别是观察者本身对颜色的感知带有显著的主观性。因此在颜色评价过程中,人们引入了绝对色和相对色的概念。利用分光光度计对颜色进行评价的时候,光通过光栅进行分光并在样品表面发生反射,整体过程都是在标准条件中进行的,不受周围环境的影响,分光反射率曲线可以完全表征这个颜色,这样的评价过程属于客观性评价,所评价出来的颜色属于绝对色。而在规定的观察条件和特定的背景下,利用视觉系统对色卡及样品进行对比,评价出的颜色会受到观察者等客观条件的影响,具有一定的主观色彩,因此属于相对色。

　　无论是主观性的相对色,还是客观性的绝对色,如果我们将其放入一个三维立体空间内,都具有三个相同的基本属性,并可以利用这三个属性特征对其进行表征和描述。这三个基本属性为明度、色相、饱和度(彩度)。

(1)明度(亮度)。明度是表示物体颜色明亮程度的一种属性。在实际应用中,是与颜色的深浅浓淡相关的量。在所有颜色中,非彩色中的白色是最明亮的颜色,最暗的颜色则为无彩色中的黑色。而所有的彩色和一系列灰色的明度,都比黑色明度高,比白色明度低。

(2)色相。色相是彩色之间彼此互相区分的特性,是描述颜色色相属性的量,是人类对可见光谱中不同波长辐射的视觉反应,如红、橙、黄、绿、蓝、紫等。物体表面色的色相,决定于三个方面。一是照亮物体的光源的光谱组成;二是物体对光的吸收和散射特性,通常可以用该物体的光谱反射率曲线表征;三是不同的观察个体和观测条件。后者是一个容易被忽略而又不容易察觉的因素,因为在一般条件下很难发现人与人之间的视觉差别,以及在不同的观察条件下颜色视觉上的差异。

(3)饱和度。饱和度是指彩色的纯度,与物体颜色的鲜艳度相关联。在可见光范围内,不同波长的光谱色,其饱和度都是100%,即饱和度最高。而从理想白色到绝对黑体,所代表的一系列无彩色的饱和度最低,都等于零。饱和度的高低,可以光谱色与白光的混合来理解。任意一个颜色,都可以看成是白光与光谱色混合后得到的,白光占的比例越大,则饱和度越低;白光占的比例越小,则饱和度越高。

一般来说,色相、明度和饱和度都是色度学的概念,虽然这些概念与颜色深浅浓淡以及鲜艳程度有关系,但是由于受到心理因素的影响,这些概念和实际感受之间并不是简单的一一对应关系,而且色相、饱和度、亮度三者之间也不是孤立的、互不干扰的,而是相互之间有着重要的影响。对于颜色的这三个特征,人们常常把它用三维空间的类似球体的模型来表示,如图1-13所示。图中纵坐标表示明度,围绕纵轴的圆环则表示色相,而离开纵轴的距离,则用来表示饱和度。

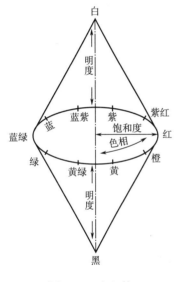

图1-13　色立体

第四节　颜色的混合规律

现代颜色科学可以说始于牛顿的光混合实验,两束不同波长的光叠加在一起,就会得到与原来两束光不同颜色的光。同样,两种不同颜色的颜料混合在一起,也会得到与原来两种颜料颜色都不相同的混合物。这就是我们日常生活中常常会遇到的颜色混合现象。大量的研究发现,两种颜色混合中,其规律是完全不同的。由于光混合后亮度增加,因此人们把光的混合称之为加法混色;而颜料混合后亮度减小,因此把颜料的混合称为减法混色。

在实际纺织生产中,很少有一种染料就能完成的染色加工,往往需要两种甚至三种染料混合后,才能染成需要的颜色,因此,了解颜色的混合规律就显得十分重要。

一、原色

原色指的是不能通过其他颜色混合而得到的基本色,除原色外,其余的颜色均可通过不同比例原色混合得到。

由于眼睛视网膜上存在三种不同视锥细胞,分别感受红、绿、蓝(RGB)三种颜色,因此人类对颜色产生视觉的生物基础,实际就是基于红、绿、蓝三种颜色的混合,理论上讲,用红、绿、蓝可以调配出色度空间中绝大多数的颜色,因此红、绿、蓝的组合又被称为色光混合的"三原色"。

色光在混合过程中,参与混合的色光越多,光通量就越大,进入眼睛的光线就越多,所感知到的颜色就越亮,因此色光混合也称为加法混色。在日常应用中,电视机、显示屏、投影仪等设备均利用的是色光混合,它们的颜色显示系统符合加法混色的原则。在很多绘图软件上,如今标定颜色的主要体系仍然是 RGB 系统。

将不同颜色的色料混合,每种色料都会对可见光发生选择性吸收,然后反射出没有被吸收的光,人眼看到的就是这部分反射光,因为不同的色料吸收和反射特性不同,色料混合后,反射光会被不同的色料吸收,所以色料混合越多,吸收越多,反射越少,对应的光通量越少,观察到的颜色亮度就越小,颜色就越深越暗,通常把色料的混合现象称为减法混色。经过大量的实验,发现减法混色中三原色比较理想的是青(cyan)、品红(magenta)和黄(yellow),缩写为 CMY。后来,有的行业(比如印刷)对颜色进行定义时,为了方便颜色深度的调节,又加入了黑色(black),组成了 CMYK 四色体系。彩色打印机应用的就是 CMYK 体系,绘画使用的颜料以及染料属于减法混色,因此符合减法混色规律。

二、加法混色

如上所述,加法混色是光的直接混色,混合分为两种情况,除了几种色光直接混合之外,还有基于视觉的颜色混合。例如十字绣的作品,近距离观察,可以分辨出不同颜色的绣线,但如果距离足够远,则看到的是连续的图案。这是由于在色块接界的地方,因距离较远而出现边界模糊后,人眼无法屏蔽彼此影响,从而在视网膜上出现了颜色的自行混合,使我们对物体的颜色有了新的判定。另外,当两种或者多种颜色快速频繁交替出现时,由于视觉暂存现象,也会在视网膜上产生颜色混色效果。如陀螺旋转时,陀螺盘面上颜色出现的混合现象等。

三、格拉斯曼颜色混合定律

格拉斯曼颜色混合定律是现代色度学的基础定律之一,在 1854 年,由德国数学家格拉斯曼(Hermann Grassman)在总结了大量实验现象后得出色光混合的经典定律。

格拉斯曼颜色混合定律的基础是认为人的视觉只能分辨色彩的三种变化:明度、色相、饱和度。其中主要包括以下四个基本规律：

（1）补色律。每一种色彩都有一个相应的补色。如果某一色彩与其补色以适当比例混合，便产生白色或灰色；如果二者按其他比例混合，便产生近似比重大的色彩成分的非饱和色。

（2）中间色律。任何两个非补色相混合，便产生中间色，其色调决定于两色彩的相对数量，其饱和度决定于二者在色调顺序上的远近。

（3）代替律。相似色混合后仍相似。即：如果色彩 A＝色彩 B，色彩 C＝色彩 D，那么，色彩 A+色彩 C＝色彩 B+色彩 D。

代替律表明，只要在感觉上色彩是相似的，便可以互相代替，所得的视觉效果是同样的。即：设 A+B＝C，而 B＝X+Y，那么，A+（X+Y）＝C。这个由代替而产生的混合色与原来的混合色在视觉上具有相同的效果。因此，根据代替律，可以利用色彩混合方法来产生或代替某种所需要的色彩。

（4）亮度相加定律。混合色的总亮度等于组成混合色的各色彩光亮度的总和。

四、减法混色

减法混色是相对于光源色的亮度相加定律而言的，与加法混色越混越亮不同，减法混色正好相反，越混越暗。

减法混色的三原色与加法混色的三原色之间是互为补色的关系。加法混色的三原色是红、绿、蓝（RGB），而减法混色的三原色则是青、品红、黄（CMY）。

减法混色中也有明显的混色规律：

$$青\ C+黄\ Y=绿\ G$$
$$黄\ Y+品红\ M=红\ R$$
$$品红\ M+青\ C=蓝\ B$$
$$青\ C+黄\ Y+品红\ M=黑\ K$$

由于减法三原色是吸收光线，而不是发出光线叠加。因此减法三原色能够吸收加法三原色 RGB 的颜色。加法混色与减法混色的两套三原色系统之间的关系可以简单表示为：

（1）青色 C 颜料（或染料等）能够吸收白光中的红光而显青色，因此青 C 为红 R 的补色。

$$青色\ C=白色（混合白光）-红色\ R$$

（2）品红 M 颜料（或染料等）能够吸收白光中的绿光而显品红色，因此品红 M 为绿 G 的补色。

$$品红\ M=白色（混合白光）-绿色\ G$$

（3）黄色 Y 颜料（或染料等）能够吸收白光中的蓝光而显黄色，因此黄 Y 为蓝 B 的补色。

$$黄色\ Y=白色（混合白光）-蓝色\ B$$

五、加法混色和减法混色的应用实例

纺织品的荧光增白处理是加法混色在印染上的典型实例，经煮练、漂白后的织物，仍带有一定的黄色,即织物的反射光中缺少蓝紫色的光,而荧光增白剂可以吸收紫外光,而激发出蓝紫色的可见光,蓝紫色的光与黄光相加,则可以得到白光,所以织物的白度增加,所得增白织物的反射光的总亮度会增大。荧光增白原理示意图如图1-14所示。

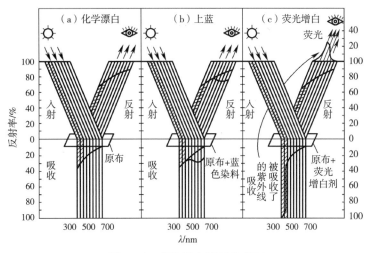

图1-14　荧光增白原理示意图

颜料、染料等色彩的混合及彩色滤镜的组合都属于减法混色。以比较容易理解的滤光片混色为例,图1-15所示为黄色滤光片和蓝色滤光片的重合混色,其分光透过率曲线分别为1和2,若将上述两滤光片重合,则其透光率为3。如图1-16所示,当一束白光照射于滤光片时,首先,黄色滤光片,滤掉大约480nm以下短波长的光,接着蓝色滤光片滤掉500nm以上的长波的光,而剩余的光则呈绿色,使滤光片重合,混色过程中使入射光发生减弱。除了前面讲的滤光片的叠加属于减法混色外,还有染色过程中染料的混合,也属于减法混色。

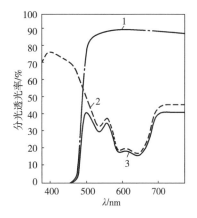

图1-15　滤光片的减法混色

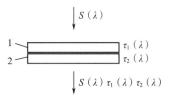

图1-16　滤光片减法混色的入射光减弱过程

1—黄色滤光片　2—蓝色滤光片　τ_1—黄色滤光片的透射比

τ_2—蓝色滤光片的透射比　$S(\lambda)$—白光入射的辐射能

第五节　纺织行业中的颜色现象

　　光照射至纺织品表面时,除了对特定波长光的吸收之外,还存在四种现象:镜面光反射、散射光反射、固定式透射以及散射式透射,而纺织品绝大多数都是不透明的,只有反射的光线进入观测者眼中才能够触发颜色直觉。因此,就纺织品的颜色评价过程而言,纺织材料上的染料等对光的反射和吸收性能是一个决定性参数。同时,由于纺织品表面通常具有各向不均匀的柔性基材特点,所以纺织品的颜色呈现显得格外复杂,其中织物组织、规格以及纤维种类、规格等都将对颜色的评价产生重要影响。

一、影响纺织品颜色的主要因素

　　纺织品颜色的主要影响因素可归纳为以下 4 个方面。

　　(1)有色物质及其浓度。有色物质本身决定了其吸收(反射)的特性,也就是颜色,且有色物质浓度越高,纺织品颜色越浓;有色物质的浓度越低,物体的颜色越浅。需要注意的是,纺织品表面反射出来的光强度也影响对颜色深浅的判断,反射的色光越强,看到的颜色就越浅,亮度或者明度值越高。

　　(2)纺织品上有色物质(色料)物理状态和分布状态。染料上染纤维之后,染料在纤维上的物理状态不是一成不变的,比如分散染料采用热熔染色法染涤纶纺织品时,高温发色过程对于染色效果影响非常大,浸轧后没有经过焙烘,不仅染料与纤维结合不好,且染料基本保持了初始的聚集状态,只有经过高温处理后,染料才能以单分子状态进入纤维。如果对两者进行颜色评价,则颜色的差别很大。这种差别不是上染前后的染料分子结构发生了变化,完全是由于染料在纤维上的物理状态改变引起的颜色变化。

　　(3)纺织品表面光学性质。丝质纺织品与棉质纺织品同样颜色的情况下,丝织品的表面由于镜面反射的效果增强,造成了丝织品的颜色明显偏亮一些。而丝绒制品正好相反,明显偏深一些,也是由于表面结构陷光效应产生的影响。因此在进行纺织品颜色评价时,注明纺织品的原材料和织物组织规格等参数非常重要。

　　(4)纺织品颜色评价时所处环境的温度和相对湿度。温湿度不同,纺织品内部含水率就各不相同,一方面,水会改变纺织品表面或者内部的光学性质,纺织品对光的折射与反射情况也会受到影响;另一方面,水分子作为极性分子,与染料接触后,容易引起染料结构中的电子云分布变化,从而直接影响纺织品成品颜色评价结果。

　　正是由于纺织品颜色受限于这些因素,因此在纺织品的颜色测量标准化操作中,检测前要求纺织品在恒温恒湿条件下回潮规定时间后,才开始检测。

二、染色过程中的拼色

　　染色加工中,拼色是必须掌握的技能,染料的拼色实际是一种减法混色,遵守减法混色的基本规律。但是,染色过程受到许多因素的影响,例如,染料的品种、力份、平衡上染百分率、提升性以及配伍性等都直接影响染色效果,仅仅掌握减法混色的基本规律,很难成为一个优秀的染色工程师。经过长期的实践,染色工程师总结出了许多染色中的拼色经验,充分理解并应用好这些经验,对做好拼色工作有非常大的帮助。

拼色前,首先要选择好染料,选择染料要从颜色和性能两个方面考虑。拼色性能方面主要考虑染料之间的配伍性,尽量选择上染性能相近的染料进行拼色,一般染料厂商推荐有最佳三原色组合,在使用时需要进行确认。最好分出淡色、浓色专用染料组合,一方面减少染化料的成本,另一方面淡色染料用于浓色环境时,色光可能发生较大改变。

然后根据经验考虑需要用哪些染料参与拼色,一般配方中,参与拼色的染料数目不要超过3个,偶尔会有4个或5个染料参与拼色,但通常拼色的染料数量越多,后期染色过程中的染色质量的稳定性就越难以掌握。在拼色染料颜色的选用上,虽然理论上三原色可以拼出绝大部分需要的颜色,但是从同色异谱性和染色工艺稳定性出发,尽量不要直接用三原色,如果有条件,宜采用颜色相近的染料为主进行拼色。例如下列 11 种色光染料常用于拼色:大红、蓝光红、黄光红、橙、绿光黄、红光黄、紫、红光蓝、绿光蓝、绿、黑。

三、染整加工过程不同阶段对于纺织品颜色的影响

染整加工主要包括四大基本步骤:前处理、染色、印花和后整理。每一个过程都对成品的颜色评价有一定的影响。

纺织品前处理过程,主要是包括退浆、煮练、漂白、丝光等工艺。退浆和煮练的结果会影响染色过程,而漂白直接改变了织物的白度,因此会对染色后成品的色光产生重要影响。另外,前处理过程中的丝光会使纤维无定形区增加,从而增加对染料的吸附,提高上染率,同样会对成品颜色评价产生影响。

传统纺织品的染色和印花是直接利用染料、颜料使纺织品获得规定颜色和花型图案的加工过程。其加工过程本身就与颜色密切相关。加工前,需要对颜料、染料等重要原材料进行质量和性能评价,如进行染料力份和配伍性评价。染色印花加工过程中,往往需要根据颜色制订合理的工艺,例如,平网印花过程中,筛网的排列顺序除了要考虑花型大小等因素之外,有深浅色互相重叠时,深色排列在前,浅色排列在后。特别是对染色和印花最终产品质量进行检测和评价过程中,几乎都涉及对颜色的影响和评价,如色差评价、各种染色牢度评价等。

后整理主要是改善织物的部分服用性能,或者赋予纺织品一些特殊的性能等。与前处理过程类似,虽然绝大多数整理剂基本均为无色,但由于整理过程中(后),整理剂直接与染料接触,某些具有供(吸)电子基团的整理剂会直接影响染料结构中的电子云分布状态,从而对颜色产生影响。另外某些整理会更改纤维表面的形貌状态,同样可能对成品的色光产生影响。因此对纺织品进行颜色评价的时候,要充分考虑整理工艺的影响。

无论是中国传统文化中基于五行理论的五色体系,还是基于光学等交叉学科的现代颜色科学体系,颜色的数量都是一个无法精确度量的庞大数字。如此庞大的颜色组成了姹紫嫣红的颜色世界,现代颜色科学通过其各自的"身份信息"——分光反射率曲线互相区分,并形成了颜色世界的管理规则。

🖝 思考题

1. 人眼看到物体的颜色需要满足哪些条件?

2. 简述什么是单色光,什么是复色光。

3. 简述什么是分光反射率曲线。

4. 人的眼睛有几种视觉细胞?各有什么样的特点?分析其各自的光谱光视效率函数的基本规律。

5. 什么是视角?如何计算?

6. 说明颜色的三个基本特征是什么。

7. 什么是加法混色?以加法混色为基础的基本规律有哪些?简述其基本内容。

8. 什么是减法混色?与加法混色有什么不同?

9. 说明物体色的光谱反射率曲线与色相、明度、饱和度的关系。如果同一个色彩只有饱和度变化时,其光谱反射率曲线有何变化。

思考题答题要点

第二章 常用颜色系统

课件

第一节 孟塞尔颜色系统

孟塞尔颜色系统是由美国艺术家阿尔伯特·孟塞尔（Albert H. Munsell，图 2-1）于 1898 年创制。目前该色彩系统在国际上被广泛用作分类和标定表面色的方法。该系统通常是把染好的色卡，按一定的顺序排列起来制成图册，即孟塞尔颜色图册。

孟塞尔颜色系统是作为物体知觉色的标准出现的。所谓"知觉色"是基于颜色知觉的色。颜色知觉是为了区别人对物体形状和大小判断的视觉功能，特指单纯由于光刺激（物体的反射光）而产生的视觉特性，例如，在太阳光的照明条件下，人们用眼睛直接观察物体

图 2-1 阿尔伯特·孟塞尔

时，通过大脑的分析判断而产生的颜色视觉特性，称为色知觉，而颜色则称为知觉色。

一、孟塞尔颜色系统的构成

在孟塞尔颜色系统中，表示颜色明亮程度属性的量，称为明度，用 V 来表示；表示颜色鲜艳程度的量称为彩度，用 C 表示；表示色相属性的量仍称为色相，以 H 来表示。孟塞尔颜色空间排列示意图如图 2-2 所示，自上而下变化的为明度，水平距离的变化为彩度，围绕着明度轴的变化为色相。

（1）孟塞尔明度值（V）。孟塞尔色彩系统的中央轴代表无彩色黑白系列中性色的明度等级，其理想白在明度轴的最上端，明度值 $V=10$；绝对黑体则在下端，明度值 $V=0$。其间从 0~10 共分成 11 个等间隔的等级，因为 0 和 10 实际都是不存在的，所以，实际图册中只有 1~9 共 9 个明度级别。在孟塞尔图册中，明度的间隔通常为 1。

（2）孟塞尔彩度值（C）。在孟塞尔色彩系统中，彩度是以离开中心轴的距离来表示的。处于纵轴上的无彩色，彩度最低，其彩度值为零，离纵轴越远，则彩度越高，不同颜色的彩度最大值不相同，某些颜色的最大彩度值可达 20。在孟塞尔图册中，彩度的间隔通常为 2。

（3）孟塞尔色相（H）。在孟塞尔色彩系统中，色相是以围绕纵轴的环形结构来表示，通常被称为孟塞尔色相环。在这一色相环中的各个方向共代表 10 种孟塞尔色相，包括五种主要色相，即红（R）、黄（Y）、绿（G）、蓝（B）、紫（P）和五种中间色相，即黄红（YR）、绿黄（GY）、蓝绿（BG）、紫蓝（PB）、红紫（RP）。为了对色相作更详细的划分，每一种色相又分成 10 个等级，即从 1 到 10。在这里，每种主要色相和中间色相的等级都定为 5，如黄色则表示为 5Y，红色则表示为 5R，红紫色则表示为 5RP

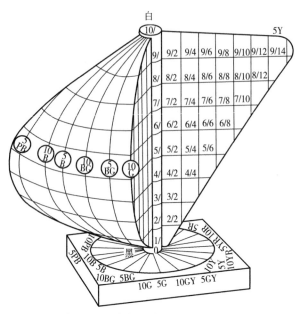

图 2-2　孟塞尔颜色空间排列示意图

等。色相是以红(R)、黄(Y)、绿(G)、蓝(B)、紫(P)的顺序,以顺时针方向排列的。前一色相中的 10 刚好为后一色相的 0,如 10R 即为 0YR,接下来是 1YR、2YR 等,如图 2-3 所示。

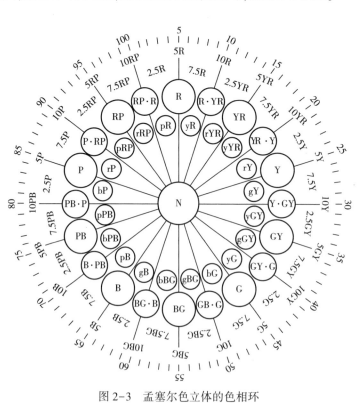

图 2-3　孟塞尔色立体的色相环

二、孟塞尔颜色系统的均匀性与均匀颜色空间

在孟塞尔图册中,其每一页色卡具有相同的色相,但明度和彩度都不相同。这些色卡都处于通过黑白明度轴的颜色立体纵剖面中,此剖面又称为等色相面,中央轴为1~9个明度等级,如图2-4所示,右侧为黄色(5Y),而左侧为紫蓝色(5PB)。如图2-5所示为孟塞尔色立体的等明度面,在该图中,所有颜色的明度相同(V=5),而色相和彩度都不同。

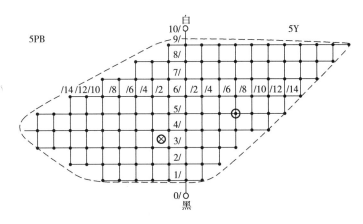

图2-4　孟塞尔色立体的等色相面

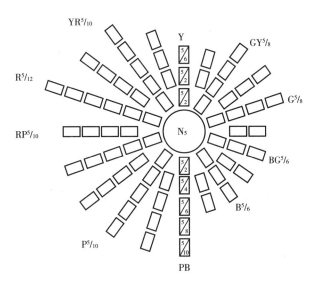

图2-5　孟塞尔色立体的等明度面

一个理想的颜色立体,应该在任何方向、任何位置上,各颜色之间都有相同的间隔,即在视觉上的差异应该是相等的,无论是色相,还是明度或彩度,在任何方向上都是等间隔的。也就是说,应该都具有相等的视觉差异。在一个颜色空间中,每个点代表一个颜色,而空间中两个点之

间的距离代表了两个颜色的色差,如果空间中任意距离相等的两点所代表的颜色,能够引起人视觉上同样的色差感觉,这样的颜色空间称为均匀颜色空间,如图 2-6 所示。但是,任何表示颜色的色立体,都很难做到这一点。所谓均匀,实际上是相对的。

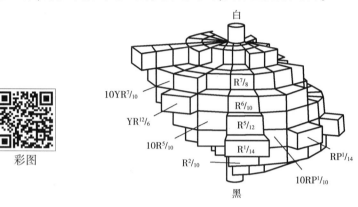

图 2-6　孟塞尔色立体

三、孟塞尔标号及其表示方法

孟塞尔颜色系统虽然是知觉色系统,是以色卡的形式出现的,但由于对色相、明度、彩度都按特定顺序赋予了一定的编号,因此在实际中,也可以把各种不同的颜色用孟塞尔标号,即一组孟塞尔颜色系统的参数来表示。其表示方法为:首先写孟塞尔色相,然后写孟塞尔明度,在明度后画一斜线,接着写孟塞尔彩度:

$$H \cdot V/C = 色相 \cdot 明度 / 彩度$$

例如,5R·4/14,5R 为红色,明度中等,饱和度很高,所以它是一个中等深度的非常鲜艳的红色。而 10Y·8/12,因 10Y 色相是在 5Y(黄)和 5GY(绿黄)中间,因此是一个带绿光的黄色,又由于明度和彩度都很高,所以它是一个颜色比较淡(浅),但很鲜艳的带绿光黄色。

对于无彩色的黑白系列,其色彩通常表示为:

$$N \cdot V,即中性色 \cdot 明度值$$

如明度值为 5 的中性色,则可以表示为:N·5/。严格地说,中性色彩度应为 0,但在实际中常常把彩度低于 0.5 的颜色也都归为中性色。在实际中,对于这类中性色,为了能更准确地表示其颜色特性,常常要注明其微小的彩度值和色相,这时的表示方法通常为:

$$N \cdot V/(H \cdot C) = 中性色 \cdot 明度 /(色相 \cdot 彩度)$$

如 $N \cdot 1.4/(4.5PB \cdot 0.3)$,它表示一个稍带紫蓝色相的黑色,当然也可以表示为 $H \cdot V/C$ 的形式即 4.5PB·1.4/0.3。

由于孟塞尔颜色系统是一个知觉色表色系统,所以确定孟塞尔标号的最直接的方法,就是依靠人的视觉,以视力正常的,并且经过颜色鉴别训练的人,直接以视觉来确定孟塞尔标号,但在进行颜色的实际观察时,应该注意以下几点:

（1）观测者应是视力正常的人。

（2）放置样品的背景应为中性无彩色，背景应为中等明度。

（3）照明光源可以用自然光，也可以用人造光源，自然光常用北窗光，人造光源则应该选择 CIE 标准 C 光源或模拟 CIE 标准 D65 光源。

（4）观测方式可以用 0/45，也可以用 45/0。

（5）必须注意室内环境对观测结果的影响，如墙壁的反射光等。

（6）应像使用灰色样卡评级那样，在观测时以灰色纸框遮住样品和孟塞尔色卡，以防对颜色评价造成干扰。但无论是色相、明度，还是彩度，往往找不到与样品完全匹配的色卡，因此，通常要采取线性内插法来确定孟塞尔标号。

四、孟塞尔新标系统

在进行均匀颜色空间的研究中，美国光学学会（OSA）测色委员会从 1937 年开始对原孟塞尔颜色系统的每个色卡进行了精确测量，并把所得到的结果描绘于 x—y 色度图上，人们发现，孟塞尔颜色系统从物理学的角度看，存在着一些稍稍不规则的点，于是就在"既保持原来孟塞尔颜色系统在视觉上的等色差性，又使其从物理学的角度看，也没有什么不太合理之处"这样一个基本原则下，对孟塞尔表色系统做了修正，于 1943 年公布了经过修正的新的孟塞尔系统，我国称为孟塞尔新标系统。

从孟塞尔新标系统的建立过程可以知道，新建立起来的孟塞尔颜色系统，与原来的孟塞尔颜色系统，具有完全不同的含义，因为每个色卡都标有标准颜色空间（CIEXYZ）颜色系统的三刺激值和色度坐标。所以它实际上成了孟塞尔表色系统与 CIEXYZ 表色系统之间相互联系的桥梁。

目前世界各国使用的孟塞尔表色系统，实际上都是孟塞尔新标系统。我国的全国纺织品流行色调研究中心，也曾复制过一套孟塞尔色卡，其中包括 40 个色相，近 1300 个色卡。

1. 孟塞尔明度

美国光学学会（OSA）的测色委员会，根据众多观测者的观测结果，对 CIEXYZ 表色系统中的亮度因数 Y（又称视感反射率 Y）与孟塞尔明度 V 之间的关系进行反复实验研究后，得到如下经验公式：

$$Y = 1.2219V - 0.23111V^2 + 0.23951V^3 - 0.021009V^4 + 0.0008404V^5 \qquad (2-1)$$

其观测背景为中等明度（$V=5$，Y 约为 20%）的无彩色。式（2-1）中，当 $Y=100\%$ 时，$V=9.91$；$V=10$ 时，$Y=102.57\%$。这里的亮度因数 Y，是以氧化镁标准白板作为反射率测量标准，也就是把氧化镁标准白板的视感反射率作为 100%。后来，国际照明委员会又以理想白色体为颜色测量基准。在此条件下，氧化镁标准白板的亮度因数只有约 97.5%。因此，式（2-1）中的孟塞尔明度 V 和以理想白为基准的亮度因数 Y 之间的关系，则需要进行如下修正：

$$Y = 1.1913V - 0.22532V^2 + 0.23351V^3 - 0.020483V^4 + 0.0008194V^5 \qquad (2-2)$$

这里，$Y=100$ 时，$V=10$。按照经验式（2-2），则可以把视觉上不均匀的亮度因数 Y 转换成视觉上均匀的孟塞尔明度 V，这在实际应用中具有很大意义。

2. 孟塞尔色相和彩度

在孟塞尔颜色系统中，对于具有相同明度的各种不同的色卡，其色相和彩度不同。若把这些经过精确测量得到的各个色卡的色度坐标 x、y 描绘于 x—y 色度图中，似乎具有相同孟塞尔彩度的颜色，应在色度图中构成一组以色度图中参考白点为中心的与舌形曲线相似的一组规整的图形。但实际并不如此，而是围绕着参考白点形成一系列并不规整且不同明度水平、形状各异的图形，如图 2-7 所示。若把具有相同孟塞尔色相的色卡按其所测得的色度坐标，绘于 x—y 色度图上时，发现除主波长 $\lambda=571\sim575\mathrm{nm}$，$\lambda=503\sim507\mathrm{nm}$，$\lambda=474\sim478\mathrm{nm}$ 和补色主波长 $\lambda=-559\mathrm{nm}$ 等几点外，等色相线在色度图中都不是直线，而且，不同明度水平的等色相线也不重合，如图 2-8 所示。因此，具有相同色相的色卡，由于明度水平不同，在 x—y 色度图上应具有不同的主波长。

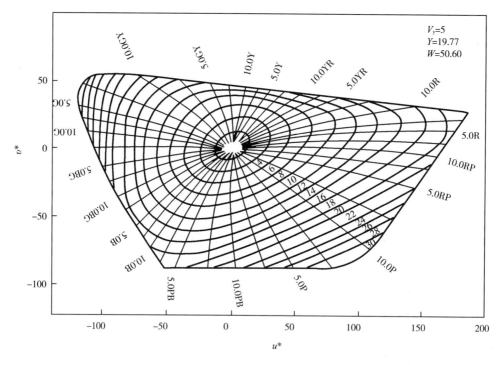

图 2-7　CIE 1931 色度图上表面色的恒定色相轨迹和恒定彩度轨迹

孟塞尔颜色系统中的色卡，都是由颜色鉴定专家，以视觉为基础确定下来的，所以，基本上可以近似地把它看作一个具有相等视觉间隔的均匀颜色空间。而从以上所显示的孟塞尔颜色系统与 CIE 1931 XYZ 系统之间在明度、彩度和色相变化上的不同步，也说明 CIE 1931 XYZ 颜色空间是一个视觉上不均匀的颜色空间。也就是说，在孟塞尔颜色系统中，具有相同彩度的色卡，在 CIE 1931 XYZ 系统中不具有相同的纯度。同样，在孟塞尔颜色系统中，具有相同色相的

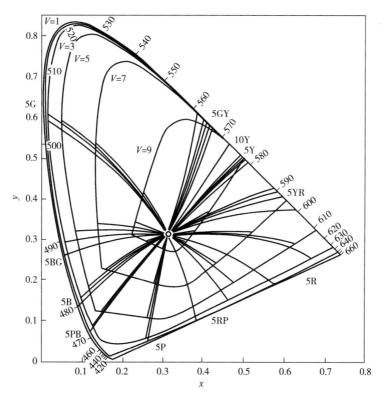

图 2-8　CIE 1931 色度图上不同明度水平的等色相轨迹

不同彩度的样品，在 CIE 1931 XYZ 系统中，也不具有相同的主波长，如图 2-9 所示。在孟塞尔颜色系统中，明度不同而色相或彩度相同的色卡，在 CIE 1931 XYZ 系统中，也同样会有不同的主波长和不同的纯度，如图 2-10 所示。

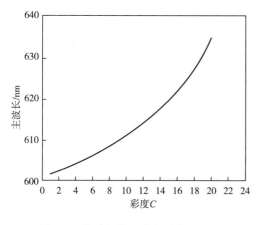

图 2-9　主波长与孟塞尔彩度的关系

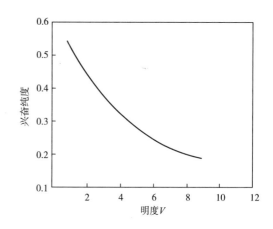

图 2-10　兴奋纯度与孟塞尔明度的关系

在制作孟塞尔图册时，制备高彩度样卡非常困难。因此，市场上出售的孟塞尔图册通常比理论上可能达到的范围要小得多。图 2-11 所示为孟塞尔明度 $V=6$ 的色卡在不同条件下的可能范围。

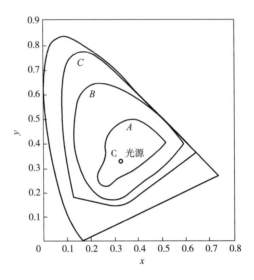

图 2-11　孟塞尔明度 $V=6$ 的色卡在不同条件下可能达到的范围

A—市售消光型孟塞尔色卡在 x—y 色度图上的范围　B—聚乙烯树脂透射型孟塞尔色卡在 x—y 色度图上的范围

C—理论上可能达到的范围

3. CIE 1931 XYZ 表色系统与孟塞尔颜色系统之间的转换关系

在 CIE 1931 XYZ 表色系统与孟塞尔表色系统之间的转换关系中,是在 CIE 1931 x—y 色度图上,以孟塞尔新标系统的恒定色相和彩度轨迹为基础,如图 2-12~图 2-24 所示。由 XYZ 系统向新标系统转换的过程如下:

(1)利用孟塞尔明度值 V_Y 与亮度因数 Y 的关系表(见附表二),由 Y 查 V_Y,根据 V_Y 的大小确定所使用的图。

(2)根据测得的 x、y 的大小,由图来确定 H/C 的值。

例如,由测色仪测得某样品在标准 C 照明体,2° 视野条件下的 $Y=46.02$,$x=0.500$,$y=0.454$,求该样品的孟塞尔标号。

①由附表二查得 $Y=46.02$ 时 $V_Y=7.20$。

②利用 $V_Y=7$ 的图 2-18 和 $V_Y=8$ 的图 2-19,由内插法求色相和彩度。在图 2-18 中色度坐标 $x=0.500$,$y=0.454$ 时,色相 $H=10.0YR$,彩度在 12~14,估计为 13.1。在图 2-19 中色度坐标 $x=0.500$、$y=0.454$ 时,色相接近 10.0YR,因小于 0.25 色差等级,所以定为 10.0YR,彩度在 14~16,估计为 14.6。

③由上述结果可知,色相 $H=10.0YR$,在 $V_Y=7$ 时,彩度 $C=13.1$,而在 $V_Y=8$ 时,彩度 $C=14.6$,而该样品的 $V_Y=7.2$,利用线性内差法,该样品的彩度 C 为:

$$C = 13.1 + 0.2(14.6 - 13.1) = 13.4$$

或　　　　　　　　　$$C = 14.6 - 0.8(14.6 - 13.1) = 13.4$$

④样品的孟塞尔标号为:10YR·7.2/13.4。

若由不同色度明度图求得的色相不相同时,也应用线性内差法计算样品色相。

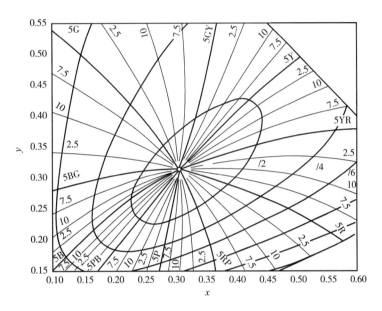

图 2-12　CIE 1931 x—y 色度图上孟塞尔新标系统的恒定色相和彩度轨迹($V_Y = 1$)

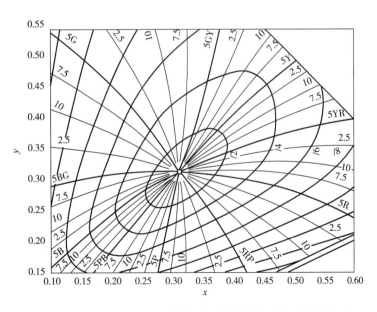

图 2-13　CIE 1931 x—y 色度图上孟塞尔新标系统的恒定色相和彩度轨迹($V_Y = 2$)

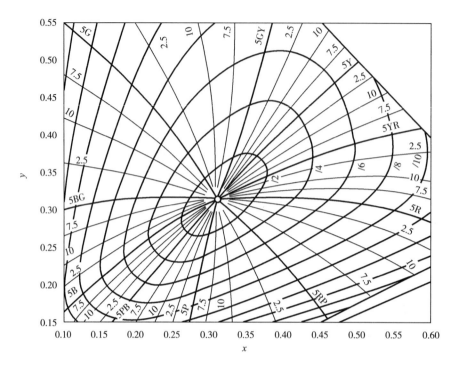

图 2-14　CIE 1931 x—y 色度图上孟塞尔新标系统的恒定色相和彩度轨迹（$V_Y = 3$）

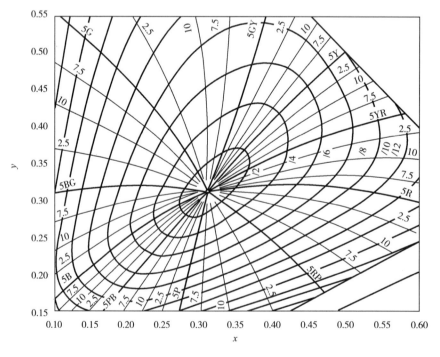

图 2-15　CIE 1931 x—y 色度图上孟塞尔新标系统的恒定色相和彩度轨迹（$V_Y = 4$）

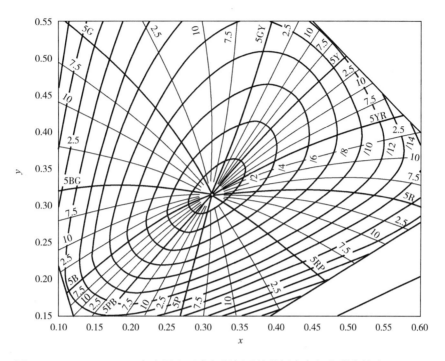

图 2-16　CIE 1931 x—y 色度图上孟塞尔新标系统的恒定色相和彩度轨迹($V_Y = 5$)

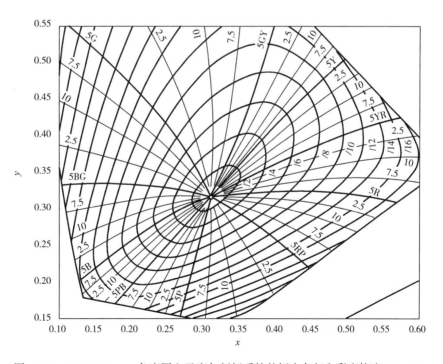

图 2-17　CIE 1931 x—y 色度图上孟塞尔新标系统的恒定色相和彩度轨迹($V_Y = 6$)

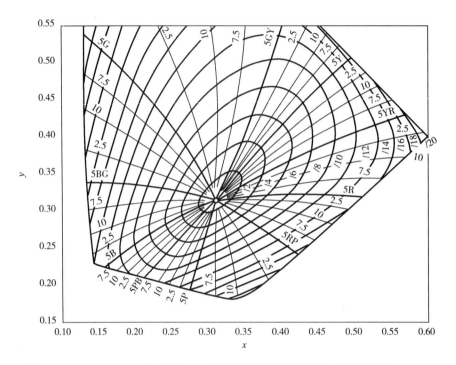

图 2-18　CIE 1931 x—y 色度图上孟塞尔新标系统的恒定色相和彩度轨迹（V_Y=7）

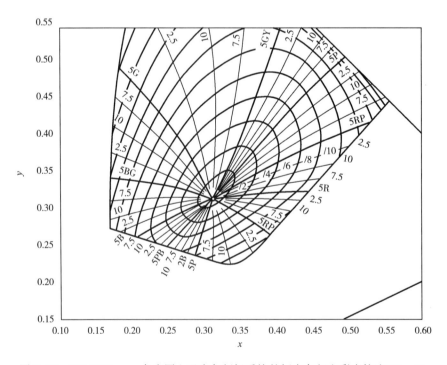

图 2-19　CIE 1931 x—y 色度图上孟塞尔新标系统的恒定色相和彩度轨迹（V_Y=8）

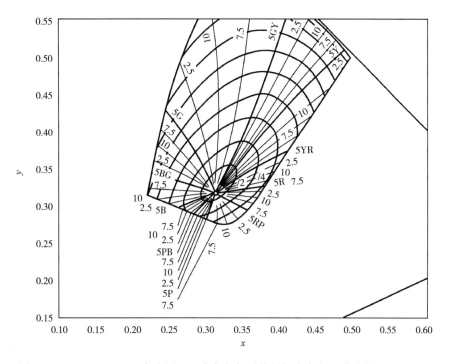

图 2-20　CIE 1931 x—y 色度图上孟塞尔新标系统的恒定色相和彩度轨迹($V_Y = 9$)

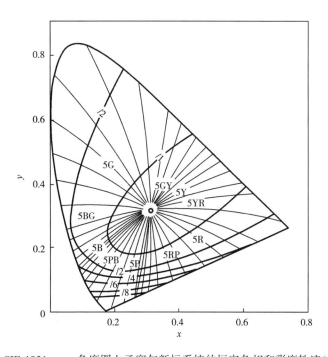

图 2-21　CIE 1931 x—y 色度图上孟塞尔新标系统的恒定色相和彩度轨迹($V_Y = 0.8$)

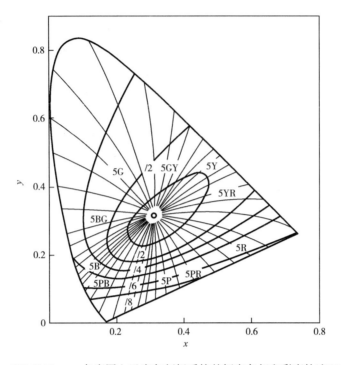

图 2-22　CIE 1931 x—y 色度图上孟塞尔新标系统的恒定色相和彩度轨迹($V_Y = 0.6$)

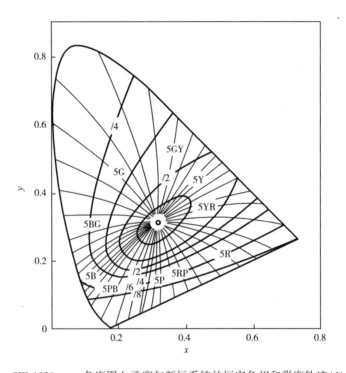

图 2-23　CIE 1931 x—y 色度图上孟塞尔新标系统的恒定色相和彩度轨迹($V_Y = 0.4$)

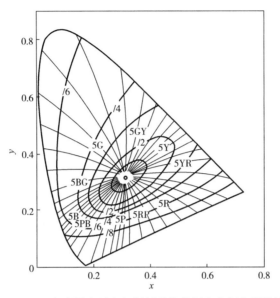

图 2-24　CIE 1931 x—y 色度图上孟塞尔新标系统的恒定色相和彩度轨迹($V_Y = 0.2$)

4. 孟塞尔新标系统的用途

在测色技术迅速发展的今天,以孟塞尔标号来表示颜色,虽然仍有一定的应用价值,但重要性已大为降低,可是由于孟塞尔颜色系统为一均匀的颜色空间,特别是经过修正以后的孟塞尔新标系统,对孟塞尔图册中的每个色卡,都经过了精确测量,被赋予了 CIEXYZ 表色系统的参数,因而有了很多新的用途。例如,检验各种不同颜色空间的均匀性。在色差计算中,常常需要把不均匀的 CIEXYZ 颜色空间,转换成均匀颜色空间,而颜色空间的均匀与否,与色差的评价结果密切相关,可以用孟塞尔颜色系统来检验。其检验的方法为:将相同明度而色相和彩度不同的孟塞尔色卡,根据每一色卡的(Y、x、y)表色值,求出新表色系统的表色值,绘于表色系统的坐标图上,根据图形的形状,则可以大致判断出新颜色空间的均匀性。图 2-25 所示为 CIE 1976 $L^* a^* b^*$ 颜色空间的 $a^* b^*$ 图上的孟塞尔恒定色相和彩度轨迹。图 2-26 所示为 CIE 1976

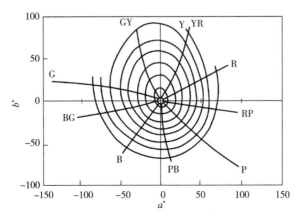

图 2-25　CIE 1976 $L^* a^* b^*$ 图上的孟塞尔恒定色相和彩度轨迹($V_Y = 5$)

$L^*u^*v^*$ 颜色空间的 u^*v^* 图上的孟塞尔恒定色相和彩度轨迹。从这两幅图,可以看出 CIE 1976 $L^*a^*b^*$ 颜色空间的均匀性稍好于 CIE 1976 $L^*u^*v^*$ 颜色空间。

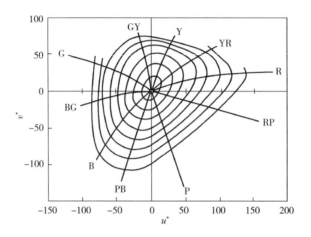

图 2-26　CIE 1976 $L^*u^*v^*$ 图上的孟塞尔恒定色相和彩度轨迹($V_Y = 5$)

第二节　计算机颜色系统

计算机颜色系统是由颜色的三个参数组成的颜色三维空间,即颜色立方体。三个参数在对应的三维空间用色量的均匀变化互相交织,构成一个理想的颜色空间,空间中的任何一点都代表某一特定的颜色。其特点是:对颜色的分类、命名、比较、测量和计算都有规律可循,而且使用简便直观。

一、RGB 颜色立方体

RGB 颜色立方体是采用色光的三原色来描述物体颜色特征。在计算机图像处理软件和其色彩管理系统中,RGB 颜色模式是数字照相机、扫描仪、显示器所使用的颜色系统,是与设备相关的颜色空间。也就是说,它们产生的颜色与具体使用的设备有关,不同的设备可能使用不同的 RGB 三原色,混合出的效果也不会完全相同。图 2-27 所示为 RGB 颜色立方体示意图。

在计算机图像处理系统、图形处理系统的 RGB 颜色空间中,每一种颜色都用二进制的一个字节表示,即用 2^8 来表示单一颜色的变化级别,其取值范围为 $0 \sim 255$,数值越大,颜色越明亮。当把 3 种原色以各自的 256 种数值组合起来,就可得到 $2^{24} = 16777\ 216$ 种颜色。如图 2-27 所示,三个轴向分别表示 R、G、B 三原色,最大值都为 255,把它们连接起来就构成了一个立方体,每一顶角表示了印刷复制中的 R、G、B、C、M、Y、W、K 等 8 种基本颜色,白与黑的连线构成了不同明暗等级的中性灰。

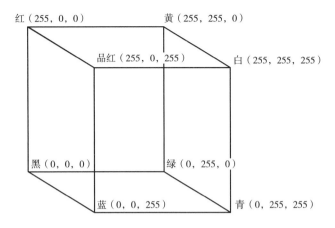

图 2-27 RGB 颜色立方体示意图

通过对红、绿、蓝的各种值进行组合可改变像素的颜色。R、G、B 以不同量混合,可产生出不同的颜色。若 R、G、B 值都为 0,则该颜色为黑色;若都为 255,则为白色。以不同值的等量混合产生各种不同明暗的灰色,在立方体中表现为从原点到 R、G、B 都为 255 对应顶点的一根灰度直线。

二、CMYK 颜色立方体

CMYK 颜色立方体中的颜色模式的基础不是增加光线,而是减去光线,是印刷油墨形成的颜色空间,也是四色打印的基础。CMYK 颜色空间是用三维空间中的三个坐标分别代表 C、M、Y,在其右侧用一纵向轴表示黑色的分量,它们的变化值为 0~100%,颜色的选定与 RGB 颜色模式一样,如图 2-28 所示。

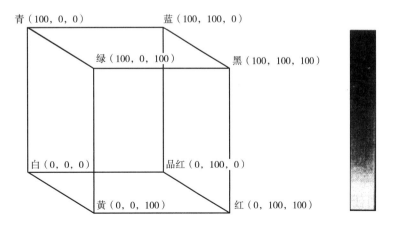

图 2-28 CMYK 颜色立方体

CMYK 颜色空间也是与设备相关的颜色空间,同样的网点比例、不同的原色油墨得到的颜色是不同的。图 2-29 所示为不同油墨呈色范围的差异。从图可见,CMYK 颜色空间的色域范围比 RGB 颜色空间的色域范围要小一些。

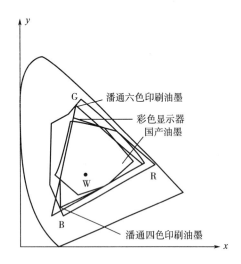

图 2-29　不同油墨的呈色色域比较

三、HSB 颜色立方体

HSB 是基于人对颜色的感觉,而不是 RGB 的计算机值,也不是 CMYK 的打印机值。人们将颜色看作是由色调(hue)、饱和度(saturation)和亮度(brightness)组成。HSB 颜色空间是一个极坐标三维空间:色调 H 沿着周向变化,从 0° ~ 360°,其中 0° 或 360° 为红色、60° 为黄色、120° 为绿色、180° 为青色、240° 为蓝色、300° 为品红色;饱和度 S 为横向变化的分量,原点处饱和度为 0,圆周边缘处饱和度最大为 100;亮度 B 为纵向变化的分量,底下是亮度为 0 的黑色,顶上是最亮的白色,如图 2-30 所示。

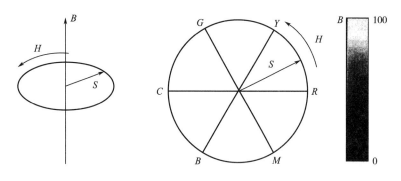

图 2-30　HSB 颜色立方体

四、Lab 颜色立方体

Lab 颜色模式是 CIE 中的 Lab 均匀颜色空间,是桌面系统中用来从一种颜色模式向另一种颜色转变的内部模式。当从 RGB 向 CMYK 转变的时候,首先需要将 RGB 模式转变为 Lab 颜色,然后再从 Lab 转变到 CMYK。这是因为 Lab 的颜色光谱囊括了 RGB 和 CMYK 的颜色光谱。同时,Lab 颜色独立于设备之外,不受任何硬件性能和特性的影响。

Lab 颜色空间由一个明度因数 L 和两个色度因数 a、b 组成,其中明度值 L 范围为 0~100,a^* 从红色变化到绿色,b^* 从黄色变化到蓝色,它们的值在 -120~120。图 2-31 所示为 Lab 颜色空间的示意图。

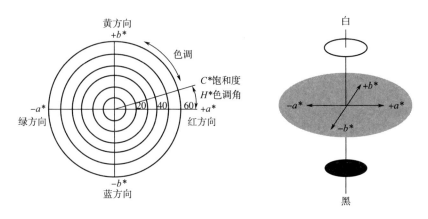

图 2-31 Lab 颜色空间示意图

第三节 自然颜色系统

自然色系统(NCS)是进行颜色评价的最有用工具。人们无须使用测量仪器,也不需使用颜色样品比较,可以用 NCS 的方法直接去评价物体的颜色。这个颜色系统的发表者之一瑞典的哈德说,尽管在恰当的条件下人能识别上千万种颜色刺激,但是能比较准确识别的颜色数目只有 1 万~2 万种,而 NCS 能满足这个精度的要求。这种方法的基础是人的颜色感知,而依据心理物理方法的系统则必须通过颜色样品的比较才能评价颜色(如孟塞尔颜色系统)。

NCS 的基本概念来源于德国的生理学家赫林的对立学说。他关于色觉的理论引导了色感知的大量理论和实验的发展,与杨—赫姆霍尔兹的三色学说是相对立的。赫林指出:"当对颜色按对称性进行分类时,唯一所关心的事情是颜色本身。至于辐射物理性质的质的方面(频率)和量的方面(振幅)都和这无关。"他说明对颜色的描述属于现象学的范畴,因此必须用心理的方法去评价,而不必考虑引起物理刺激的原因。

自 1964 年以来在瑞典开展了对自然色系统的研究,在 20 世纪 70 年代初 NCS 正式成为瑞典的国家颜色标准,并于 1979 年出版了 NCS 色谱,目前 NCS 除了在北欧国家被采用外,在英国、日本以及澳大利亚等国都引起广泛的关注。

一、NCS 基本色

NCS 定义了六种基本色感知:两种无彩色,白(W)和黑(S);四种有彩色,黄(Y)、红(R)、蓝(B)、绿(G),其中任何一种都与其他五种不相似。所有的感知色仅由它们与基本色的相似程度来描述,这是具有正常色视觉的人所固有的色感知特性。有彩色中,黄—蓝、红—绿互为对立色。人的感知认为,黄、红属暖色,而蓝、绿属于冷色。可见对立色形式反映了人的颜色感知,即"暖"和"冷"。

NCS 建立的基本原则是相似性原理：任何颜色最多相近于两种基本有彩色及黑和白，它并不需要参考有彩色样品或无彩色样品，即可进行颜色判断。

图 2-32 所示为 NCS 色相环，它表示顺时针方向的色相分度。色相环分为四个象限：Y/R、R/B、B/G、G/Y。色相表示方法如图所示，例如色相 B40G 表示该蓝绿色相中蓝色占 60%、绿色占 40%。

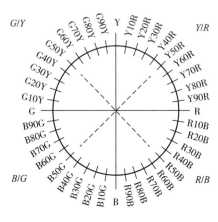

图 2-32　NCS 色相环

二、NCS 基本属性及 NCS 标注

任意一个颜色与 NCS 基本色相似的程度均可用相应的 NCS 基本属性来描述：黄度、红度、蓝度、绿度、白度和黑度。NCS 标注由黑度（s）、彩度（c）、色相（$A\phi\phi B$）组成；NCS 标注的表达式为 $sscc$-$A\phi\phi B$，这里 ss 为黑度，cc 为彩度，$\phi\phi$ 为色调角，色调角为由基本色 A 向基本色 B 沿顺时针方向按 0、…、100 的分度（这里字母双写表示填写两位数）；A 和 B 为任意相邻的两个基本有彩色。由这些属性所表示的 NCS 标注举例如图 2-33 所示。

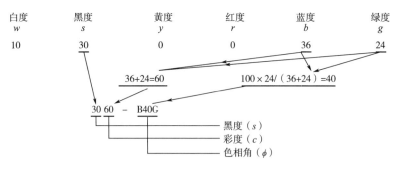

图 2-33　NCS 标注举例

彩度是有彩色基本属性之和，是与纯彩色相近似的程度；色相是由与两个基本有彩色相似的比例决定的，基本色用与其相应的大写字母来表示。

$$彩度\ c = y + r + b + g \tag{2-3}$$

NCS 基本属性之和为 100，即：$w+s+y+r+b+g=100$ 或 $w+s+c=100$。

对一个给定的颜色不能同时感知到蓝度和黄度或红度和绿度。对于所有的无彩色，即白、黑和纯灰色，$c=0$。如果一个颜色没有黑度和白度，即 $w=s=0$，$c=100$，则这个颜色被称为 NCS 全色。这个颜色是假想的纯彩色，不可能生产出其实物样品，但是人们在判断颜色时却能想象出它是什么样子。

如图 2-34 所示是一个 NCS 色相三角形，图中举例说明了点 P 的标注方法，该图为 NCS 色立体中一个恒定色相平面 B70G。纵线为恒定 NCS 彩度，斜线是恒定 NCS 黑度，黑点代表在 NCS 色谱中色相 B70G 的颜色样品。图中点 P 的黑度 $s=20$，彩度 $c=50$，该颜色的标注是 2050-B70G。

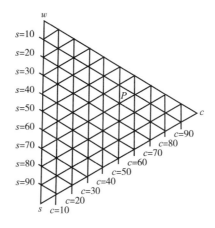

图 2-34　NCS 色相三角形

三、NCS 颜色立体

如图 2-35 所示为 NCS 颜色立体的示意图。由四种有彩色黄、红、绿、蓝组成色相环，黑和白分别占据无彩色轴的两个端点。

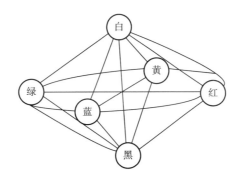

图 2-35　NCS 颜色立体示意图

四、其他 NCS 属性

还有一些颜色的感知变量,它们虽然没有包括在 NCS 标注中,但在某些场合有用。

1. NCS 饱和度(m)

NCS 饱和度是一种目视的感知现象,它定义为颜色的彩度和白度的比例关系,即:

$$m = c/(c + w) = c/(100 - s) \tag{2-4}$$

其变化由 0~1。在 NCS 颜色三角形中所有恒定 NCS 饱和度线经过黑色点 S。

2. NCS 明度(l)

NCS 明度是以与 w—s 轴上的灰色为参考进行目视比较而定义的,有彩色的 NCS 明度是由特定的无彩色的黑度 s 导出的,此时该有彩色与该无彩色之间将呈现最小的清晰边界。计算公式为:

$$l = 1 - s/100 \, (0 \leqslant l \leqslant 1) \tag{2-5}$$

在标准照明观察条件下,颜色样品的恒定 CIE 光反射因数 Y 可以看成是恒定 NCS 明度。

在 NCS 色相三角形中,具有相同色相和相同 CIE 光反射因数(即相同 NCS 明度)的颜色,由经过 w—s 轴上相应点的直线代表,这些"等明度线"汇聚于三角形外一点,如图 2-36 所示。

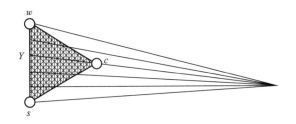

图 2-36　NCS 色相三角形中的等明度线

图中汇聚点的坐标随色相而变,并且由距 w—s 轴的距离 $c(l)$ 和 CIE 光反射因数 $Y(c)$ 来定义。在 NCS 色谱中对每一种色相都提供了相应的 NCS 等明度线。可以用经验公式由 CIE—Y 值计算出色样的 NCS 明度:

$$l = 1.56Y/(Y + 56) \tag{2-6}$$

五、对表面色的绝对目视评价

使用 NCS 标注可以直接把感知色与基本色联系起来,因此可以在任何情况下不使用参考色样就能对色表进行可靠的评价。在特定条件下这个评价可以和标准光谱光度法评价的结果相比拟。

绝对 NCS 评价法可以看成是一种统计的方法,可以用 10~30 个观察者的观察结果来评价这种方法的准确性。有两种主要的评价方法:

(1)NCS 基本属性的绝对目视评价法。观察者按照 0~100 的分度判断色样颜色与想象中的六个基本色的相似程度。

（2）NCS 坐标的绝对目视评价法。分别对色相、黑度、彩度进行判断，然后用前述公式计算 NCS 标注，如图 2-33 所示。

六、用 NCS 色谱进行目视比较

通过与 NCS 色谱中的色样进行比较，可以获得高准确度的 NCS 标注。比较时应使用近似 CIE C 或 CIE D65 的天然或人造光源漫射照明，在 1000lx 照度下进行。色样应放在平面上垂直观察，距离为 0.3～0.5m，观察者应具有正常的色视觉并已对照明环境适应。比较时注意，色谱中色样的实际 NCS 值与其标称 NCS 值总是存在某些差别的。

根据 $w-s$ 轴分度进行 NCS 明度的目视评价，可以将未知色样逐级与色谱中的灰色样进行比较，或用 NCS 明度参考标尺与未知色样进行比较，直至边界清晰度最小，由相应灰色样的黑度 s 可以计算出 NCS 明度。

七、与 CIE 测量值之间的换算

对于 $d/0$ 条件的测量仪器（包括定向分量）及 CIE C 或 CIE D65 照明，可以通过经验公式用计算机由颜色的 CIE 参数求出其 NCS 标注，或反过来由 NCS 标注求出相应的 CIE 参数。在 NCS 色谱中每一页的色相图中也标有 CIE 反射因数，可以用来计算 NCS 明度。

迄今为止，从符合心理感知的角度来说，NCS 是描写任意非发光物体表面色的最好的方法。近年来，瑞典的德莱菲尔特等人（1987）研究了 NCS 与 CIELAB 及 CIELuv 之间的关系，结果表明，在各种颜色系统中，NCS 和 CIELuv 最接近。由于 CIELuv 常用于彩色显像管等发光色的描述，而 NCS 在描述感知色表方面又远远优于 CIELuv，因此预计 NCS 将更适合于描述发光色。

第四节　美国光学学会均匀颜色系统

1977 年美国光学学会（OSA）均匀颜色标定委员会制定了一套均色标以配合学会制定的匀色空间（UCS）。它共有 558 种颜色，其中 424 种颜色组成一套，这套色卡称为美国光学学会匀色标（OSA—UCS）。OSA 匀色标色卡分 2cm×2cm、6cm×8cm、4cm×6cm、2cm×6cm 和 3cm×4cm 等 5 种规格。这套匀色空间颜色色卡片具有能够长期保存、色彩均匀、测定的数字准确等优点，与孟塞尔色彩图能定量的联系。

OSA 色卡在以中性灰色为背景、CIE 照明体 D_{65} 和 10° 视场的条件下，具有感觉上等间隔的特性。OSA 颜色空间可以用不同的截面来截取，从而产生各种各样的颜色排列。美国光学学会匀色系统（OSA—UCS）是目前最均匀的匀色空间，这套色卡在艺术和设计领域上很有价值。

OSA—UCS 系统标注由（L,j,g）三个数字组成，其中 L 表示明度值，从 -7～+5；j 表示颜色的

黄—蓝度,对于偏黄的颜色 j 为正值,对于偏蓝的颜色 j 为负值, j 的变化范围为 $-6\sim+11$; g 表示颜色的绿—红度,对于偏绿的颜色 g 为正值,对于偏红的颜色 g 为负值, g 的变化范围为 $-10\sim+6$。

在 OSA—UCS 系统中,代表颜色的一点被周围 12 个等间距的点包围,这些点代表了与该点最邻近的 12 个颜色。以中心的颜色为准,每个颜色都具有相等的感知色差。在色空间中颜色按绿—红度、黄—蓝度及明度排列,如图 2-37 所示。

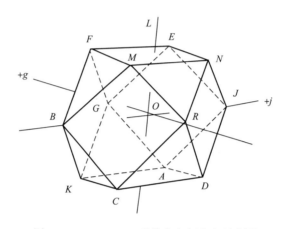

图 2-37　OSA—UCS 系统色空间分布示意图

OSA—UCS 的色卡不是按系统的某个特定平面进行排列的,用户可以根据需要选择色样并在一个色空间中某特定样品点所处的任意平面内对颜色进行排列,这样可形成 9 组不同的平行平面,它们能包括所有的样品点。OSA—UCS 系统的标注 (L,j,g) 与 CIE 1964 XYZ 之间关系由下式表示:

$$L = 5.9\,[\,\overline{Y}_{10}^{1/3} - 2/3 + 0.042(\overline{Y}_{10} - 30)^{1/3}\,]$$

$$j = C(-13.7R_{10}^{1/3} + 17.7G_{10}^{1/3} - 4B_{10}^{1/3})$$

$$g = C(1.7R_{10}^{1/3} + 8G_{10}^{1/3} - 9.7B_{10}^{1/3}) \tag{2-7}$$

其中:

$$\overline{Y}_{10} = Y_{10}(44934x_{10}^2 + 4.3034y_{10}^2 - 4.276x_{10}y_{10} - 1.3744x_{10} - 2.5643y_{10} + 1.8103)$$

$$C = L/[5.9(\overline{Y}_{10}^{1/3} - 2/3)] = 1 + 0.042(\overline{Y}_{10} - 30)^{1/3}/(\overline{Y}_{10}^{1/3} - 2/3)$$

$$R_{10} = 0.799X_{10} + 0.4194Y_{10} - 0.1648Z_{10}$$

$$G_{10} = -0.4493X_{10} + 1.3265Y_{10} + 0.0927Z_{10}$$

$$B_{10} = 0.799X_{10} + 0.4194Y_{10} - 0.1648Z_{10}$$

1981 年公布了与该系统相对应的孟塞尔标注。

第五节　德国 DIN 颜色系统

在德国 DIN 系统中,用三个变量来定义颜色:色调(T)、饱和度(S)、暗度(D)。在 C 光源照明下,恒定 T 的颜色具有相同的主波长或补色波长。24 种色相标注见表 2-1。

表 2-1　DIN 系统 24 种色相标注

序号	T 色名	序号	T 色名	序号	T 色名	序号	T 色名
1	黄偏绿(橄榄色)	7	红(红褐)	13	紫罗兰	19	蓝绿
2	橘黄(橄榄褐)	8	红偏蓝	14	紫罗兰偏蓝	20	绿偏蓝
3	黄橘(黄褐)	9	红紫	15	紫罗兰蓝	21	绿
4	橘偏黄(褐偏黄)	10	紫	16	蓝偏红	22	绿偏黄
5	橘(褐)	11	蓝	17	蓝	23	黄绿
6	红橘(褐偏红)	12	红紫罗兰	18	蓝偏绿	24	绿黄(橄榄绿)

如图 2-38 所示,在 CIE 1931(x, y)色度图中,定义恒定色相 T(1~24)线为由中心(CIE C 光源)向光谱轨迹和紫红线的辐射线。事实上,色度图中代表恒定感知色相的线多数是弯曲的,所以这些直的色相辐射线仅仅近似代表感知色相。

暗度 D 是通过计算确定的明度量,其分度为 0~10。在 0 点,D 代表最大明度(白和最佳色),而当 $D = 10$ 时,明度为零(黑)。对于表面色,D 与相对亮度因数有关。相对亮度因数定义为亮度因数 Y 除以相同色度的最大亮度因数 Y_0。

$$D = 10 - 6.1723 \lg[40.7(Y/Y_0) + 1]$$

$$(2-8)$$

对于恒定的 Y,当纯度增加时,暗度 D 则减小。一般在感知明度和暗度 D 之间没有简单的关系。荧光色的 D 为负值。

饱和度 S 与 CIE(Y, x, y)系统中的纯度不同,与单色光的色度不相关,它是根据实验数据得出的。实验表明在全部的感知色相范围内,具有相同的相对亮度因数的颜色也具有相同的饱和度。如图 2-38 所

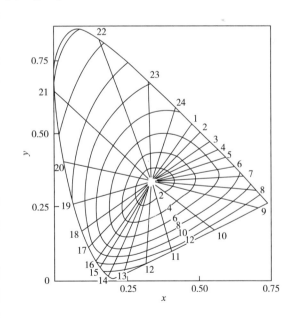

图 2-38　在 x—y 色度图中的恒定色相线(辐射状线)和恒定饱和度线(椭圆形曲线)

示,椭圆形曲线为不同的等饱和度线。

DIN 6164 系统的一个突出特点是,在 CIE 1931(x,y)色度图中对于所有水平的 D,T 辐射状线和 S 的椭圆形线都不变。因此一张图可用于所有水平的 D。而在 CIE 1931(x,y)色度图中,孟塞尔等彩度线和等色相线却随明度值而变。

如图 2-39 所示为 DIN 6164 颜色立体,沿着圆的边缘标有色相编号 T。立体的上顶点为白,下顶点为黑。图 2-40 为 $T=22$ 的垂直剖面,它是由恒定 S 直线和表示恒定 D 的圆弧组成的扇形。对给定的暗度 D,圆弧分度的等间距代表相同的感知饱和度差。由图可知,当 D 增加时,S 分度间距反而变小。图中的点线表示色相 $T=22$ 的光泽色样。

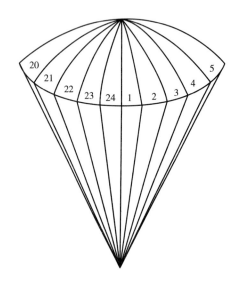

图 2-39　DIN 6164 颜色立体

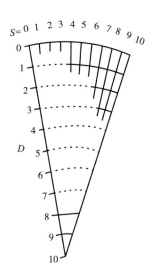

图 2-40　DIN 6164 颜色立体的垂直剖面
（黑点代表 $T=22,D=1\sim7$ 的光泽色样）

DIN 系统的颜色标注形式为：

$$DIN\ 6164\text{-}T:S:D$$

德国标准色卡(DIN 6164)与孟塞尔图册有某些相似之处,如图 2-40 所示,并且和 CIE(Y,x,y)系统有某些联系,它在德国和中欧被广泛使用。最初的标准样品制作在透明胶片上,这些胶片后来成为生产颜色样品的原始标准。1962 年出版了完全无光泽的 590 种色样,色样的尺寸为 2.8cm×2.2cm,按 24 页展示,每一页相当于在 CIE C 光源照明下的一个主波长或补色波长的色相,另有一页含有 19 个无光泽的无彩色样。这些色样可以随意取下,以便进行颜色比较,1984 年又出版了含有 1004 个有光泽色样的色卡。它同样有 24 页有彩色样,并另有一页含有 19 个有光泽无彩色样。对于有光泽和无光泽的色样,都提供了在 C 光源照明下的 CIE 1931(X,Y,Z)及 CIE 1931(Y,x,y)的标注。对于无光泽色样还提供了相应的孟塞尔标注和奥斯瓦尔德标注。

第六节　中国颜色体系

为了与国际上常用的颜色体系衔接,中国颜色体系在研制过程中参照了美国的孟塞尔颜色体系、瑞典的自然颜色体系(NCS)及德国的工业颜色标准(DIN)等体系。

中国颜色体系中各种不同颜色在空间的排列也是依据颜色的三属性,即色调、明度和饱和度来标定排列和标定的,并规定观察条件用标准光源 D_{65} 照明和在 10° 视场以及 0/45° 条件下来察看和标定颜色,使中国颜色体系与 CIE 色度系统相匹配。

一、中国颜色体系的色调

中国颜色体系的色调以字母 H 表示,如图 2-41 所示。在某一水平剖面上,逆时针顺序依次排列着红色(R)、黄色(Y)、绿色(G)、蓝色(B)、紫色(P)5 个主色,在相邻两主色之间排列着红黄色(YR)、黄绿色(GY)、蓝绿色(BG)、紫蓝色(PB)、红紫色(RP)5 个间色,共计 10 种基本色。每一个基本色又分为 10 个等级。而在色相环上,每一种基本色只取 10~2.5~5~7.5~10 共 4 个等级的色调给予标号。前面的 10 则是本色调的开始色,也是上一色调的终止色。后面的 10 则是本色调的终止色,又是下一个色调的开始色。标号 5 的色调颜色最纯正,小于 5 的颜色偏色于顺时针方向的基本色,大于 5 的颜色偏色于逆时针方向的基本色。这样,在色相环上总共标示出 40 个不同的色调,如图 2-41 所示。

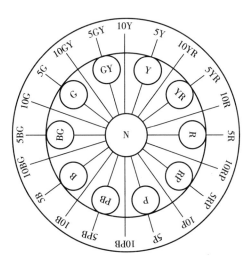

图 2-41　中国颜色体系色调标定示意图

二、中国颜色体系的明度

中国颜色体系的明度以字母 V 表示。在颜色立体中心垂直轴自下至上为黑白系列的中性灰颜色,从 0 到 10 共分出 11 个等级。规定明度小于 2.5 的中性颜色为黑色,明度大于 8.5 的中性颜色为白色,介于明度 2.5 和 8.5 级之间的其他中性颜色为灰色。中国颜色体系明度等级与 CIE 亮度因数 Y 之间的换算关系见表 2-2。

表 2-2　中国颜色体系明度 V 与 CIE 亮度因数 Y 之间的换算关系

V	0	1	2	3	4	5	6	7	8	9	10
$Y/\%$	0	0.91	3.04	6.74	12.43	20.50	31.26	44.86	61.20	79.85	100.00

三、中国颜色体系的饱和度

中国颜色体系的饱和度以字母 C 表示。颜色样品离开中央轴的水平距离代表饱和度的变化。在颜色立方体上,不同色调、不同明度的颜色,其最大饱和度不一样。

四、中国颜色体系的标定方法

中国颜色体系将颜色分为彩色和中性色(非彩色)两类。彩色以 HV/C 标示,例如,5R6/10 是一个中等亮度、颜色鲜艳纯正的红色。中性色以 $NV/$ 标示,例如 $N2.5/$ 是一个明度很低的近似黑色。

五、《中国颜色体系样册》

《中国颜色体系样册》于 1994 年以国家实物标准出版发行,标准编号为 GSBA 2603—1994。色样按照颜色的三个属性排列。经中国人视觉特性实验,在颜色立体上分布的顺序,以视觉的等色相差、等明度差和等饱和度差标尺编排。任意两个色样其色调、明度和饱和度在视觉上的差别都是相等的。《中国颜色体系样册》包含 40 种色调以及不同明度和饱和度的色样共 1338 个色块。

《中国颜色体系样册》中色样的明度最高为 9,最低为 2.5,只有 9 个等级。根据实际情况,在浅色色样里把饱和度的级差分得小一些,级差为 1,其他饱和度较高的颜色则以每两个饱和度差为间隔(2、4、6⋯)。不同色调、不同明度的颜色其最大饱和度是不一样的,例如暖色调的饱和度比冷色调的饱和度要高得多。《中国颜色体系样册》所列各色调的最大饱和度的色样是目前我国涂料工艺所能做到的饱和度最高的色样。

👉 思考题

1. 什么是均匀颜色空间?

2. 孟塞尔颜色系统的特点是什么?说明下列孟塞尔标号的意义:5R4/6、N3、7G5/8。

3. 什么是孟塞尔新标系统?举例说明孟塞尔新标系统的用途。

思考题答题要点

第三章　CIE 标准色度系统

色度学是从 20 世纪 30 年代开始发展起来的一门学科,主要以颜色的表征、测量、计算为研究内容。颜色的定量表征涉及观察者的生理、心理物理规律、照明与测量观察物理条件等诸多因素,因此各国的科学家和实验室在国际照明委员会(CIE)的指导下,致力于研究颜色测量理论和技术,以满足工业和日常生活需要。色度学是研究颜色相关科学的一门涉及面很广的新兴学科,它是包括物理学、视觉生理学、视觉心理学、心理物理学在内的一门综合性学科。

人每天都接触和分辨着大量的颜色,对于这些颜色,通常只能赋予一些不确切的名称,如黄色、红色、绿色、白色等。有时为了更形象、更具体,也选择一些生活中常见的物体作参照物来命名,如柠檬黄、桃红、孔雀蓝、妃色、月白等。由于对颜色确切命名有困难,而且每个人的经历大不相同,由此对颜色命名的参照物体也不相同。所以,经常会出现不同的人对同一物体给出判断颜色不同的现象。

20 世纪初,随着科学技术的不断发展,颜色的准确评价受到越来越广泛的关注,色度学正是适应这一要求发展起来的。色度学可以把颜色用一组特定的参数定量地表示出来,而根据相关参数,又可以反过来把相应的颜色复制出来,从此使颜色的评价实现了定量化。这对颜色的准确评价、人们之间的沟通交流、颜色的远程传递等诸多方面,都带来了极大的方便。色度学的进步,大大促进了颜色科学的发展,也大大推进了颜色科学在纺织服装、染料、涂料、化妆品、食品、印刷、造纸、交通、光源、汽车、遥感、IT 行业等诸多领域的应用。

CIE XYZ 标准色度系统,是色度学中颜色的表示以及颜色相关参数计算的基础。1931 年CIE 第八届会议上,提出了包括 CIE 1931 标准色度观察者、色度系统、标准光源、标准照明体及观察条件等在内的若干建议,奠定了现代色度学的基础。基于加法混色定律的"CIE 1931 标准色度观察者光谱三刺激值"数据适用于 1°~4° 视场的颜色测量。为了弥补在应用于视场大于4° 的颜色精密测量时该标准不够精确的缺陷,CIE 于 1964 年推荐了在 10° 视场条件下获得的数据,称为"CIE 1964 标准色度观察者光谱三刺激值",适用于大于 4° 视场的颜色测量。

第一节　颜色匹配与匹配实验

课件

一、颜色匹配实验

根据格拉斯曼颜色混合定律,外貌相同的颜色可以相互代替,相互代替的颜色可以通过颜色匹配实验来找到。把两个颜色调节到视觉上相同的方法叫作颜色匹配。颜色的混合可以是加法混色,也可以是减法混色,两种方式得到的结果不同。进行颜色匹配实验时,须经过色光相加混合的方法,改变原色光的明度、色相、饱和度三个特性,使两者达到匹配。

在进行色度学研究过程中,常采用下面的方法进行颜色匹配实验。

将不同颜色的光,照射在白色屏幕的同一个位置上,光线经过屏幕的反射达到混合,混合后的光线作用于人的视网膜,便感知到一个颜色。在实验室内,投射一个白光或其他颜色的灯光到白色屏幕的一侧,把红、绿、蓝三种颜色的灯光投射到白色屏幕的另一侧,两个半屏之间用黑挡屏分开,由白屏幕反射出来的光通过小孔射入观察者的眼睛,观察视场限制在 2°视场范围内,如图 3-1 所示。红、绿、蓝三种颜色灯光即三原色光,调节三原色灯光的强度比例,便产生各种各样的颜色,适当调节三种灯光的强度比例,还可以得到无彩色的白光。当视场中两部分光色相同时,视场中间的分界线消失,此时认为待匹配光与三原色混合的光色达到一致,即达到颜色匹配。

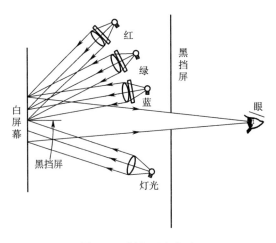

图 3-1 颜色匹配实验

通过颜色匹配实验发现,红、绿、蓝三种原色并不是唯一的,只要满足三原色中的任何一个,都不能由其余两个相加混合得到即可,就是说,只要三个原色光是相互独立的,就可以作为三原色进行颜色匹配。实验证明,红、绿、蓝三原色是产生颜色范围最广的三原色组合。

在上述颜色匹配实验中,由三原色组成的颜色的光谱组成与匹配颜色的光谱组成可能不一致。例如,由红、绿、蓝三种原色光混合得到的白光与连续光谱的白光在感觉上是等效的,但它们的光谱组成却不一样,在色度学中,把这一类颜色匹配,称为"同色异谱"的颜色匹配。这在纺织品染整加工中,是一种普遍存在的现象。

还应指出的是,当颜色刺激作用于视网膜非常邻近的部位以及频繁交替作用于视网膜的同一部位时,都会产生混色效果。

二、CIE 1931 RGB 色度系统

根据配色实验,如果把三原色按适当比例相加混合时,即可以仿制出任何一种色彩,并且与原来的标准色样对人的眼睛能引起相同的视觉效果。

当有光作用于人的眼睛时,就会产生颜色视觉。因此,可以说物体的颜色既决定于外界的物理刺激,又决定于人眼睛的视觉特性。从光谱光视效率函数可以知道,相同能量、不同波长的物理刺激会产生不同的颜色视觉。为了使颜色测量与人眼睛观察的结果相一致,首先应该确定三种原色光与人眼睛视觉特性之间的关系。这方面,莱特(W. D. Wright)选择 650nm(红)、530nm(绿)和 460nm(蓝)三种单色光作为三原色进行光谱色匹配实验。吉尔德(J. Guild)选择 630nm(红)、542nm(绿)和 460nm(蓝)做实验。CIE 综合了以上实验结果,在积累了大量实验材料的基础上,选定三色系统的一组三原色为:

红(R):波长为 700.0nm 的可见光谱长波末端;

绿(G):波长为 546.1nm 的水银光谱;

蓝(B):波长为 435.8nm 的水银光谱。

这三种单色光都能比较精确的产生出来。选若干视力正常的人对等能光谱逐一波长进行颜色匹配,从而得到了等能光谱色每一波长的三刺激值 $\bar{r}(\lambda)$、$\bar{g}(\lambda)$、$\bar{b}(\lambda)$,于 1931 年推荐了 CIE 1931 RGB 标准色度观察者光谱三刺激值见表 3-1。以此代表人眼睛的平均颜色视觉特性,为颜色度量确定了尺度,这是进行颜色计算的基础。

对于具有相同能量的上述三原色,人的眼睛对上述三原色的光谱灵敏度是不一样的,感觉到的亮度是不同的,从光谱光视效率函数表可以知道,红(R)、绿(G)、蓝(B)三原色的明视觉光谱光视效率函数值为:

$$(R):0.00410(G):0.98433(B):0.01777$$

在 CIE 1931 RGB 色度系统中,匹配等能白光的三原色的(R)、(G)、(B)亮度之比为 1.0000:4.5907:0.0601。按此比例混合,即可得到与等能白光 E 相匹配的白光。但应当注意,由上述三原色混合得到的白光,虽然对人眼睛引起的颜色视觉效果与等能白光相同,但是两种白光,在本质上并不相同。等能白光 E 为连续光谱,辐射能量在任何一个波长下均相等;而由三原色混合得到的白光,则是不连续光谱。

把 $\Phi_R=1(lm)$;$\Phi_G=4.5907(lm)$;$\Phi_B=0.0601(lm)$的光混合,所得等能白光的亮度为:

$$1+4.5907+0.0601=5.6508(lm) \tag{3-1}$$

为了计算简单起见,把上述混合后得到等能白光 E 的三原色红、绿、蓝的不同数量,分别作为其单位量来处理,于是此白光的光通量可以由下式表示:

$$\Phi_E = 1(R) + 1(G) + 1(B) \tag{3-2}$$

由此扩展,由加法混色实验可知,任何一个颜色可以用线性无关的三个原色以适当比例相加混合与之匹配。颜色方程可以写为:

$$C=\bar{c}(C)=\bar{r}(R)+\bar{g}(G)+\bar{b}(B) \tag{3-3}$$

其中,$\bar{r}$、$\bar{g}$、$\bar{b}$ 是匹配颜色 C 所需要的三个原色的刺激量,即 C 的三刺激值。表示匹配某种颜色时,各需要多少个单位量的红、绿、蓝原色,$\bar{r}$、$\bar{g}$、$\bar{b}$ 三个数值完全决定了匹配后所得混合光的颜色(性质)和光通量(数量)。只要选定了原色,匹配某一颜色时,$\bar{r}$、$\bar{g}$、$\bar{b}$ 的值就是唯一的。这就实现了把颜色以三刺激值来表示的愿望。

颜色方程(3-3)中的 $\bar{r}(R)$、$\bar{g}(G)$、$\bar{b}(B)$,常常被称为颜色分量,即红色分量、绿色分量和蓝色分量。

从上述计算可知,其基本的依据是亮度相加定律,即几个颜色组成的混合光的总亮度,等于各颜色光分亮度的总和。

如图 3-2 所示为根据 CIE 推荐的"CIE 1931 RGB 标准色度观察者光谱三刺激值"绘制的曲线。

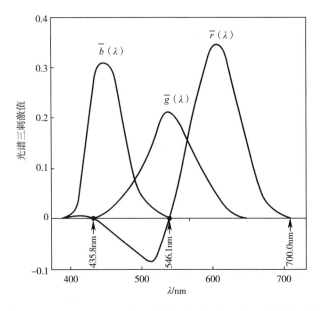

图 3-2　CIE 1931 RGB 系统标准色度观察者光谱三刺激值曲线

三、色品坐标

以三刺激值表示颜色,所构成的是一个抽象的三维空间。每个颜色在这一颜色空间中,都对应着唯一一个坐标点。在实际应用中,尽管我们知道了某一颜色的三刺激值,但是,在抽象的三维颜色空间中,仍然很难了解颜色的具体性质,有时了解颜色的性质,不一定要知道颜色的绝对值,只要知道三原色的相对值即可。因而,引入了由 $\bar{r}(\lambda)$、$\bar{g}(\lambda)$、$\bar{b}(\lambda)$ 三刺激值计算的相对系数。

$$r(\lambda) = \frac{\bar{r}(\lambda)}{\bar{r}(\lambda) + \bar{g}(\lambda) + \bar{b}(\lambda)}$$

$$g(\lambda) = \frac{\overline{g}(\lambda)}{\overline{r}(\lambda) + \overline{g}(\lambda) + \overline{b}(\lambda)}$$

$$b(\lambda) = \frac{\overline{b}(\lambda)}{\overline{r}(\lambda) + \overline{g}(\lambda) + \overline{b}(\lambda)} \tag{3-4}$$

$r(\lambda)$、$g(\lambda)$、$b(\lambda)$值称为色品坐标,定义为某一三刺激值与三刺激值之和的比。这些新的参数把原来的三刺激值$\overline{r}(\lambda)$、$\overline{g}(\lambda)$、$\overline{b}(\lambda)$转换成与其相关的相对值,也把原来三维空间的直角坐标改变成二维的平面直角坐标,很显然:

$$r(\lambda) + g(\lambda) + b(\lambda) = 1 \tag{3-5}$$

因此,只要知道了这三个值中的两个,通过计算就很容易知道第三个值。选择r对g作图,在色度学中叫r—g色品图。

如图3-3所示的舌形曲线,为光谱色在色品图中的轨迹,称为光谱轨迹。连接光谱轨迹两端的直线,称为紫红边界。自然界中存在的所有颜色都在光谱轨迹和紫红边界的包围之中。从前面介绍的内容可知,等能光谱E的色度坐标应该是:$r=g=1/3$。三种原色光在r—g色品图中的色品坐为:(R)(1,0)、(G)(0,1)、(B)(0,0),以(R)、(G)、(B)为顶点,可以得到一个三角形,这个三角形内的所有颜色在以红、绿、蓝三种原色光进行颜色匹配时,三刺激值$\overline{r}$、$\overline{g}$、$\overline{b}$都是正值。也就是说,三角形中的各个点所代表的颜色,都可以由三种原色光:700.0nm、546.1nm、435.8nm相加得到。而三角形以外的各个点所代表的颜色,用上述三种原色光进行颜色匹配时,则$\overline{r}$、$\overline{g}$、$\overline{b}$中至少有一个是负值,就是说必须把三种原色光中的某一种,投射到标准光的半面视场中,才能够达到匹配,否则,无论如何调配三种原色光的比例,也不可能达到匹配。

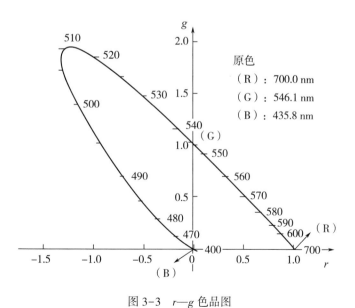

图3-3 r—g色品图

CIE 1931 RGB系统标准色度观察者光谱三刺激值见表3-1。

表 3-1　CIE 1931 RGB 系统标准色度观察者光谱三刺激值

λ/nm	$\bar{r}(\lambda)$	$\bar{g}(\lambda)$	$\bar{b}(\lambda)$	λ/nm	$\bar{r}(\lambda)$	$\bar{g}(\lambda)$	$\bar{b}(\lambda)$
380	0.00003	−0.00001	0.00117	530	−0.07101	0.20317	0.00549
385	0.00005	−0.00002	0.00189	535	−0.05316	0.21083	0.00320
390	0.00010	−0.00004	0.00359	540	−0.03152	0.21466	0.00146
395	0.00017	−0.00007	0.00647	545	−0.00613	0.21478	0.00023
400	0.00030	−0.00014	0.01214	550	0.02279	0.21178	−0.00058
405	0.00047	−0.00022	0.01969	555	0.05514	0.20588	−0.00105
410	0.00084	−0.00041	0.03707	560	0.09060	0.19702	−0.00130
415	0.00139	−0.00070	0.06637	565	0.12840	0.18522	−0.00138
420	0.00211	−0.00110	0.11541	570	0.16768	0.17087	−0.00135
425	0.00266	−0.00143	0.18575	575	0.20715	0.15429	−0.00123
430	0.00218	−0.00119	0.24769	580	0.24526	0.13610	−0.00108
435	0.00036	−0.00021	0.29012	585	0.27989	0.11686	−0.00093
440	−0.00261	0.00149	0.31228	590	0.30928	0.09754	−0.00079
445	−0.00673	0.00379	0.31860	595	0.33184	0.07909	−0.00063
450	−0.01213	0.00678	0.31670	600	0.34429	0.06246	−0.00049
455	−0.01874	0.01046	0.31166	605	0.34756	0.04776	−0.00038
460	−0.02608	0.01485	0.29821	610	0.33971	0.03557	−0.00030
465	−0.03324	0.01977	0.27295	615	0.32265	0.02583	−0.00022
470	−0.03933	0.02538	0.22991	620	0.29708	0.01828	−0.00015
475	−0.04471	0.03183	0.18592	625	0.26348	0.01253	−0.00011
480	−0.04939	0.03914	0.14494	630	0.22677	0.00833	−0.00008
485	−0.05364	0.04713	0.10968	635	0.19233	0.00537	−0.00005
490	−0.05814	0.05689	0.08257	640	0.15968	0.00334	−0.00003
495	−0.06414	0.06948	0.06246	645	0.12905	0.00199	−0.00002
500	−0.07173	0.08536	0.04776	650	0.10167	0.00116	−0.00001
505	−0.08120	0.10593	0.03688	655	0.07857	0.00066	−0.00001
510	−0.08901	0.12860	0.02698	660	0.05932	0.00037	0.00000
515	−0.09356	0.15262	0.01842	665	0.04366	0.00021	0.00000
520	−0.09264	0.17468	0.01221	670	0.03149	0.00011	0.00000
525	−0.08473	0.19113	0.00830	675	0.02294	0.00006	0.00000

续表

λ/nm	$\bar{r}(\lambda)$	$\bar{g}(\lambda)$	$\bar{b}(\lambda)$	λ/nm	$\bar{r}(\lambda)$	$\bar{g}(\lambda)$	$\bar{b}(\lambda)$
680	0.01687	0.00003	0.00000	735	0.00036	0.00000	0.00000
685	0.01187	0.00001	0.00000	740	0.00025	0.00000	0.00000
690	0.00819	0.00000	0.00000	745	0.00017	0.00000	0.00000
695	0.00572	0.00000	0.00000	750	0.00012	0.00000	0.00000
700	0.00410	0.00000	0.00000	755	0.00008	0.00000	0.00000
705	0.00291	0.00000	0.00000	760	0.00006	0.00000	0.00000
710	0.00210	0.00000	0.00000	765	0.00004	0.00000	0.00000
715	0.00148	0.00000	0.00000	770	0.00003	0.00000	0.00000
720	0.00105	0.00000	0.00000	775	0.00001	0.00000	0.00000
725	0.00074	0.00000	0.00000	780	0.00000	0.00000	0.00000
730	0.00052	0.00000	0.00000				

第二节　CIE 1931 XYZ 标准色度系统

课件

前面讲到的 CIE 1931 RGB 标准色度系统中的 $\bar{r}(\lambda)$、$\bar{g}(\lambda)$、$\bar{b}(\lambda)$ 值是由颜色匹配实验得到的,可以直接用来进行颜色计算,但由于计算过程既复杂,又不容易理解。为此国际照明委员会讨论通过了一个用于色度学计算的新系统,即 CIE 1931 XYZ 标准色度系统。

一、CIE 1931 RGB 标准色度系统向 CIE 1931 XYZ 标准色度系统的转换

在 CIE 1931 RGB 标准色度系统基础上,CIE 以三个假想的原色光 (X)、(Y)、(Z),建立起一个新的色度系统,称为 CIE 1931 XYZ 标准色度系统。

建立 CIE 1931 XYZ 标准色度系统主要基于下述三点考虑。

(1)为了避免 CIE 1931 RGB 标准色度系统中的 $\bar{r}(\lambda)$、$\bar{g}(\lambda)$、$\bar{b}(\lambda)$ 光谱三刺激值和色品坐标 $r(\lambda)$、$g(\lambda)$、$b(\lambda)$ 出现负值,必须在红、绿、蓝三原色的基础上,另外选择一组三原色,由这组三原色组成的三角形,能够包围整个光谱轨迹,也就是说,这三个原色在色品图上,必须落在光谱轨迹之外,而决不能在光谱轨迹的范围之内。这就意味着必须选择三个假想的原色,以 (X)、(Y)、(Z) 表示。它在 r—g 色品图中的位置,如图 3-4 所示。尽管三个新的原色是假想的,不存在的,但 (X)、(Y)、(Z) 所形成的虚线三角形却包含了整个光谱轨迹。因此,这个新的色度系统,就保证了光谱轨迹上以及以内的色品坐标都成为正值。

(2)使 (X)、(Z) 的亮度为 0,用 Y 值来直接表示亮度,计算时更方便。方法如下:

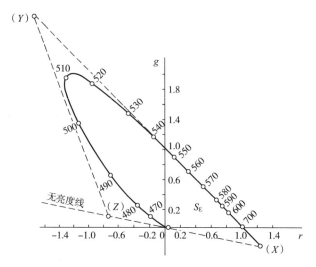

图 3-4　CIE 1931 RGB 向 CIE 1931 XYZ 转换

CIE 1931 三原色 (X)、(Y)、(Z)

	r	g	b
(X):	1.2750	−0.2778	0.0028
(Y):	−1.7392	2.7671	−0.0279
(Z):	−0.7431	0.1409	1.6022

如前所述，CIE 1931 RGB 标准色度系统的 (R)、(G)、(B) 三原色的亮度方程为：

$$Y = r + 4.5907g + 0.0601b \tag{3-6}$$

若此颜色在零亮度线上，则 $Y=0$，那么：

$$r + 4.5907g + 0.0601b = 0$$

又因为：$r+g+b=1$，则上式变为：

$$r + 4.5907g + 0.0601(1-r-g) = 0$$

$$0.9399r + 4.5306g + 0.0601 = 0 \tag{3-7}$$

式 (3-7) 为一直线方程，即 (X)、(Z) 零明度方程，直线上各点的亮度都是零。

(3) 使光谱轨迹内的真实颜色尽量落在 (X)、(Y)、(Z) 三角形内较大部分的空间，从而减少了 (X)、(Y)、(Z) 三角形内假想色的范围。

人们发现光谱轨迹 540~700nm，在 CIE 1931 RGB 标准色度系统色品图上，基本是一条直线，使新系统假想三原色组成三角形的 (X)、(Y) 这条边与这一线段重合，求得这一直线的直线方程为：

$$r + 0.99g - 1 = 0 \tag{3-8}$$

三角形的另外一条边，取与光谱轨迹上波长 503nm 的点相靠近的直线，这条直线的方程为：

$$1.45r + 0.55g + 1 = 0 \tag{3-9}$$

式(3-7)~式(3-9)的三个交点,分别是(X)、(Y)、(Z)在$r—g$色品图中的坐标点,这三个坐标点,在$r—g$色品图中的坐标为:

(X):$r=1.2750$ $g=-0.2778$ $b=0.0028$

(Y):$r=-1.7392$ $g=2.7671$ $b=-0.0279$

(Z):$r=-0.7431$ $g=0.1409$ $b=1.6022$

CIE 1931 XYZ 标准色度系统,既保持了 CIE 1931 RGB 标准色度系统的关系和性质,又避免了计算时出现负值引起的麻烦。

二、CIE 1931 XYZ 标准色度系统色品坐标

同样可以参照 CIE 1931 RGB 标准色度系统中,由 RGB 三维空间直角坐标系向 rg 平面直角坐标系转换的方法,由 X、Y、Z 三维空间的直角坐标系转换成表示三刺激值 X、Y、Z 相对关系的平面色度坐标 x、y、z。

$$x = \frac{X}{X+Y+Z} \quad y = \frac{Y}{X+Y+Z} \quad z = \frac{Z}{X+Y+Z}$$

而
$$x+y+z=1$$

以 x 为横坐标,以 y 为纵坐标,可以建立起新的直角坐标系,自然界中的所有颜色都可以用这一坐标系中的点来表示。这就是 CIE 1931 $x—y$ 色品图,如图 3-5 所示。CIE 1931 RGB 标准色度系统与 CIE 1931 XYZ 标准色度系统光谱色色品坐标之间的转换关系为:

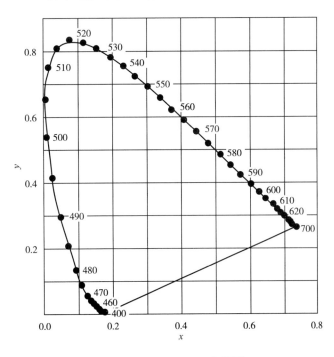

图 3-5　CIE 1931 $x—y$ 色品图

$$x(\lambda) = \frac{0.49000\overline{r}(\lambda) + 0.31000\overline{g}(\lambda) + 0.20000\overline{b}(\lambda)}{0.66697\overline{r}(\lambda) + 1.13240\overline{g}(\lambda) + 1.20063\overline{b}(\lambda)}$$

$$y(\lambda) = \frac{0.17697\overline{r}(\lambda) + 0.81240\overline{g}(\lambda) + 0.01063\overline{b}(\lambda)}{0.66697\overline{r}(\lambda) + 1.13240\overline{g}(\lambda) + 1.20063\overline{b}(\lambda)}$$

$$z(\lambda) = \frac{0.00000\overline{r}(\lambda) + 0.01000\overline{g}(\lambda) + 0.99000\overline{b}(\lambda)}{0.66697\overline{r}(\lambda) + 1.13240\overline{g}(\lambda) + 1.20063\overline{b}(\lambda)}$$

用上式求出 CIE 1931 RGB 标准色度系统 r—g 色品图中同一波长光谱色在 CIE 1931 x—y 色品图中的色度点,然后把各个光谱色的色度点连接,即得到 CIE 1931 x—y 色品图的光谱轨迹,如图 3-5 所示的舌形曲线。

三、CIE 1931 标准色度观察者光谱三刺激值

在 CIE 1931 XYZ 标准色度系统中,用于匹配等能光谱所需要的原色光(X)、(Y)、(Z)的数量叫"CIE 1931 XYZ 标准色度观察者光谱三刺激值",也叫 CIE 1931 XYZ 标准色度观察者颜色匹配函数,简称"CIE 1931 XYZ 标准观察者"。CIE 1931 RGB 标准色度系统光谱三刺激值与 CIE 1931 XYZ 标准色度系统的光谱三刺激值之间的转换关系,可用 CIE 推荐的如下关系式表示。

$$\overline{x}(\lambda) = 2.7696\overline{r}(\lambda) + 1.7518\overline{g}(\lambda) + 1.13014\overline{b}(\lambda)$$

$$\overline{y}(\lambda) = 1.0000\overline{r}(\lambda) + 4.9507\overline{g}(\lambda) + 0.06010\overline{b}(\lambda)$$

$$\overline{z}(\lambda) = 0.0000\overline{r}(\lambda) + 0.0565\overline{g}(\lambda) + 5.5942\overline{b}(\lambda)$$

CIE 1931 XYZ 标准观察者光谱三刺激值 $\overline{x}(\lambda)$、$\overline{y}(\lambda)$、$\overline{z}(\lambda)$ 分别表示在匹配等能光谱时,各个不同波长所需原色光(X)、(Y)、(Z)的数量。表 3-2 为 CIE 1931 XYZ 标准色度观察者光谱三刺激值。

表 3-2　CIE 1931 XYZ 标准色度观察者光谱三刺激值

λ/nm	$\overline{x}(\lambda)$	$\overline{y}(\lambda)$	$\overline{z}(\lambda)$	$x(\lambda)$	$y(\lambda)$	$z(\lambda)$
380	0.0014	0.0000	0.0065	0.1741	0.0050	0.8209
385	0.0022	0.0001	0.0105	0.1740	0.0050	0.8210
390	0.0042	0.0001	0.0201	0.1738	0.0049	0.8213
395	0.0076	0.0002	0.0362	0.1736	0.0049	0.8215
400	0.0143	0.0002	0.0362	0.1736	0.0048	0.8219
405	0.0232	0.0006	0.1102	0.1730	0.0048	0.8222
410	0.0435	0.0012	0.2074	0.1726	0.0048	0.8226
415	0.0776	0.0022	0.3713	0.1721	0.0048	0.8231
420	0.1344	0.0040	0.6466	0.1714	0.0051	0.8235

λ/nm	$\bar{x}(\lambda)$	$\bar{y}(\lambda)$	$\bar{z}(\lambda)$	$x(\lambda)$	$y(\lambda)$	$z(\lambda)$
425	0.2148	0.0073	1.0391	0.1703	0.0053	0.8239
430	0.2839	0.0116	1.3866	0.1389	0.0069	0.8242
435	0.3285	0.0168	1.6230	0.1669	0.0086	0.8245
440	0.3483	0.0230	1.7471	0.1644	0.0109	0.8247
445	0.3481	0.0298	1.7826	0.1611	0.0138	0.8251
450	0.3362	0.0380	1.7721	0.1566	0.0177	0.8257
455	0.3187	0.0480	1.7441	0.1510	0.0227	0.8263
460	0.2908	0.0600	1.6692	0.1440	0.0297	0.8263
465	0.2511	0.0739	1.5281	0.1355	0.0399	0.8246
470	0.1954	0.0910	1.2876	0.1241	0.0578	0.8181
475	0.1421	0.1126	1.0419	0.1096	0.0868	0.8036
480	0.0956	0.1390	0.8130	0.0913	0.1327	0.7760
485	0.0580	0.1693	0.6162	0.0687	0.2097	0.7306
490	0.0320	0.2080	0.4652	0.0464	0.2950	0.6596
495	0.0147	0.2586	0.3533	0.0235	0.4127	0.5638
500	0.0049	0.3230	0.2720	0.0082	0.5384	0.4534
505	0.0024	0.4073	0.2123	0.0039	0.6548	0.3413
510	0.0093	0.5030	0.1582	0.0139	0.7502	0.2359
515	0.0291	0.6082	0.1117	0.0389	0.8120	0.1491
520	0.0633	0.7100	0.0782	0.0743	0.8338	0.0919
525	0.1096	0.7932	0.0573	0.1142	0.8262	0.0596
530	0.1655	0.8620	0.0422	0.1547	0.8059	0.0394
535	0.2257	0.9149	0.0298	0.1929	0.7816	0.0255
540	0.2904	0.9540	0.0203	0.2296	0.7543	0.0161
545	0.3597	0.9803	0.0134	0.2658	0.7243	0.0099
550	0.4334	0.9950	0.0087	0.3016	0.6923	0.0061
555	0.5121	1.0000	0.0057	0.3373	0.6589	0.0038
560	0.5945	0.9950	0.0039	0.3731	0.6245	0.0024
565	0.6784	0.9786	0.0027	0.4087	0.5896	0.0017

λ/nm	$\bar{x}(\lambda)$	$\bar{y}(\lambda)$	$\bar{z}(\lambda)$	$x(\lambda)$	$y(\lambda)$	$z(\lambda)$
570	0.7621	0.9520	0.0021	0.4441	0.5547	0.0012
575	0.8425	0.9154	0.0018	0.4788	0.5202	0.0009
580	0.9163	0.8700	0.0017	0.5125	0.4866	0.0009
585	0.9786	0.8163	0.0014	0.5446	0.4544	0.0008
590	1.0263	0.7570	0.0011	0.5752	0.4242	0.0006
595	1.0567	0.6949	0.0010	0.6029	0.3965	0.0006
600	1.0622	0.6310	0.0008	0.6270	0.3725	0.0005
605	1.0456	0.5668	0.0006	0.6482	0.3514	0.0004
610	1.0026	0.5030	0.0003	0.6658	0.3340	0.0002
615	0.9384	0.4412	0.0002	0.6801	0.3197	0.0002
620	0.8544	0.3810	0.0002	0.6915	0.3083	0.0002
625	0.7514	0.3210	0.0001	0.7006	0.2993	0.0001
630	0.6424	0.2650	0.0000	0.7079	0.2920	0.0001
635	0.5419	0.2170	0.0000	0.7140	0.2859	0.0001
640	0.4479	0.1750	0.0000	0.7190	0.2809	0.0001
645	0.3608	0.1382	0.0000	0.7230	0.2770	0.0000
650	0.2835	0.1070	0.0000	0.7260	0.2740	0.0000
655	0.2187	0.0816	0.0000	0.7283	0.2717	0.0000
660	0.1649	0.0610	0.0000	0.7300	0.2703	0.0000
665	0.1212	0.0446	0.0000	0.7311	0.2689	0.0000
670	0.0874	0.0320	0.0000	0.7320	0.2680	0.0000
675	0.0636	0.0232	0.0000	0.7327	0.2673	0.0000
680	0.0468	0.0170	0.0000	0.7334	0.2666	0.0000
685	0.0329	0.0119	0.0000	0.7340	0.2660	0.0000
690	0.0227	0.0082	0.0000	0.7344	0.2656	0.0000
695	0.0158	0.0057	0.0000	0.7346	0.2654	0.0000
700	0.0114	0.0041	0.0000	0.7347	0.2653	0.0000
705	0.0081	0.0029	0.0000	0.7347	0.2653	0.0000
710	0.0058	0.0021	0.0000	0.7347	0.2653	0.0000

续表

λ/nm	$\bar{x}(\lambda)$	$\bar{y}(\lambda)$	$\bar{z}(\lambda)$	$x(\lambda)$	$y(\lambda)$	$z(\lambda)$
715	0.0041	0.0015	0.0000	0.7347	0.2653	0.0000
720	0.0029	0.0010	0.0000	0.7347	0.2653	0.0000
725	0.0020	0.0007	0.0000	0.7347	0.2653	0.0000
730	0.0014	0.0005	0.0000	0.7347	0.2653	0.0000
735	0.0010	0.0004	0.0000	0.7347	0.2653	0.0000
740	0.0007	0.0002	0.0000	0.7347	0.2653	0.0000
745	0.0005	0.0002	0.0000	0.7347	0.2653	0.0000
750	0.0003	0.0001	0.0000	0.7347	0.2653	0.0000
755	0.0002	0.0001	0.0000	0.7347	0.2653	0.0000
760	0.0002	0.0001	0.0000	0.7347	0.2653	0.0000
765	0.0001	0.0000	0.0000	0.7347	0.2653	0.0000
770	0.0001	0.0000	0.0000	0.7347	0.2653	0.0000
775	0.0001	0.0000	0.0000	0.7347	0.2653	0.0000
780	0.0000	0.0000	0.0000	0.7347	0.2653	0.0000

图 3-6 所示为 CIE 1931 XYZ 标准色度观察者光谱三刺激值曲线。若将其中 $\bar{x}(\lambda)$ 所占总面积用 X 来表示，$\bar{y}(\lambda)$ 所占总面积用 Y 来表示，将 $\bar{z}(\lambda)$ 所占总面积用 Z 来表示，则 X、Y、Z 就代表匹配等能白光时所需原色光(X)、(Y)、(Z)的数量。这里的 X、Y、Z 实际上就是等能白光 E 的三刺激值。从表 3-2 可以发现，X、Y、Z 的数量是相等的。CIE 1931 XYZ 标准观察者的各个参数，适用于 2°视场的中央观察条件(适用 1°~4°的视场)，在 2°视场下观察物体时，主要是中

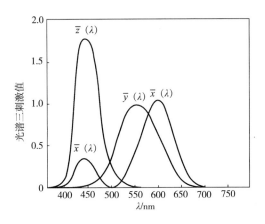

图 3-6　CIE 1931 XYZ 标准色度观察者光谱三刺激值曲线

央凹锥体细胞起作用,小于1°的极小视场的颜色观察,CIE 1931 XYZ 标准观察者的各项参数都不适用,大于4°视场的观察条件,CIE 1931 XYZ 标准色度观察者也不适用。观察面积较大时,需要选用10°视场的"CIE 1964 XYZ 标准色度观察者"。

第三节　CIE 1964 XYZ 标准色度系统

为了适应大视场的颜色测量,人们又建立起了一套适合于10°大视场条件下,颜色测量的"CIE 1964 XYZ 标准色度系统"。被观察物体的像,既覆盖了视网膜中心的锥体细胞,又覆盖了视网膜中央凹周围的杆体细胞。也就是说,此时的杆体细胞对颜色观察也发挥了一定的作用。

表3-3和表3-4分别为CIE 1964 RGB标准色度观察者光谱三刺激值和CIE 1964 XYZ标准色度观察者光谱三刺激值。图3-7和图3-8所示为依照表3-3和表3-4中所列数据绘制的曲线。

表3-3　CIE 1964 RGB 标准色度观察者光谱三刺激值

$\bar{\nu}/\text{cm}^{-1}$	$\bar{r}_{10}(\nu)$	$\bar{g}_{10}(\nu)$	$\bar{b}_{10}(\nu)$
27750	0.000000079100	−0.000000021447	0.000000307299
27500	0.00000029891	−0.00000008125	0.00000116475
27250	0.00000108348	−0.00000029533	0.00000423733
27000	0.0000037522	−0.0000010271	0.0000147506
26750	0.0000123776	−0.0000034057	0.0000489820
26500	0.000038728	−0.000010728	0.000154553
26250	0.000114541	−0.000032004	0.000462055
26000	0.00031905	−0.00009006	0.0013035
25750	0.00083216	−0.00023807	0.00345702
25500	0.00201685	−0.00058813	0.00857776
25250	0.0045233	−0.0013519	0.0198315
25000	0.0093283	−0.0028770	0.0425057
24750	0.0176116	−0.0056200	0.0840402
24500	0.030120	−0.010015	0.152451
24250	0.045571	−0.016044	0.251453

$\bar{\nu}/\mathrm{cm}^{-1}$	$\bar{r}_{10}(\nu)$	$\bar{g}_{10}(\nu)$	$\bar{b}_{10}(\nu)$
24000	0.060154	−0.022951	0.374271
23750	0.071261	−0.029362	0.514950
23500	0.074212	−0.032793	0.648306
23250	0.068535	−0.032357	0.770262
23000	0.055848	−0.027996	0.883628
22750	0.033049	−0.017332	0.965742
22500	0.000000	0.000000	1.000000
22250	−0.041570	0.024936	0.987224
22000	−0.088073	0.057100	0.942474
21750	−0.143959	0.099886	0.863537
21500	−0.207995	0.150955	0.762081
21250	−0.285499	0.218942	0.630116
21000	−0.346240	0.287846	0.469818
20750	−0.388289	0.357723	0.333077
20500	−0.426587	0.435138	0.227060
20250	−0.435789	0.513218	0.151027
20000	−0.438549	0.614637	0.095840
19750	−0.404927	0.720251	0.057654
19500	−0.333995	0.830003	0.029877
19250	−0.201889	0.933227	0.012874
19000	0.000000	1.000000	0.000000
18750	0.255754	1.042957	−0.008854
18500	0.556022	1.061343	−0.014341
18250	0.904637	1.031339	−0.017422

$\bar{\nu}/\mathrm{cm}^{-1}$	$\bar{r}_{10}(\nu)$	$\bar{g}_{10}(\nu)$	$\bar{b}_{10}(\nu)$
18000	1.314803	0.976838	−0.018644
17750	1.770322	0.887915	−0.017338
17500	2.236809	0.758780	−0.014812
17250	2.641981	0.603012	−0.011771
17000	3.002291	0.452300	−0.008829
16750	3.159249	0.306869	−0.005990
16500	3.064234	0.184057	−0.003593
16250	2.717232	0.094470	−0.001844
16000	2.191156	0.041693	−0.000815
15750	1.566864	0.013407	−0.000262
15500	1.000000	0.000000	0.000000
15250	0.575756	−0.002747	0.000054
15000	0.296964	−0.002029	0.000040
14750	0.138738	−0.001116	0.000022
14500	0.0602209	−0.0005130	0.0000100
14250	0.0247724	−0.0002152	0.0000042
14000	0.00976319	−0.00008277	0.00000162
13750	0.00375328	−0.00003012	0.00000059
13500	0.00141908	−0.00001051	0.00000021
13250	0.000533169	−0.000003543	0.000000069
13000	0.000199730	−0.000001144	0.000000022
12750	0.0000743522	−0.0000003472	0.0000000068
12500	0.0000276506	−0.0000000961	0.0000000019
12250	0.0000102123	−0.0000000220	0.0000000004

注　表中 ν 为波数，与波长的换算关系：$\lambda = 1/\nu$。

表 3-4 CIE 1964 XYZ 标准色度观察者光谱三刺激值

λ/nm	$\bar{x}_{10}(\lambda)$	$\bar{y}_{10}(\lambda)$	$\bar{z}_{10}(\lambda)$	$x_{10}(\lambda)$	$y_{10}(\lambda)$	$z_{10}(\lambda)$
380	0.0002	0.0000	0.0007	0.1813	0.0197	0.7990
385	0.0007	0.0001	0.0029	0.1809	0.0195	0.7996
390	0.0024	0.0003	0.0105	0.1803	0.0194	0.8003
395	0.0072	0.0008	0.0323	0.1795	0.0190	0.8015
400	0.0191	0.0020	0.0860	0.1784	0.0187	0.8029
405	0.0434	0.0045	0.1971	0.1771	0.0184	0.8045
410	0.0847	0.0088	0.3894	0.1755	0.0181	0.8064
415	0.1406	0.0145	0.6568	0.1732	0.0178	0.8090
420	0.2045	0.0214	0.9725	0.1706	0.0179	0.8115
425	0.2647	0.0295	1.2825	0.1679	0.0187	0.8134
430	0.3147	0.0387	1.5535	0.1650	0.0203	0.8115
435	0.3577	0.0496	1.7985	0.1622	0.0225	0.8153
440	0.3837	0.0621	1.9673	0.1590	0.0257	0.8153
445	0.3867	0.0747	2.0273	0.1554	0.0300	0.8145
450	0.3707	0.0895	1.9943	0.1510	0.0364	0.8126
455	0.3430	0.1063	1.9007	0.1459	0.0452	0.8038
460	0.3023	0.1282	1.7454	0.1689	0.0589	0.8022
465	0.2541	0.1528	1.5549	0.1295	0.0779	0.7926
470	0.1956	0.1852	1.3176	0.1152	0.1090	0.7758
475	0.1323	0.2199	1.0302	0.0957	0.1591	0.7452
480	0.0805	0.2536	0.7721	0.0728	0.2292	0.6980
485	0.0411	0.2977	0.5701	0.0452	0.3275	0.6273
490	0.0162	0.3391	0.4153	0.0210	0.4401	0.5389
495	0.0051	0.3954	0.3024	0.0073	0.5625	0.4302
500	0.0038	0.4608	0.2185	0.0056	0.6745	0.3199
505	0.0154	0.5314	0.1592	0.0219	0.7526	0.2256
510	0.0375	0.6067	0.1120	0.0495	0.8023	0.1482

λ/nm	$\bar{x}_{10}(\lambda)$	$\bar{y}_{10}(\lambda)$	$\bar{z}_{10}(\lambda)$	$x_{10}(\lambda)$	$y_{10}(\lambda)$	$z_{10}(\lambda)$
515	0.0714	0.6857	0.0822	0.0850	0.8170	0.0980
520	0.1177	0.7618	0.0607	0.1252	0.8102	0.0646
525	0.1730	0.8233	0.0431	0.1664	0.7922	0.0414
530	0.2305	0.8752	0.0305	0.2071	0.7663	0.0267
535	0.3042	0.9238	0.0206	0.2436	0.7399	0.0165
540	0.3768	0.9620	0.0137	0.2786	0.7113	0.0101
545	0.4516	0.9822	0.0079	0.3132	0.6813	0.0055
550	0.5298	0.9918	0.0040	0.3473	0.6501	0.0026
555	0.6161	0.9991	0.0011	0.3812	0.6182	0.0007
560	0.7052	0.9973	0.0000	0.4142	0.5858	0.0000
565	0.7938	0.9824	0.0000	0.4469	0.5531	0.0000
570	0.8787	0.9556	0.0000	0.4790	0.5210	0.0000
575	0.9512	0.9152	0.0000	0.5096	0.4904	0.0000
580	1.0142	0.8698	0.0000	0.5386	0.4614	0.0000
585	1.0743	0.8256	0.0000	0.5654	0.4346	0.0000
590	1.1185	0.7774	0.0000	0.5900	0.4100	0.0000
595	1.1343	0.7204	0.0000	0.6116	0.3884	0.0000
600	1.1240	0.6537	0.0000	0.6306	0.3694	0.0000
605	1.0891	0.5939	0.0000	0.6471	0.3529	0.0000
610	1.0305	0.5280	0.0000	0.6612	0.3388	0.0000
615	0.9507	0.4618	0.0000	0.6731	0.3269	0.0000
620	0.8563	0.3981	0.0000	0.6827	0.3173	0.0000
625	0.7549	0.3396	0.0000	0.6898	0.3102	0.0000
630	0.6475	0.2835	0.0000	0.6955	0.3045	0.0000
635	0.5351	0.2283	0.0000	0.7010	0.2990	0.0000
640	0.4316	0.1798	0.0000	0.7059	0.2941	0.0000
645	0.3437	0.1402	0.0000	0.7103	0.2898	0.0000

λ/nm	$\bar{x}_{10}(\lambda)$	$\bar{y}_{10}(\lambda)$	$\bar{z}_{10}(\lambda)$	$x_{10}(\lambda)$	$y_{10}(\lambda)$	$z_{10}(\lambda)$
650	0.2683	0.1076	0.0000	0.7137	0.2863	0.0000
655	0.2043	0.0812	0.0000	0.7156	0.2844	0.0000
660	0.1526	0.0603	0.0000	0.7168	0.2832	0.0000
665	0.1122	0.0441	0.0000	0.7179	0.2821	0.0000
670	0.0813	0.0318	0.0000	0.7187	0.2813	0.0000
675	0.0579	0.0226	0.0000	0.7193	0.2807	0.0000
680	0.0409	0.0159	0.0000	0.7189	0.2802	0.0000
685	0.0286	0.0111	0.0000	0.7200	0.2800	0.0000
690	0.0199	0.0077	0.0000	0.7202	0.2798	0.0000
695	0.0138	0.0054	0.0000	0.7203	0.2797	0.0000
700	0.0096	0.0037	0.0000	0.7204	0.2796	0.0000
705	0.0066	0.0026	0.0000	0.7203	0.2797	0.0000
710	0.0046	0.0018	0.0000	0.7202	0.2798	0.0000
715	0.0031	0.0012	0.0000	0.7201	0.2799	0.0000
720	0.0022	0.0008	0.0000	0.7199	0.2801	0.0000
725	0.0015	0.0006	0.0000	0.7197	0.2803	0.0000
730	0.0010	0.0004	0.0000	0.7195	0.2806	0.0000
735	0.0007	0.0003	0.0000	0.7192	0.2808	0.0000
740	0.0005	0.0002	0.0000	0.7189	0.2811	0.0000
745	0.0004	0.0001	0.0000	0.7186	0.2814	0.0000
750	0.0003	0.0001	0.0000	0.7183	0.2817	0.0000
755	0.0002	0.0001	0.0000	0.7180	0.2820	0.0000
760	0.0001	0.0000	0.0000	0.7176	0.2824	0.0000
765	0.0001	0.0000	0.0000	0.7172	0.0000	0.0000
770	0.0001	0.0000	0.0000	0.7161	0.2839	0.0000
775	0.0000	0.0000	0.0000	0.7165	0.2835	0.0000
780	0.0000	0.0000	0.0000	0.7161	0.2839	0.0000

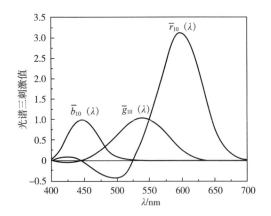

图 3-7　CIE 1964 RGB 标准色度观察者
光谱三刺激值曲线

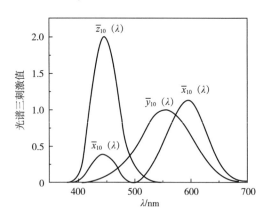

图 3-8　CIE 1964 XYZ 标准色度观察者
光谱三刺激值曲线

用 CIE 1931 RGB 标准色度系统向 CIE 1931 XYZ 标准色度系统转换的方法，也可以将 CIE 1964 RGB 标准色度系统转换成 CIE 1964 XYZ 标准色度系统。CIE 1964 XYZ 标准色度观察者光谱三刺激值与 CIE 1964 RGB 标准色度观察者光谱三刺激值之间的转换关系，可由 CIE 推荐的转换关系式来表达。

$$\bar{x}_{10}(\nu) = 0.341080\bar{r}_{10}(\nu) + 0.189145\bar{g}_{10}(\nu) + 0.387529\bar{b}_{10}(\nu)$$

$$\bar{y}_{10}(\nu) = 0.139058\bar{r}_{10}(\nu) + 0.837460\bar{g}_{10}(\nu) + 0.073316\bar{b}_{10}(\nu)$$

$$\bar{z}_{10}(\nu) = 0.000000\bar{r}_{10}(\nu) + 0.039553\bar{g}_{10}(\nu) + 2.026200\bar{b}_{10}(\nu) \qquad (3-10)$$

CIE 1964 XYZ 标准色度系统色品图光谱轨迹上的光谱色的色品坐标为：

$$x_{10}(\lambda) = \frac{\bar{x}_{10}(\lambda)}{\bar{x}_{10}(\lambda) + \bar{y}_{10}(\lambda) + \bar{z}_{10}(\lambda)}$$

$$y_{10}(\lambda) = \frac{\bar{y}_{10}(\lambda)}{\bar{x}_{10}(\lambda) + \bar{y}_{10}(\lambda) + \bar{z}_{10}(\lambda)}$$

$$z_{10}(\lambda) = \frac{\bar{z}_{10}(\lambda)}{\bar{x}_{10}(\lambda) + \bar{y}_{10}(\lambda) + \bar{z}_{10}(\lambda)} \qquad (3-11)$$

其色品图如图 3-9 所示。

在 CIE 1964 XYZ 标准色度系统色品图中，等能白光的色度坐标为：$x_{10} = 0.3333$，$y_{10} = 0.3333$。

若将 CIE 1964 XYZ 标准色度观察者光谱三刺激值与 CIE 1931 XYZ 标准色度观察者光谱三刺激值的数据进行比较，会发现两者的光谱三刺激值曲线略有不同如图 3-10 所示，$\bar{y}_{10}(\lambda)$ 10°视场下的曲线，在 400~500nm 区域，高于 2°视场的 $\bar{y}(\lambda)$ 曲线的值，表明中央凹外部的细胞对短波光谱有更高的感受性。

若将 CIE 1931 $x—y$ 色品图与 CIE 1964 $x_{10}—y_{10}$ 色品图进行比较，发现两者的光谱轨迹在形状上很相似，但却不能认为两个光谱轨迹上，具有相同色度坐标的点，代表着相同的意义。仔

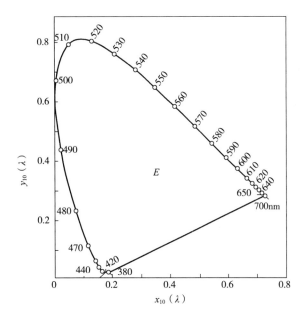

图 3-9　CIE 1964 XYZ 标准色度系统色品图

细比较会发现,相同波长的光谱色在各自色品图的光谱轨迹上的位置有很大的差异,如图 3-11
所示。

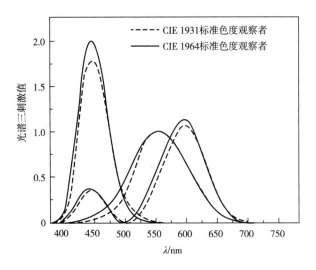

图 3-10　CIE 1931 XYZ(2°视场)和 CIE 1964 XYZ
(10°视场)标准色度观察者光谱三刺激值

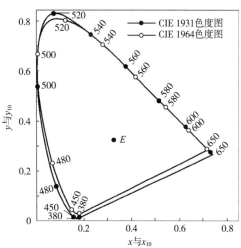

图 3-11　CIE 1931 标准色度系统与 CIE 1964
标准色度系统光谱轨迹

例如,在 580~600nm 具有相同波长的光谱色,在两个色品图中的坐标值可能会有很大差
异。因而,当两个具有不同分光反射率曲线的颜色在 CIE 1931 色品图中,具有相同的色品坐

标,也就是说,具有相同的颜色(同色异谱),而在 CIE 1964 色品图中,就可能会有不同的色品坐标。也就是说,在 2° 视场条件下相匹配的两个颜色,在 10° 视场条件下可能就不匹配。从 CIE 1964 标准色度系统向 CIE 1931 标准色度系统转换时,也会出现相同的情况。CIE 1931 标准色度系统和 CIE 1964 标准色度学系统的两个色品图中唯一重合的点就是等能白光的色度点 E,如图 3-10 所示。

研究发现,人的眼睛在 2° 小视场条件下,观察颜色时辨别颜色差异的能力较低,当观察视场为 10° 时,判断颜色的精度和重现性比较高,特别是深色低反射率样品。目前颜色测量大多采用 10° 视场。

第四节 标准照明体和标准光源

课件

物体的颜色除了与本身的光谱反射(或透射)特性以及观察者、观察条件有关以外,还受照亮的光源左右,同一物体在不同的光源或照明体的照明下呈现不同的颜色。在日常生活中,人们会在日光下观察颜色,但日光随天空云层、时间、纬度、季节的不同而不同,如日出时、日落前、正午直射的日光、阴天的日光、不同纬度国家的日光,其光谱能量分布都不尽相同。除此之外,人们还时常在人造光源下观察物体的颜色,如白炽灯、日光灯等,它们也都有着各自的光谱能量分布。因此,在这些具有不同光谱能量分布的光源下观察颜色,彼此之间必然会产生一定的差别。在色度学中,为了使颜色测量的结果更具有普遍性,提出了标准光源的概念,以便颜色鉴别时有一个共同的标准。所谓光源,在物理学中,指的是发光的物理辐射体,如各种灯、太阳、天空(反射光)、烛光等都可以叫作光源。而色度学中的标准光源,是事先选定的符合颜色测量要求的光源。照明体具有特定的光谱功率分布,这种光谱功率分布不是必须由一个具体的光源直接提供,也不一定由某种光源来实现,可以是一组数据。标准照明体是继标准光源概念之后提出的新概念。标准照明体亦称标准施照体,它仅仅代表一种特定的光谱能量分布,这种分布是根据颜色测量的要求设定的,这种分布不一定必须由实在的光源提供,在颜色测量实践中,标准照明体的能量分布,有些很难由单独的光源来实现。

CIE 推荐的标准照明体有标准照明体 A、标准照明体 B、标准照明体 C 和标准照明体 D_{65}。目前常用的有标准照明体 D_{65}、标准照明体 A,标准照明体 C 也有应用。此外,在颜色测量中还常常使用 D_{55}、D_{75}、三基色荧光灯(TL84)、冷白荧光灯(CWF)和 U30 等照明光源。从目前颜色测量的实际情况看,标准照明体 B 已被废除。

(1)标准照明体 A。标准照明体 A 相当于颜色温度为 2856K 的完全辐射体的光谱能量分布,能够提供此光谱能量分布的光源,CIE 规定为标准 A 光源。实际应用中,新型白炽灯即卤钨灯可以重现标准照明体 A 的光谱能量分布,色温为 2856K 的卤钨灯可作为标准 A 光源使用。

(2)标准照明体 B。标准照明体 B 相当于正午直射日光,颜色温度约为 4874K。由于标准照明体 B 不能正确地代表相应时相的日光,目前 CIE 已经废除了这一标准照明体。标准照明体 B 的光谱能量分布,由 CIE 规定的标准 B 光源得到,标准 B 光源,是以标准 A 光源加戴维斯—吉伯逊(Davis-Gibson)液体滤光器 B_1、B_2 得到。

(3)标准照明体 C。标准照明体 C 颜色温度为 6774K 的平均昼光,相当于 6774K 完全辐射体的光谱能量分布。它代表薄云的阴天日光的光谱能量分布,一般认为相当于上午 9:00 至下午 4:00 的日光光谱能量分布的平均值,通常又称为平均日光。标准照明体 C 的光谱能量分布由 CIE 规定的标准 C 光源得到,标准 C 光源由标准 A 光源加戴维斯—吉伯逊液体滤光器 C_1、C_2 来实现。戴维斯—吉伯逊 B、C 光源液体滤光器的溶液组成见表 3-5。

表 3-5　戴维斯—吉伯逊 B、C 光源液体滤光器的溶液组成

液槽 1	B_1	C_1	液槽 2	B_2	C_2
硫酸铜($CuSO_4 \cdot 5H_2O$)	2.452g	3.412g	硫酸钴铵[$CoSO_4(NH_4)_2SO_4 \cdot 6H_2O$]	21.71g	30.580g
甘露糖醇[$C_6H_5(OH)_5$]	2.452g	3.412g	硫酸铜($CuSO_4 \cdot 5H_2O$)	16.11g	22.520g
吡啶(C_5H_5N)	30.0 mL	30.0mL	硫酸(H_2SO_4)	10.0mL	10.0mL
蒸馏水加至	1000mL	1000mL	蒸馏水加至	1000mL	1000mL

(4)标准照明体 D_{65}。标准照明体 D_{65} 颜色温度为 6504K,相当于 6504K 的完全辐射体的光谱能量分布。其光谱能量分布,更接近于平均日光的光谱能量分布,因为是参照平均日光能量分布人为设定的,更适合颜色测量的需要,又称重组日光。标准照明体 D_{65} 的光谱能量分布,目前还不能由相应的光源来准确重现,只可以近似模拟。从其光谱分布可以看出,它具有锯齿形光谱分布。校正滤光器只能在一定程度近似模拟其光谱分布,要研制精确的模拟器非常困难。但它不仅在可见光范围内更接近日光,而且在紫外线区也和日光非常接近,是测量带有荧光样品时所必需的。此外,还有颜色温度为 5503K 和颜色温度为 7504K 的 D_{55} 和 D_{75} 照明体,作为 D_{65} 照明体的辅助照明体,也有应用。各种标准照明体的光谱能量分布如图 3-12、图 3-13 所示。

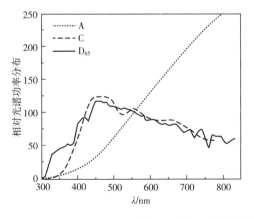

图 3-12　A、C、D_{65} 标准照明体的光谱能量分布曲线

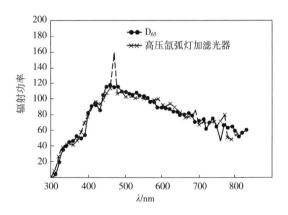

图 3-13　D_{65} 照明体的光谱能量分布曲线

第五节　色度的计算方法

颜色的色度计算通常包括三刺激值 X、Y、Z 和色品坐标 x、y 的计算以及主波长和纯度的计算。

一、三刺激值和色品坐标值的计算

计算三刺激值 X、Y、Z 的基本公式：

$$X = k \int_{380}^{780} S(\lambda) \bar{x}(\lambda) \rho(\lambda) \mathrm{d}\lambda \quad 或 \quad X_{10} = k_{10} \int_{380}^{780} S(\lambda) \bar{x}_{10}(\lambda) \rho(\lambda) \mathrm{d}\lambda$$

$$Y = k \int_{380}^{780} S(\lambda) \bar{y}(\lambda) \rho(\lambda) \mathrm{d}\lambda \quad 或 \quad Y_{10} = k_{10} \int_{380}^{780} S(\lambda) \bar{y}_{10}(\lambda) \rho(\lambda) \mathrm{d}\lambda$$

$$Z = k \int_{380}^{780} S(\lambda) \bar{z}(\lambda) \rho(\lambda) \mathrm{d}\lambda \quad 或 \quad Z_{10} = k_{10} \int_{380}^{780} S(\lambda) \bar{z}_{10}(\lambda) \rho(\lambda) \mathrm{d}\lambda \qquad (3-12)$$

式中：$\bar{x}(\lambda)$、$\bar{y}(\lambda)$、$\bar{z}(\lambda)$——CIE 1931 XYZ 标准色度观察者光谱三刺激值；

$\bar{x}_{10}(\lambda)$、$\bar{y}_{10}(\lambda)$、$\bar{z}_{10}(\lambda)$——CIE 1964 XYZ 标准色度观察者光谱三刺激值；

$S(\lambda)$——标准照明体相对光谱能量分布；

$\rho(\lambda)$——物体的分光反射率；

k——常数，称作调整因数。

调整各种不同照明体的亮度 $Y = 100$，k 值可由下式求得：

$$k = \frac{100}{\int_{380}^{780} S(\lambda) \bar{y}(\lambda) \mathrm{d}\lambda} \quad 或 \quad k_{10} = \frac{100}{\int_{380}^{780} S(\lambda) \bar{y}_{10}(\lambda) \mathrm{d}\lambda} \qquad (3-13)$$

在上面的积分式中，由于积分函数是未知的，相当复杂，所以积分运算事实上不能进行，只能用求和的方法来进行近似的计算。

1. 等间隔波长法

用等间隔波长法计算三刺激值的近似式为：

$$X = k \sum_{i=1}^{n} S(\lambda) \bar{x}(\lambda) \rho(\lambda) \Delta\lambda \quad 或 \quad X_{10} = k_{10} \sum_{i=1}^{n} S(\lambda) \bar{x}_{10}(\lambda) \rho(\lambda) \Delta\lambda$$

$$Y = k \sum_{i=1}^{n} S(\lambda) \bar{y}(\lambda) \rho(\lambda) \Delta\lambda \quad 或 \quad Y_{10} = k_{10} \sum_{i=1}^{n} S(\lambda) \bar{y}_{10}(\lambda) \rho(\lambda) \Delta\lambda$$

$$Z = k \sum_{i=1}^{n} S(\lambda) \bar{z}(\lambda) \rho(\lambda) \Delta\lambda \quad 或 \quad Z_{10} = k_{10} \sum_{i=1}^{n} S(\lambda) \bar{z}_{10}(\lambda) \rho(\lambda) \Delta\lambda \qquad (3-14)$$

等间隔波长法就是使 $\Delta\lambda$ 以相等的大小进行分割，测得相应的反射率值后，用式（3-14）进行计算。计算三刺激值 X、Y、Z 时，$\Delta\lambda$ 是一个常数，但是通常需要根据测量的要求来确定分割间隔的大小。

在实际测量时,分割间隔大小,首先要考虑仪器的测量精度,其次要考虑测试的精度要求。精度要求高的计算,分割间隔可以选取比较小的值,目前可选取的最小分割间隔为 $\Delta\lambda = 1\text{nm}$;精度要求不是很高时,为了简化计算,可以采用比较大的分割间隔。目前,按 CIE 规定,分割间隔最大不超过 20nm。分割间隔越小,计算的工作量越大。在实际中,一般都由计算机来完成。

为简化计算,广大科技工作者进行了大量的前期准备工作,目前在很多资料中,都直接给出的 $S(\lambda)\bar{x}(\lambda)$、$S(\lambda)\bar{y}(\lambda)$、$S(\lambda)\bar{z}(\lambda)$ 值,计算时,只要把测得的 $\rho(\lambda)$ 值与给出的数值对应相乘,然后把所得到的数值相加后与调整因数 k 值相乘。等间隔波长法,是近代测色仪器的计算基础。X、Y、Z 计算的示意图,如图 3-14 所示。表 3-6 列出了等间隔波长法的计算实例。

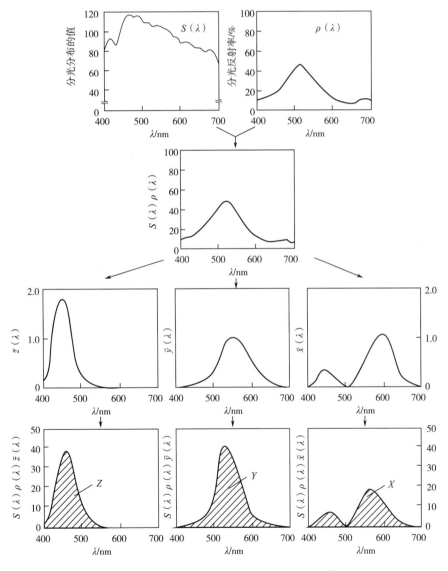

图 3-14 X、Y、Z 计算示意图(标准 D_{65} 照明体)

表 3-6　等间隔波长法的计算实例（D_{65}, 2°视场）

λ/nm	$\rho(\lambda)$	$S(\lambda)\bar{x}(\lambda)$	$S(\lambda)\bar{x}(\lambda)\rho(\lambda)$	$S(\lambda)\bar{y}(\lambda)$	$S(\lambda)\bar{y}(\lambda)\rho(\lambda)$	$S(\lambda)\bar{z}(\lambda)$	$S(\lambda)\bar{z}(\lambda)\rho(\lambda)$
380	0.688	0.006	0.004	0.000	0.000	0.030	0.021
390	0.266	0.022	0.006	0.001	0.000	0.104	0.028
400	0.263	0.112	0.029	0.003	0.001	0.532	0.140
410	0.258	0.377	0.097	0.010	0.003	1.796	0.463
420	0.250	1.188	0.297	0.035	0.009	5.706	1.427
430	0.243	2.329	0.566	0.095	0.023	11.368	2.762
440	0.236	3.457	0.816	0.228	0.054	17.342	4.093
450	0.231	3.722	0.860	0.421	0.097	19.620	4.532
460	0.226	3.242	0.733	0.669	0.151	18.607	4.205
470	0.221	2.124	0.469	0.989	0.219	14.000	3.094
480	0.220	1.049	0.231	1.525	0.336	8.916	1.962
490	0.222	0.330	0.073	2.142	0.476	4.789	1.063
500	0.229	0.051	0.012	3.344	0.766	2.816	0.645
510	0.232	0.095	0.022	5.131	1.190	1.614	0.374
520	0.231	0.627	0.145	7.041	1.626	0.776	0.179
530	0.233	1.687	0.393	8.785	2.047	0.430	0.100
540	0.242	2.869	0.694	9.425	2.281	0.200	0.048
550	0.259	4.266	1.105	9.792	2.536	0.086	0.022
560	0.279	5.625	1.569	9.415	2.627	0.037	0.010
570	0.306	6.945	2.125	8.675	2.655	0.019	0.006
580	0.350	8.307	2.907	7.887	2.760	0.015	0.005
590	0.400	8.614	3.446	6.354	2.542	0.009	0.004
600	0.435	9.049	3.936	5.374	2.338	0.007	0.003
610	0.453	8.501	3.851	4.265	1.932	0.003	0.001
620	0.461	7.091	3.269	3.162	1.458	0.002	0.001
630	0.463	5.064	2.345	2.089	0.967	0.000	0.000
640	0.463	3.547	1.642	1.386	0.642	0.000	0.000
650	0.462	2.146	0.991	0.810	0.374	0.000	0.000
660	0.463	1.251	0.579	0.463	0.214	0.000	0.000

λ/nm	$\rho(\lambda)$	$S(\lambda)\bar{x}(\lambda)$	$S(\lambda)\bar{x}(\lambda)\rho(\lambda)$	$S(\lambda)\bar{y}(\lambda)$	$S(\lambda)\bar{y}(\lambda)\rho(\lambda)$	$S(\lambda)\bar{z}(\lambda)$	$S(\lambda)\bar{z}(\lambda)\rho(\lambda)$
670	0.465	0.681	0.317	0.249	0.116	0.000	0.000
680	0.467	0.346	0.162	0.126	0.059	0.000	0.000
690	0.470	0.150	0.071	0.054	0.025	0.000	0.000
700	0.474	0.077	0.036	0.028	0.013	0.000	0.000
710	0.477	0.041	0.020	0.015	0.007	0.000	0.000
720	0.480	0.017	0.008	0.006	0.003	0.000	0.000
730	0.482	0.009	0.004	0.003	0.001	0.000	0.000
740	0.484	0.005	0.002	0.002	0.001	0.000	0.000
750	0.486	0.002	0.001	0.001	0.000	0.000	0.000
760	0.487	0.001	0.000	0.000	0.000	0.000	0.000
770	0.488	0.000	0.000	0.000	0.000	0.000	0.000
780	0.488	0.000	0.000	0.000	0.000	0.000	0.000
合计			$X=33.835$		$Y=30.548$		$Z=25.189$

2. 选择坐标法

20世纪中叶,在最初的颜色测量技术发展阶段,由于计算机技术的限制,计算手段比较少,选择坐标法在颜色测量方面是有一定实际意义的。它可以大大简化三刺激值的计算,使原来必须由计算机完成的计算过程,通过手工即可顺利完成。该方法的基本原理是:分别选择计算 X、Y、Z 所需要的适当的波长,调整不同波长区域的波长间隔 $\Delta\lambda_{\mathrm{x}}$、$\Delta\lambda_{\mathrm{y}}$、$\Delta\lambda_{\mathrm{z}}$,使三刺激值 X、Y、Z 计算公式中的 $S(\lambda)\bar{x}(\lambda)\Delta\lambda_{\mathrm{x}}$、$S(\lambda)\bar{y}(\lambda)\Delta\lambda_{\mathrm{y}}$、$S(\lambda)\bar{z}(\lambda)\Delta\lambda_{\mathrm{z}}$ 积分函数分别为常数,则三刺激值计算式(3-14)变为:

$$X = k\sum S(\lambda)\bar{x}(\lambda)\rho(\lambda)\Delta\lambda_{\mathrm{X}} = f_{\mathrm{X}}\sum \rho(\lambda)_{\mathrm{X}}$$

$$Y = k\sum S(\lambda)\bar{y}(\lambda)\rho(\lambda)\Delta\lambda_{\mathrm{Y}} = f_{\mathrm{Y}}\sum \rho(\lambda)_{\mathrm{Y}}$$

$$Z = k\sum S(\lambda)\bar{z}(\lambda)\rho(\lambda)\Delta\lambda_{\mathrm{Z}} = f_{\mathrm{Z}}\sum \rho(\lambda)_{\mathrm{Z}} \tag{3-15}$$

其中,$f_{\mathrm{X}} = kS(\lambda_{\mathrm{X}})\bar{x}(\lambda_{\mathrm{X}})\Delta\lambda_{\mathrm{X}}$,$f_{\mathrm{Y}} = kS(\lambda_{\mathrm{Y}})\bar{y}(\lambda_{\mathrm{Y}})\Delta\lambda_{\mathrm{Y}}$,$f_{\mathrm{Z}} = kS(\lambda_{\mathrm{Z}})\bar{z}(\lambda_{\mathrm{Z}})\Delta\lambda_{\mathrm{Z}}$。

因此,只要测定相应波长下的 $\rho(\lambda)$ 值,并在 380~760nm 范围内选定波长下的值求和,再乘以相应的系数,就可以计算出 X、Y、Z。一般选用 10~30 个波长点的坐标即可,如果要求的精度高,则可以选用 100 个甚至更多的坐标点。选择坐标法,对于分光反射率曲线起伏大的,通常会产生较大的误差,为了得到更高的测量精度,通常需要分割更多的点,缩小选择波长的间隔,增加选择波长的数量,当然计算也就会变得复杂。除此以外,选择坐标法中 $\rho(\lambda)$ 的读取常常比较困难,也不可避免地会产生误差。对于计算精度,克夫(DE Kerf)选择固体样品和透明薄膜,共20余个样品,以分割间隔 $\Delta\lambda$ 为 5nm、10nm 和 30 个选择坐标,通过反复计算其结果见表 3-7。

表 3-7 等间隔波长法与选择坐标法准确性的比较(NBS 单位)

误差	等间隔波长法		选择坐标法(30 个坐标)
	$\Delta\lambda = 5nm$	$\Delta\lambda = 10nm$	
20 个样品的平均误差	0.04	0.29	1.54

其中的误差是以分割间隔 $\Delta\lambda = 1nm$ 的计算结果为基准,从结果可以看出,当测量的精度要求为 0.1NBS 单位时,必须用 $\Delta\lambda$ 为 5nm 的等间隔波长法进行计算,而计算精度要求 0.5NBS 单位时,则可以用 $\Delta\lambda$ 为 10nm 的等间隔波长法计算,而 30 个选择坐标法则不准确。所以随着计算机技术发展以及测试精度的提高,目前色度计算已基本不采用选择坐标法。

二、主波长和色纯度的计算

建立起了色度系统和相应表色参数的计算方法,基本上实现了用数字来表示颜色的目的。但是,面对这复杂抽象的数字,我们仍然很难把它们与生活中五彩缤纷的颜色联系起来,例如,$Y = 30.050, x = 0.3927, y = 0.1892$ 是一个鲜艳的带蓝光的红色;又如 $Y = 3.130, x = 0.4543, y = 0.4573$ 是一个暗黄色。可见,仅仅知道表示颜色的参数,却不能准确地了解相应颜色的属性,这在实际应用中显然不方便。为了解决这一问题,CIE 经过大量的研究,结合颜色的三个属性,推荐采用主波长和兴奋纯度等概念来表示颜色的色度参数,使颜色的基本属性与表示颜色的相关参数联系起来,使颜色的表征更形象。

1. 主波长

当规定的无彩色刺激和某种单色光刺激以适当比例相加混色时,与试验色刺激达到颜色匹配时,该单色光的波长为主波长,用符号 λ_d 表示。即用某一光谱色,按一定比例与一个确定的标准照明体(如 CIE 标准照明体 A、B、C 或 D_{65})相加混合而匹配出样品色,该光谱色的波长就是样品色的主波长。

颜色的主波长大致对应于日常生活中观察到的颜色的色相。如果已知样品的色品坐标(x, y)和标准照明体的色品坐标(x_0, y_0),就可以通过两种方法定出样品的主波长。

(1)作图法。在 CIE x—y 色品图上,分别标出样品色和标准照明体的色度点,连接这两点作直线,并从样品色度点向外延长与光谱轨迹相交,这一交点对应的光谱轨迹的波长就是样品色的主波长。如图 3-15 所示,M 和 O 分别为样品色和标准 C 光源的色度点,连接两个色度点得到一条直线,把直线延长,与光谱轨迹相交于 519.4nm,519.4nm 就是该样品色 M 的主波长。但并不是所有样品的颜色都有相应的主波长。

在色品图上,光谱色两端与标准光源色度点形成的三角形区域(紫色区域)内的颜色,如 N 就没有主波长。这时,可以通过这一颜色的色度点与光源 C 的色度点作一条直线,直线的一端

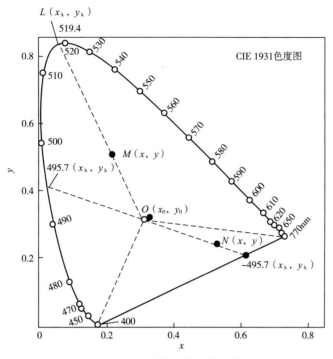

图 3-15　颜色主波长和补色波长的确定

与对侧的光谱轨迹相交,另一端与紫红边界相交,与光谱轨迹交点的光谱色波长就是该颜色的补色波长。当试验色刺激和某种单色光刺激以适当比例相加混色时,与规定的无彩色刺激达到颜色匹配时,该单色光的波长为补色波长,用符号 λ_c 表示。在标定颜色时,为了区分主波长和补色波长,通常在补色波长前面加一个负号,或在其后面加符号 C 来表示。样品 N 的补色主波长为 -495.7nm,也可以写成 495.7C。

(2)计算法。计算法是根据色品图上连接参照光源色度点与样品色度点的直线的斜率,查表读出相应的主波长。计算时需利用 CIE 1931 x—y 色品图,标准光源 A、B、C、E 恒定主波长线的斜率表,见附录三。

例 1:已知颜色 M($x = 0.2231$,$y = 0.5032$),光源为标准 C 光源($x_0 = 0.3101$,$y_0 = 0.3162$)。求:在标准 C 光源照射下,颜色 M 的主波长。

解:计算斜率 $\dfrac{x - x_0}{y - y_0}$ 和 $\dfrac{y - y_0}{x - x_0}$:

$$\frac{x - x_0}{y - y_0} = -0.4652$$

$$\frac{y - y_0}{x - x_0} = -2.1494$$

在这两个斜率中,取绝对值较小的 -0.4652,查附录三可知,-0.4652 处于 -0.4557 和 -0.4718 之间,而 -0.4557 和 -0.4718 相应的波长为 520nm 和 519nm,再由线性内插法计算得:

$$520 - (520 - 519) \times [(0.4655 - 0.4557) \div (0.4718 - 0.4557)] = 519.4$$

则 M 点的主波长为 519.4nm。

例 2：已知颜色 N（$x = 0.5241$，$y = 0.2312$），照明光源为标准 C 光源（$x_0 = 0.3101$，$y_0 = 0.3162$），求：在标准 C 光源照射下，颜色 N 的补色波长。

解：计算斜率 $\dfrac{x - x_0}{y - y_0}$ 和 $\dfrac{y - y_0}{x - x_0}$：

$$\frac{x - x_0}{y - y_0} = -2.5183$$

$$\frac{y - y_0}{x - x_0} = -0.3972$$

在这两个斜率中，取绝对值较小的 -0.3972，查附录三可知，按例 1 方法计算样品补色波长为 -495.7nm。

2. 兴奋纯度

在 CIE 1931 x—y 色品图上，从无彩色点到试样色度点的距离与从无彩色点到试样主波长点的距离之比为兴奋纯度。在使用补色波长的情况下，兴奋纯度为从无彩色点到试样点的距离与从无彩色点通过试样点到紫红边界上的交点距离之比。符号为 P_e。当采用亮度来表示样品颜色的纯度时，其符号为 P_c。如图 3-15 所示 O 代表标准光源（标准 C 光源）点，M 代表颜色样品的色度点，L 代表光谱轨迹上的色度点，兴奋纯度由下列方程计算：

$$P_e = \frac{OM}{OL} = \frac{y - y_0}{y_\lambda - y_0} \qquad (3-16)$$

$$P_e = \frac{OM}{OL} = \frac{x - x_0}{x_\lambda - x_0} \qquad (3-17)$$

样品的主波长和兴奋纯度，随所选用标准光源的不同而不同，用式（3-16）和式（3-17）计算兴奋纯度应得到相同的结果，但如果主波长（或补色波长）与 x 轴近似平行时，也就是 y、y_λ 和 y_0 接近时，式（3-17）误差较大。y、y_λ 和 y_0 的值相同时，式（3-17）便失效，而应采用式（3-16）。反之，主波长（或补色波长）与 y 轴接近平行时，则采用式（3-17）。可以看出，标准光源的兴奋纯度为 0，而光谱色的兴奋纯度为 1。

例 3：计算上述例 1 中在标准 C 光源照射下，颜色样品 M 的兴奋纯度。

解：在标准 C 光源下，样品 M 的 $\dfrac{y - y_0}{x - x_0}$ 表明，主波长线位于色品图 y 轴方向，宜用式（3-17），标准 C 光源的 $y_0 = 0.3162$，样品 $y = 0.5032$，已经计算出样品主波长 $\lambda = 519.4$nm，由表 3-2 查得 519.4nm 的光谱色 $y_\lambda = 0.8338$，所以：

$$P_e = \frac{y - y_0}{y_\lambda - y_0} = 0.36$$

样品 M 的兴奋纯度为 0.36。

用主波长和兴奋纯度表示颜色比只用色品坐标表示颜色的优点在于,这种表示方法能给人以具体的印象,可以表示出一个颜色的色相和饱和度的大概情况。用色品坐标表示在标准光源照射下的两个样品 C_1 和 C_2,见表 3-8。

表 3-8　C_1 与 C_2 的色品坐标

样品	色品坐标	
	x	y
C_1	0.546	0.386
C_2	0.526	0.392

虽然通过比较两样品的色品坐标,已经能够粗略地估计出颜色的差异,但是,如能再给出相应的主波长和兴奋纯度,那么我们就可以知道这两个橙色,C_1 比 C_2 色光稍红,并且 C_1 比 C_2 兴奋纯度更高,颜色更鲜艳,见表 3-9。

表 3-9　C_1 与 C_2 的兴奋纯度差异

样品	主波长/nm	兴奋纯度
C_1	594.0	0.82
C_2	592.0	0.78

颜色的主波长与日常生活中所观察到的颜色的色相大致相对应。但是,恒定主波长线上的颜色,并不对应着恒定的色相。同样,颜色的兴奋纯度,大致与颜色的饱和度相当,但并不完全相同。因为,色品图上不同部位的等纯度并不对应于等饱和度,如图 3-16 所示。

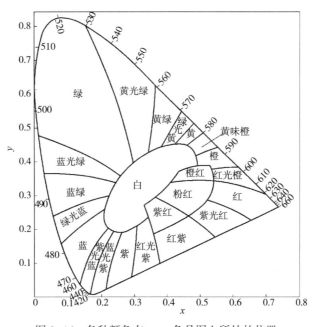

图 3-16　各种颜色在 x—y 色品图上所处的位置

☞ **思考题**

1. 什么是物体颜色的三刺激值和色品坐标?

2. 当 $\lambda = 470\text{nm}$ 时,由表 3-1 查出 $\bar{r}(\lambda)$、$\bar{g}(\lambda)$、$\bar{b}(\lambda)$,并计算色品坐标 $r(\lambda)$、$g(\lambda)$、$b(\lambda)$;查出 $\bar{x}(\lambda)$、$\bar{y}(\lambda)$、$\bar{z}(\lambda)$,计算 $x(\lambda)$、$y(\lambda)$、$z(\lambda)$。

3. 光源的颜色是如何定义的? 其光的颜色受什么因素的影响?

4. 什么是兴奋纯度与主波长?

5. 已知两颜色参数为:$Y_1 = 22.81$、$x_1 = 0.2056$、$y_1 = 0.2428$,$Y_2 = 22.00$、$x_2 = 0.1869$、$y_2 = 0.2316$。分别计算在 C 光源 2°视场下的主波长和兴奋纯度。

思考题答题要点

第四章 白度及其评价

课件

第一节 白度概述

白度具有高反射率和低彩度颜色群体的属性,这些颜色处于 CIE x—y 色品图中主波长 470~570nm 的狭长范围内。通常其三刺激值 Y 大于 70,兴奋纯度 P_e 小于 0.1。在颜色空间中,白色处于无彩度轴上端范围,沿无彩度轴向下,白色将逐渐变为灰色,沿着彩度增加的径向,白色将逐渐变为各种彩色。在这一范围内的白色也是由三维空间构成的,尽管如此,大多数观察者仍然能够将明度、彩度和色相都不同的白色样品按照知觉白度的差异排列出顺序。但是,对于同一组给定的白色样品的排列顺序,不仅会因观察者的不同而不同,而且,即使是同一观察者,采用不同的排列方法时,也可能会有不同的排列结果。此外,白度的评价还依赖于观察者的喜好,如有的观察者喜好带绿光的白,有的喜好带蓝光的白,有的则喜好带红光的白。白度的评价还依赖于观察条件的变化,例如,在不同亮度或在具有不同光谱能量分布的光源下观察,可能有不同的结果。

第二节 白度评价方法

颜色是三维量,包括明度、色相、彩度,其中任何一维标尺可以用来描述有色物质的单一性能。一维颜色标尺有较多应用场景,比如研究漂白后织物的白度、丝绸等蛋白质纤维在紫外光下照射后的泛黄等现象。由于白度评价的一维颜色标尺的不均匀性,对白度的评价比对颜色的评价更困难。对纺织品白度的评价就更复杂,纺织品前处理加工中,白度是重要考核指标之一。为了提高织物的白度,生产厂经常采用漂白、上蓝、加荧光增白剂等方法来提高白度。上蓝是用染料把纺织品染上淡淡的蓝紫色,增加纺织品对可见光中绿光和红光的吸收,实际上是使样品反射光的总亮度降低,而人们的视觉白度提高。加荧光增白剂增加了纺织品对可见光蓝紫色光的反射,增加了纺织品反射光的总亮度,由于样品反射光的总亮度增加了,又补充了试样缺少的蓝紫色,白度自然会有所提高。由此可见,两种方法虽然都增加了纺织品的表观白度,但是本质上却完全不同。由仪器评价白度最基本的依据还是试样的分光反射率,因此,白度计算公式还必须考虑人对白度的实际视觉感受。

在生产实践中,评价白度有两种方法。一是比色法,即把待测样品与已知白度的标准样进行比较,确定样品的白度。我国纺织品标准 FZ/T 01068—2009《评价纺织品白度用白色样卡》中规定了白色样卡由五块无光白色小卡片(布片或其他等同物质)组成,分别对应观感白度的五个整级白度档次,即 5、4、3、2、1。5 级表示白度最高,$W_{10}=130$,1 级表示白度最低,$W_{10}=70$。此标准在纺织品白度评价中应用得并不太多,有很大的局限性。由于白色试样的来源很复杂,在用白度卡评价其白度时,常常在白度卡中很难找到与试样白度相同的位置。所以不同评级人员之间出现偏差,甚至出现较大偏差。另一种方法是用仪器测量样品的相关数值,然后用选定的白度公式计算出样品的白度。到目前为止,已经建立起百余个白度计算公式。这些公式也和色差式一样,同时在各个国家的不同企业中应用,目前还不能统一。这些公式建立的途径各不相同,可以粗略地分为两大类。

一、以理想白为基础建立起来的白度公式

这类白度计算式是把理想白的白度值作为 100,以测得试样的三刺激值为计算的基本参数建立起来的,有的直接用被测试样与理想白之间的色差来表示试样的白度。这些白度式的白度值计算与色差计算很相似。

(一)由 Hunter Lab 色度系统建立起来的白度公式

1. Hunter 白度

$$W_H = L_H - 3b_H \qquad (4-1)$$

式中:L_H、b_H——分别为试样在 Hunter Lab 色度系统中的明度指数和色度指数;

$\qquad W_H$——Hunter 白度值。

2. Stensby 白度

$$W_S = L_H - 3b_H + 3a_H \qquad (4-2)$$

式中:L_H、a_H、b_H——分别为试样在 Hunter Lab 色度系统中的明度指数和色度指数;

$\qquad W_S$——Stensby 白度值。

L_H、a_H、b_H 值可用 Hunter Lab 色度系统中的转换公式,由 X、Y、Z 三刺激值计算得到。

$$L_H = 10Y^{1/2}$$

$$a_H = \frac{17.5\left(\dfrac{X}{f_{XA}+f_{XB}} - Y\right)}{Y^{1/2}}$$

$$b_H = \frac{7.0\left(Y - \dfrac{Z}{f_{ZB}}\right)}{Y^{1/2}}$$

f_{XA}、f_{XB}、f_{ZB} 等因数可由表 4-1 查得。

表 4-1　在 2°视场和 10°视场条件下,不同照明体对应的 f_{XA}、f_{XB}、f_{ZB} 因数

照明体	CIE 1931,2° 视场			CIE 1964,10° 视场		
	f_{XA}	f_{XB}	f_{ZB}	f_{XA}	f_{XB}	f_{ZB}
A	1.0447	0.0539	0.3558	1.0571	0.0544	0.3520

照明体	CIE 1931,2° 视场			CIE 1964,10° 视场		
	f_{XA}	f_{XB}	f_{ZB}	f_{XA}	f_{XB}	f_{ZB}
D_{55}	0.8061	0.1504	0.9209	0.8078	0.1502	0.9098
D_{65}	0.7701	0.1804	1.0889	0.7683	0.1798	1.0733
D_{75}	0.7446	0.2047	1.2256	0.7405	0.2038	1.2072
C	0.7832	0.1975	1.1823	0.7772	0.1957	1.1614
E	0.8328	0.1672	1.0000	0.8305	0.1695	1.0000

(二)由 α、β 色度坐标及 Y 评价白度

$$W_{Y\alpha\beta} = 100 - \left\{ \left(\frac{100 - Y}{2} \right)^2 + K_{\alpha\beta} \left[(\alpha - \alpha_P)^2 + (\beta - \beta_P)^2 \right] \right\}^{1/2} \qquad (4-3)$$

式中: α、β——试样的色度坐标;

$K_{\alpha\beta}$——常数,原则上取 900;

α_P、β_P——理想白的色度坐标。

理想白的色度坐标原则上取如下数值:

非荧光试样: $\alpha_P = 0.0000$, $\beta_P = 0.0000$

带荧光的试样: $\alpha_P = 0.0063$, $\beta_P = 0.0216$

非荧光试样与带荧光试样比较: $\alpha_P = -0.0063$, $\beta_P = -0.0216$

α、β 可从 X、Y、Z 及 x、y 值计算得到。

(三)CIE 白度公式

1983 年,CIE 推荐了以甘茨(E. Ganz)公式为基础并经修改后的白度评价公式,即 CIE 白度公式。这是 CIE 推荐的唯一一个白度计算公式,也是我国纺织品白度评价的国家标准 GB/T 8424.2—2001 和 ISO 105—J02:2000 标准中选定的公式。

CIE 白度公式,是在对喜爱白进行广泛、深入研究的基础上建立起来的。它适用于人们对白色的不同爱好。甘茨白度式与 CIE 白度公式的主要差别是:甘茨白度式喜爱白包括中性无彩色、偏绿白、偏红白三种不同适用对象的三个白度计算公式。但是 CIE 只推荐了适合于中性无彩色试样的一个白度计算公式。该公式以 $W = 100$ 的完全漫反射体为参考点,以 D_{65} 为评价白度的标准照明体,并包括白度 W 和淡色调指数 T_w 两个部分。淡色调指数是表征受发射或反射峰值波长影响的白色材料淡色调的程度。

当采用 CIE 1964 标准色度观察者时,CIE 白度公式的表达式为:

$$W_{10} = Y_{10} + 800(x_{n,10} - x_{10}) + 1700(y_{n,10} - y_{10})$$
$$T_{w,10} = 900(x_{n,10} - x_{10}) - 650(y_{n,10} - y_{10}) \qquad (4-4)$$

式中: $x_{n,10}$、$y_{n,10}$——完全漫反射体在 10°视场条件下的色品坐标;

x_{10}、y_{10}——试样在 10°视场条件下的色品坐标；

Y_{10}——试样在 CIEXYZ 色度系统中的三刺激值 Y；

$T_{w,10}$——为 10°视场条件下的试样的淡色调指数；

W_{10}——为 10°视场条件下的试样白度值。

GB/T 8424.2—2001 和 ISO 105—J02:2000 标准中规定,采用 CIE 1964 标准色度观察者时,选用 D_{65} 标准照明体,因此 $x_{n,10}=0.3138$、$y_{n,10}=0.3310$。

当采用 CIE 1931 标准色度观察者时,CIE 白度公式的表达式为:

$$W = Y + 800(x_n - x) + 1700(y_n - y)$$
$$T_w = 1000(x_n - x) - 650(y_n - y)$$

(4-5)

式中:x_n、y_n——完全漫反射体在 2°视场条件下的色品坐标；

x、y——试样在 2°视场条件下的色品坐标；

Y——试样在 CIEXYZ 色度系统中的三刺激值 Y；

T_w——为 2°视场条件下的试样的淡色调指数；

W——为 2°视场条件下的试样白度值。

GB/T 8424.2—2001 和 ISO 105—J02:2000 标准中规定,采用 CIE 1931 标准色度观察者时,一般选用 C 标准照明体,因此 $x_n=0.3101$、$y_n=0.3161$。

W/W_{10} 值越大,白度越大。$T_w/T_{w,10}$ 为正值时表示带绿光,并且正值越大,绿光越强；$T_w/T_{w,10}$ 为负值时表示带红光,并且负值越大红光越强。$T_w/T_{w,10}$ 为 0 表示偏蓝(中性)色调,主波长为 466nm。

从 CIE 白度公式可以看出,完全漫反射体(理想白)的白度值,在任意照明体和观察者条件下都等于 100,淡色调指数都为 0。

使用 CIE 白度公式的注意事项如下:

(1)对于明显带有颜色的试样,或试样之间颜色有明显差异的,不能用 CIE 白度公式。所以在使用这一公式计算试样白度之前,必须计算淡色调指数。计算出的 $T_w/T_{w,10}$,应该在如下范围:

$$-3 < T_w/T_{w,10} < 3$$

(2)试样之间,荧光增白剂的用量以及荧光增白剂的种类应该没有大的差别。

(3)进行白度测量时,测色仪应该具有紫外线可调功能,相互比较的试样的测量,最好选择同一生产厂家相同型号的测试仪器,并且测试时间不应该相隔太长,所测得的白度值通常在以下范围:

$$40 < W < (5Y-280) \text{ 或 } 40 < W_{10} < (5Y_{10}-280)$$

(4)当两对试样的白度差相等时,仅表示两对白色试样在白度计算上的数值,并不表示在视觉上两对试样一定具有相等的白度知觉差或荧光增白剂等同浓度差异。同样当两对试样 $\Delta T_w/\Delta T_{w,10}$ 相同,也不表示在视觉上一定具有偏红或偏绿的相同知觉差。这是因为,计算 $T_w/$

$T_{w,10}$ 或 W/W_{10} 的颜色空间是不均匀的,但这对试样之间的白度比较并没有太大的影响。

计算举例:

在标准照明体 D_{65},10°视场条件下测得试样的 Y 和色品坐标为:$Y_{10}=92.35$,$x_{10}=0.3193$,$y_{10}=0.3374$。

则:
$$T_{w,10}=900(x_{n,10}-x_{10})-650(y_{n,10}-y_{10})$$
$$=900(0.3138-0.3193)-650(0.3310-0.3374)$$
$$=-0.79$$

因为,$-3<-0.79<3$,所以,可以使用 CIE 白度公式计算该试样的白度值。

$$W_{10}=Y+800(x_{n,10}-x_{10})+1700(y_{n,10}-y_{10})$$
$$=92.35+800(0.3138-0.3193)+1700(0.3310-0.3374)$$
$$=77.07$$
$$5Y_{10}-280=5\times92.35-280=181.75$$
$$40<77.07<181.75$$

二、以试样的反射率为基础导出的白度公式

这类公式通常有两种形式,一种形式是单波段反射率法。

$$W=G$$

其中,W 表示白度,G 表示绿光的反射率,所以公式为用绿光反射率表示样品的白度。

$$W=R_B$$

其中,R_B 表示蓝光的反射率。比如 ISO 在造纸工业中采用主波长为 (457 ± 0.5)nm、半峰宽度为 44nm 的蓝光来测定样品的反射率来表示白度,即使用 $W=R_{457}$,这种采用短波长区域的反射率 R_{457} 来表示的白度称为 ISO 白度或蓝光白度。

此时的白度值是与试样所带黄色的多少相对应。即反射率越高,蓝紫色成分就高,白度越高,黄色成分也就越少,反之蓝紫色成分低,黄色成分就高,白度自然也就低。

另一种形式是多波段反射率法,即用测色仪首先测得试样的三刺激值 X、Y、Z,再把它转换成不同标准照明体、不同观察者条件下的参数,结合众多观察者对大量试样评价结果的统计和不同行业、不同人群对白色喜好的不同,得到众多计算白度的公式,如:

ST(Stephansen)公式: $\qquad W=2R_{430}-R_{670}$

HA(Harisson)公式: $\qquad W=100+R_{430}-R_{670}$

BE(Berger)公式: $\qquad W=Y+3.108Z-3.831X$

TA(Taub)公式: $\qquad W=3.388Z-3Y$

R_{430}、R_{670} 分别为样品在 430nm 以及 670nm 的反射率值。Berger 以及 Taub 公式中 X、Y、Z 均为 CIE 标准照明体 C 及 2°视场条件下测量计算的值。

完全漫反射体的白度对于上述白度式也都大约小于或等于 100。而 CIE 白度公式,无论在

任何标准照明体和标准色度观察者条件下,完全漫反射体的白度值都等于100。

这两类公式目前都被广泛采用,具体选用哪一个公式,要根据相应的标准规定和客户的要求而定。

总之,白度评价是比色差评价更困难的问题,目前,虽然已经可以方便地对试样间的白度进行比较,但是与色差的评价相比,还有一定的差距。另外,在用分光测色仪测量试样白度时,仪器之间的交换性也不如进行颜色测量时好。

在对纺织品进行白度评价的同时,往往也对其黄度同时做出评价,因为有些纺织品的黄变,也是纺织品的重要质量指标。如纺织品经过后整理后的泛黄、蛋白质纤维的泛黄一直都是广大染整工作者关注的问题。黄度的计算,有不少公式,下式是其中之一。

像白度式一样,以 X、Y、Z 的函数形式来表示。

其中,ASTM D1925 规定:

$$YI = \frac{100(1.28X - 1.06Z)}{Y} \tag{4-6}$$

ISO 18314-3:2015 规定:

$$YI = \frac{100(aX - bZ)}{Y} \tag{4-7}$$

式中:YI——试样的黄度;

X、Y、Z——试样在 CIE XYZ 色度系统中的三刺激值。

对于标准照明体 D_{65},2°视场,$a = 1.2985$;$b = 1.1335$。

对于标准照明体 D_{65},10°视场,$a = 1.3013$;$b = 1.1498$。

通常,黄度的数值越大,试样越黄。

计算试样黄度时,只要用测色仪测得在选定条件下试样的三刺激值后,代入上面的计算公式即可。而黄变度(泛黄)则是按下式求出黄度差。

$$\Delta YI = YI_{sp} - YI_{std}$$

式中:ΔYI——黄变度(泛黄);

YI_{sp}——试样黄度;

YI_{std}——标准样黄度。

值得注意的是,在白度和黄度的评价中,黄度和白度之间并没有严格的对应关系。也就是说,并不一定是黄度值越大,白度值越小。

思考题

1. 使用 CIE 白度评价公式时,需要注意什么问题?

2. 为什么采用不同白度公式所计算的结果之间缺乏可比性?

思考题答题要点

第五章　均匀颜色空间与色差计算

第一节　均匀颜色空间

课件

一、色差与均匀颜色空间

CIEXYZ色度系统成功地解决了定量描述与计算颜色的问题,可以使用三刺激值和色度坐标图来表示颜色的特征,在很多应用领域发挥了很大的作用。但是它也存在一些明显的问题。首先,无论三刺激值还是色度坐标都不能很好地与颜色感觉直接对应,也就是说不能根据三刺激值的大小或色度坐标值直观地得到颜色的明度、色调和彩度的感觉特征,虽然引入了主波长和色纯度的概念来弥补,但仍然与人直接的感觉有差距,而且也不准确,还要经过复杂的计算。其次,没有解决计算颜色差别感觉的问题。在实际应用中经常要对颜色进行控制,要检查所得到的颜色与目标颜色是否一样。如果不一样,存在多大的差别? 多大的差别是允许的? 而这些颜色的差别是明度、彩度、色相三个方面的综合效应,需要通过用数值表示出来。由于三刺激值和色度坐标与颜色感觉没有直接的对应关系,数值与颜色感觉不是线性关系,因此不能直接用来计算色差。

在CIEXYZ颜色空间中,每一个颜色都对应一个相应的点,自然界中各种不同的颜色,则分布于XYZ颜色空间的不同位置。因此,人们最先想到的,就是以色度点之间的距离,来表示试样之间的色差。假如真的能够这样,那是最简单明了。但研究发现,每一种颜色,对于人的视觉来说,实际上是一个范围,当某一颜色在色度图中的位置发生改变时,颜色也会随之而发生改变,但是,当这种变化没有足够大时,人的视觉并不能分辨出颜色的变化。也就是说,在一个小的范围内,所有的颜色,对于人的视觉来说,都是等效的。而在CIEXYZ颜色空间的不同位置,范围的大小是不相同的。这一点从莱特(Wright)和麦克亚当(MacAdam)的研究结果中,可以清楚地看出来。图5-1(a)所示为莱特的实验结果,他在CIE 1931 x—y色度图中,以线段的长度来代表人眼睛的视觉感受阈限,即线段上的所有的点,对于人的视觉来说,都是等效的,而不同颜色区域的线段长度是不同的。在绿色区域的线段显然比较长,而紫色区域的线段长度,比绿色区域要短得多。也就是说,在CIE 1931 x—y色度图上的不同区域中,人眼睛的分辨阈限是不同的。这就意味着,在绿色区域,当两个颜色的色度点之间距离比较大时,眼睛仍然不能分辨出颜色的变化,而在蓝紫色区域,当颜色发生较小变动时,眼睛就能够分辨出颜色的变化。

与莱特的研究方法相似,麦克亚当以二维的椭圆来代替莱特线段,更清晰地展示出,人的眼睛在CIE 1931 x—y色度图上的不同区域分辨阈限的差异。图5-1(b)所示为麦克亚当实验得到的结果。

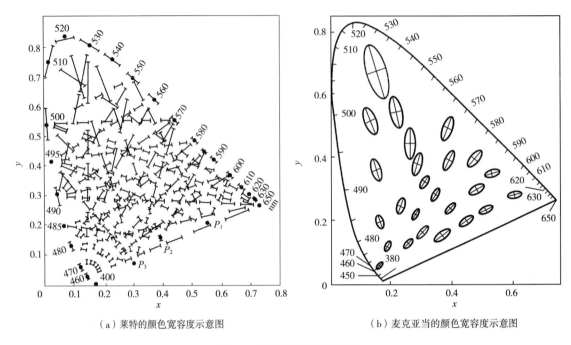

（a）莱特的颜色宽容度示意图　　　　　　　（b）麦克亚当的颜色宽容度示意图

图 5-1　颜色宽容度示意图

在 CIE 1931 x—y 色度图的不同区域分布着大小不同的 25 个椭圆（这些椭圆都是经过放大后描绘于色度图中的）。图中的椭圆,表示人的视觉在各个方向上的恰可分辨的范围,就是说在椭圆所包围的区域内,所有的色度点对应的颜色,与莱特线段上的颜色一样,人眼看起来都是相同的,这些椭圆通常被称为麦克亚当椭圆。由此可知,国际照明委员会推荐的 CIE 1931 XYZ 颜色空间并不是一个均匀的颜色空间。由于颜色空间中,两对相等距离的颜色点,并不一定会给人以相同的颜色差异感觉,因而在这样一个不均匀的颜色空间中,就不可能以颜色点之间的距离来表示颜色之间的色差。这显然给颜色之间的色差评价带来很大的麻烦。

在染整加工过程中,无论是染色产品还是印花产品经常要对试样与目标样进行颜色比对,需要用数据来描述所对应颜色感觉的差别,这种颜色之间差别的感觉,简称为色差。用数学方法描述色差的最直接方法是用颜色空间中的坐标点距离来表示,需要寻找一个描述颜色感觉的坐标空间,使空间中的每一个点代表一种颜色感觉,空间中两点的距离大小与它们所代表的颜色在视觉上色彩感觉差别成正比,相同的距离代表相同的色差,这样的坐标空间称为（与颜色感觉相对应的）均匀颜色空间。

因此。均匀颜色空间应具有以下两方面特性:①空间中坐标点所代表的颜色与感觉一致,可通过颜色坐标值直观判断出颜色感觉;②若在空间中任意位置的两点坐标距离相等,则这两点所代表的颜色差别感觉也应该相同,并能够通过两点间距表示色差感觉大小。

二、早期的均匀颜色系统

自 1931 年至今,科学家们不断寻找颜色感觉均匀的数字颜色空间,先后提出过数十个方案。因为颜色空间的坐标系是可以任意选择的,在各坐标系之间可以通过数学的方法进行相互变换,不同的颜色坐标系不会改变其本身所代表的颜色意义。因此,新的均匀颜色空间并不是要推翻 CIE 1931 标准色度学系统,而是通过原来的 X、Y、Z 三刺激值进行坐标变换得出。

1960 年,CIE 首先向世界各国推荐了 CIE 1960 UCS 均匀标尺图(uniform color scale)。它是在 CIE 1931 x—y 色度图基础上进行线性变换得到的二维平面图,不包含颜色的明度坐标。它与 CIE 1931 色度坐标的变化关系为:

$$u = \frac{4x}{-2x + 12y + 3}$$

$$v = \frac{6y}{-2x + 12y + 3} \tag{5-1}$$

其中,u、v 为 CIE 1960 UCS 均匀标尺图的坐标,或用 CIE 1931 三刺激值表示为:

$$u = \frac{4X}{X + 15Y + 3Z}$$

$$v = \frac{6Y}{X + 15Y + 3Z} \tag{5-2}$$

CIE 1960 均匀色度系统与 CIE 1931 标准色度系统光谱三刺激值的变化关系为:

$$\bar{u}(\lambda) = \frac{2}{3}\bar{x}(\lambda)$$
$$\bar{v}(\lambda) = \bar{y}(\lambda) \tag{5-3}$$

1964 年,CIE 又推荐了 CIE 1964 $W^* U^* V^*$ 均匀色空间,是在 CIE 1960 UCS 均匀标准标尺图的基础上增加了明度坐标轴构成的,成为真正意义上的均匀颜色空间(三维空间),并给出了相应的色差公式,用空间中两点的距离代表色差感觉,计算公式如下:

$$W^* = 25Y^{\frac{1}{3}} - 17$$
$$U^* = 13W^*(u - u_0)$$
$$V^* = 13W^*(v - v_0) \tag{5-4}$$

其中,u、v、u_0、v_0 分别是样品和照明光源的 CIE 1960 UCS 均匀标尺图色度坐标,计算公式为:

$$u = \frac{4X}{X + 15Y + 3Z} \qquad v = \frac{6Y}{X + 15Y + 3Z}$$

和

$$u_0 = \frac{4X_0}{X_0 + 15Y_0 + 3Z_0} \qquad v_0 = \frac{6Y_0}{X_0 + 15Y_0 + 3Z_0} \tag{5-5}$$

其中,X、Y、Z 和 X_0、Y_0、Z_0 分别是颜色样品和照明光源的三刺激值。由上式可知,明度指数 W^* 仅与三刺激值 Y 有关,是 Y 的立方根函数。由此得到的 Y—W^* 关系与图 5-2 所示的 Y—V

关系很接近。说明 W^* 近似模拟了人眼睛的明度感觉 V。

色度指数 U^* 和 V^* 是 CIE 1960 色度坐标 u 和 v 的函数,同时考虑了明度指数 W^* 的影响。随着明度指数 W^* 的增加和减小,射频指数 U^* 和 V^* 也随之增加和减小。

当已知两个颜色样品的颜色的 W_1^*、U_1^*、V_1^* 和 W_2^*、U_2^*、V_2^* 值以后,这两个颜色的色差,可以用它们坐标间的距离表示:

$$\Delta E = \sqrt{(W_1^* - W_2^*)^2 + (U_1^* - U_2^*)^2 + (V_1^* - V_2^*)^2}$$
$$= \sqrt{(\Delta W^*)^2 + (\Delta U^*)^2 + (\Delta V^*)^2} \tag{5-6}$$

经过这样的变化后,颜色空间的均匀性有了很大的改善。将图 5-1 所示的色差容量椭圆变换到 CIE 1960 均匀标识图上检验其均匀性,如图 5-2 所示。从图中的椭圆可见,绿色区椭圆明显减小,而蓝色区椭圆增大,椭圆大小差距也明显缩小。

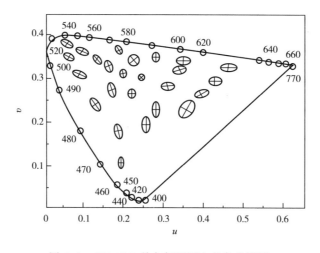

图 5-2　CIE 1960 均匀标识图上的色差椭圆

尽管 CIE 1964 $W^*U^*V^*$ 均匀色空间在视觉均匀性上有了很大改善,但仍然存在很大的不均匀性。1976 年 CIE 推荐了另外两个均匀性更好的色空间和对应的色差公式。这两个色空间分别称为 CIE 1976 $L^*u^*v^*$ 均匀颜色空间和 CIE 1976 $L^*a^*b^*$ 均匀颜色空间。这两个系统描述颜色感觉的方式相同,在视觉均匀性上也很接近。实际应用中可以选取 CIE 1976 $L^*a^*b^*$ 或 CIE $L^*u^*v^*$ 来表示颜色或计算色差。我国已正式采纳 CIE 推荐的这两个均匀颜色空间作为计算颜色和色差的国家标准。

第二节　色差计算

课件

虽然 CIE 建立了一系列均匀颜色空间。但是,在实际应用中发现,无论怎样努力改善颜色空间的均匀性,通过计算得到的试样之间的色差,与视觉之间的相关性始终没有太大的改善。

特别是用仪器对试样进行色差评价的结果与直接由人眼判断存在一定的差别。因为仪器测得的是一种用物理量计算的"绝对色",而人直接观察到的试样间色差是与人的视觉相关的"相对色"。因此,只有将色差公式以人的视觉为基准进行相应的调整,才有可能使计算结果与视觉之间有更好的相关性。但是,即便是通过相对较好的 CIE 1976 $L^*a^*b^*$ 均匀颜色空间来解决人机之间色差评价存在的误差也是一个相对困难的事情,因为在不同的应用领域,明度、色相、饱和度对总体色差的贡献是不同的。例如,对纺织品染色试样的色差进行评价时,明度差即颜色深浅变化,虽然色差值相同,但是往往不如色相差或者饱和度对总色差的影响大。而且在不同的颜色区域,明度差、色相差、饱和度差对总色差的贡献也是在改变的。明度差对总色差的贡献通常在低明度区域对总色差的贡献相对大一些。在高明度区域,随着明度的提高,对总色差的贡献越来越小。研究还发现,明度差、色相差、饱和度差对总色差的贡献并不是孤立的,而是相互影响的。

因此,广大颜色工作者着手以人的视觉为基准,对原有建立在均匀颜色空间基础上的色差进行修正。根据色相差、纯度差和明度差对总色差的贡献大小不同,分别对原来建立在均匀颜色空间基础上的色相差、明度差、饱和度差进行加权处理,努力使色差的计算结果与人的视觉之间有较好的相关性。而修正时依据的资料、修正方法不同,所得到的计算公式也不同。因此,针对不同领域和不同用途,就有多个不同的色差计算公式,包括 20 世纪 70 年代以前建立在均匀颜色空间基础上的色差式在内,目前流行的色差计算公式总数仍有几十个。

截止到目前,仍未有与人眼判断结果完全一致的测量仪器,其原因很复杂,首先,仪器测试的结果是否准确,是基本条件,有两种情况。首先,测试仪器不同,测试结果的可靠性有很大差异;一些特殊颜色,如反射率非常低的特别深的颜色不容易测准,仪器测量本身产生偏差的可能性往往会大。因此,人机判定结果产生差异的概率就会增大。其次,还有人与人之间的色觉差异,鉴定颜色的条件:照明光源、观察背景、测量环境、样品状态等,都会改变目测鉴定颜色的结果,都会使人机判定结果出现差异的概率增大。还应该指出的是,色差公式的修正,是把众多的观察者对处于颜色空间中各个不同颜色区域的大量试样,分别独立观察的结果。用数学的方法找出其中基本规律,作为对色差公式进行修正的依据,但是这种规律非常复杂,很难用简单的数学关系准确地描述出来,这也是难以找到一个理想色差计算公式的原因之一。

虽然 1976 年经 CIE 推荐后,CIE $L^*a^*b^*$ 颜色空间被广泛应用。但是,目前仍然有许多个色差计算公式应用于不同国家或不同行业中,并不统一。其中,大多数色差公式都是基于 CIE $L^*a^*b^*$ 开发的,例如 CMC、CIE 94、CIE DE2000 等。而 CIE $L^*a^*b^*$ 颜色空间在某些颜色区域并不均匀,因此 CIE 又推荐了一些色貌模型以提高和视觉评价结果的一致性,如 IPT、CIE CAM02、CIE CAM16 等。这些色差公式虽然与人的视觉之间有较好的相关性,但又或多或少地存在某些不足,没有一个公式能够使计算结果与人的观察结果完全一致,所以,通常是根据自身行业特点选择适应行业特点、经验、习惯来选择其中的一个颜色系统,其中,CIE DE2000 是目前颜色领域最倡导的公式,很多色彩相关行业已采用该公式。当然各行各业也有已经习惯应用的一些公式,比如 CIE 1976 $L^*u^*v^*$ 系统多为光源、彩色电视等工业部门所选用,而各国的染料、颜料及油墨等颜色工业部门则大多选用了 CIE 1976 $L^*a^*b^*$ 系统,国际上印刷和图像处理领域也采用 CIE 1976 $L^*a^*b^*$ 均匀颜色空间系统作为计算印刷色差和评价图像质量的方法,而纺织行业仍以 CMC 色差公式作为主要的应用。

下面对目前常用的几种色差公式进行详细介绍。

一、CIE 1976 $L^*a^*b^*$(CIELAB)色差式

X、Y、Z 与 L^*、a^*、b^* 之间的转换关系如下:

$$L^* = 116\left(\frac{Y}{Y_0}\right)^{1/3} - 16$$

$$a^* = 500\left[\left(\frac{X}{X_0}\right)^{1/3} - \left(\frac{Y}{Y_0}\right)^{1/3}\right]$$

$$b^* = 200\left[\left(\frac{Y}{Y_0}\right)^{1/3} - \left(\frac{Z}{Z_0}\right)^{1/3}\right] \tag{5-7}$$

其中,X_0、Y_0、Z_0 为理想白色物体的三刺激值。

上述公式是有条件限制的,即 $\frac{X}{X_0}$、$\frac{Y}{Y_0}$、$\frac{Z}{Z_0}$ 应大于 0.008856。对于现实中存在的上述限制条件范围以外的极深颜色,则应按下式计算:

$$L^* = 903.3\frac{Y}{Y_0}$$

$$a^* = 3893.5\left(\frac{X}{X_0} - \frac{Y}{Y_0}\right)$$

$$b^* = 1557.4\left(\frac{Y}{Y_0} - \frac{Z}{Z_0}\right) \tag{5-8}$$

CIE 1976 $L^*a^*b^*$ 均匀颜色空间是 CIE 1931 XYZ 标准色度学系统的非线性变换,它是以对立坐标理论为基础建立起来的,通过将 X、Y、Z 直角坐标颜色空间转换为柱面极坐标,从而实现把三刺激值 X、Y、Z 转换成与眼睛视觉相一致的明度 L^* 和色度 a^*、b^*。它的空间结构如图 5-3 所示。其中 a^* 为红绿坐标。a^* 的正方向为红;a^* 的负方向为绿。b^* 为黄蓝坐标。b^* 的正方向为黄;b^* 的负方向为蓝。

CIE 1976 $L^*a^*b^*$ 系统为三维直角坐标,也可以转换为柱坐标 L^*(明度)、C^*(饱和度)、h^*(色相角),柱坐标的结构如图 5-4 所示。

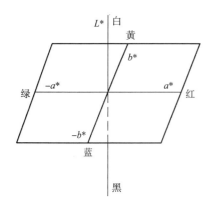

图 5-3　CIE 1976 $L^*a^*b^*$ 表色系统示意图

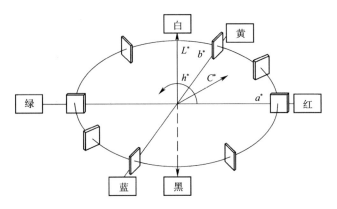

图 5-4 柱坐标结构示意图

1. 明度差

$$\Delta L^* = L^*_{sp} - L^*_{std} \qquad (5-9)$$

其中,sp 为样品;std 为标准样。

2. 饱和度差

$$\Delta C^*_S = C^*_{sp} - C^*_{std}$$

$$\Delta C^*_S = [(a^*_{sp})^2 + (b^*_{sp})^2]^{1/2} - [(a^*_{std})^2 + (b^*_{std})^2]^{1/2} \qquad (5-10)$$

其中,C^*_S 为样品的饱和度,是颜色的三要素之一。也可以把饱和度理解成样品颜色与中性灰色的饱和度之差,即表示颜色的鲜艳程度。测试的样品与标准样之间的差值 ΔC^*_S 为负值时,表示标准样比样品颜色鲜艳。ΔC^*_S 为正值时,表示样品的颜色比标准样鲜艳。饱和度差示意图如图 5-5 所示。从图中可以看出,饱和度差的大小,等于两个线段之间的长度差。

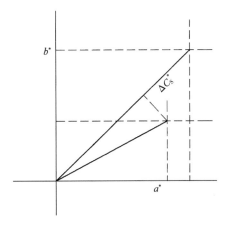

图 5-5 饱和度差示意图

3. 色度差

$$\Delta C_C^* = [(\Delta a^*)^2 + (\Delta b^*)^2]^{1/2} \tag{5-11}$$

色度差 ΔC_C^* 为两个颜色的色相和饱和度的总差值。

如图 5-6 所示,色度差的大小等于 a^*-b^* 色度图中,两个色度点之间的距离。

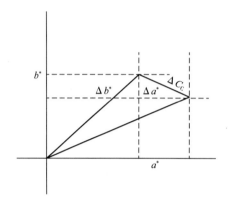

图 5-6　色度差示意图

4. 色相差

$$\Delta H^* = [(\mathrm{d}C_C^*)^2 - (\mathrm{d}C_S^*)^2]^{1/2} \tag{5-12}$$

这是一个从色度学概念出发,计算色相差的方法。也可以从后面计算出的总色差 ΔE^* 减去饱和度差和亮度差得到,即:

$$\Delta H^* = [(\Delta E^*)^2 - (\Delta C_S^*)^2 - (\Delta L^*)^2]^{1/2} \tag{5-13}$$

除此之外,还可以从色相角的变化来判断两样品之间的色相差异。

色相角 $h^*(0\sim360°)$:

$$h^* = \arctan\frac{b^*}{a^*} \tag{5-14}$$

色相角差 Δh^* :

$$\Delta h^* = h_{sp}^* - h_{std}^* \tag{5-15}$$

5. 计算举例(D$_{65}$,10°视场)

样品:$X_{sp} = 18.01$,$Y_{sp} = 13.12$,$Z_{sp} = 15.03$;标准:$X_{std} = 17.99$,$Y_{std} = 14.03$,$Z_{std} = 15.14$;理想白:$X_0 = 94.83$,$Y_0 = 100.00$,$Z_0 = 107.38$。

计算:

$$L_{sp}^* = 116\left(\frac{Y_{sp}}{Y_0}\right)^{1/3} - 16 = 116\left(\frac{13.12}{100.00}\right)^{1/3} - 16 = 42.94$$

$$L_{std}^* = 116\left(\frac{Y_{std}}{Y_0}\right)^{1/3} - 16 = 116\left(\frac{14.03}{100.00}\right)^{1/3} - 16 = 44.28$$

$$a_{sp}^* = 500\left[\left(\frac{X_{sp}}{X_0}\right)^{1/3} - \left(\frac{Y_{sp}}{Y_0}\right)^{1/3}\right] = 500\left[\left(\frac{18.01}{94.83}\right)^{1/3} - \left(\frac{13.12}{100.00}\right)^{1/3}\right] = 33.35$$

$$a_{std}^* = 500\left[\left(\frac{X_{std}}{X_0}\right)^{1/3} - \left(\frac{Y_{std}}{Y_0}\right)^{1/3}\right] = 500\left[\left(\frac{17.99}{94.83}\right)^{1/3} - \left(\frac{14.03}{100.00}\right)^{1/3}\right] = 27.49$$

$$b_{sp}^* = 200\left[\left(\frac{Y_{sp}}{Y_0}\right)^{1/3} - \left(\frac{Z_{sp}}{Z_0}\right)^{1/3}\right] = 200\left[\left(\frac{13.12}{100.00}\right)^{1/3} - \left(\frac{15.03}{107.38}\right)^{1/3}\right] = -2.21$$

$$b_{std}^* = 200\left[\left(\frac{Y_{std}}{Y_0}\right)^{1/3} - \left(\frac{Z_{std}}{Z_0}\right)^{1.3}\right] = 200\left[\left(\frac{14.03}{100.00}\right)^{1/3} - \left(\frac{15.13}{107.38}\right)^{1/3}\right] = -0.16$$

（1）明度差。

$$\Delta L^* = L_{sp}^* - L_{std}^* = -1.34$$

因为差值为负值，所以样品比标准样深。

（2）饱和度差。

$$\begin{aligned}\Delta C_S^* &= C_{sp}^* - C_{std}^* \\ &= [(a_{sp}^*)^2 + (b_{sp}^*)^2]^{1/2} - [(a_{std}^*)^2 + (b_{std}^*)^2]^{1/2} \\ &= [33.35^2 + (-2.21)^2]^{\frac{1}{2}} - [27.49^2 + (-0.16)^2]^{\frac{1}{2}} \\ &= 5.93\end{aligned}$$

其中，C_S^* 可以理解成样品颜色与中性灰的饱和度的差，即表示试样的鲜艳程度。ΔC_S^* 为负值时，表示标准样比样品颜色鲜艳。ΔC_S^* 为正值时，表示样品的颜色比标准样鲜艳。

（3）色度差。

$$\begin{aligned}\Delta C_C^* &= [(\Delta a^*)^2 + (\Delta b^*)^2]^{1/2} \\ &= [(a_{sp}^* - a_{std}^*)^2 + (b_{sp}^* - b_{std}^*)^2]^{\frac{1}{2}} \\ &= [(33.35 - 27.49)^2 + (-2.21 + 0.16)^2]^{1/2} \\ &= 6.21\end{aligned}$$

（4）色相差。

$$\Delta H^* = [(\Delta E^*)^2 - (\Delta L^*)^2 - (\Delta C_C^*)^2]^{1/2} = 1.84$$

或由色度差减去饱和度差而得到。

$$\Delta H^* = (\Delta C_C^2 - \Delta C_S^2)^{1/2} = (6.21^2 - 5.93^2)^{1/2} = 1.84$$

色相角的计算：

从前面的计算可知，$a^* > 0$，$b^* < 0$，所以，样品的色度点在第四象限，如图5-7所示。

$$h_{sp}^* = \tan^{-1}\frac{b_{sp}^*}{a_{sp}^*} + 360$$

$$h_{sp}^* = \tan^{-1}\frac{-2.21}{33.35} + 360 = 356.21$$

$a_{std}^* > 0$，$b_{std}^* < 0$，所以，标准样的色度点，也在第四象限，如图 5-7 所示。

$$h_{std}^* = \tan^{-1} \frac{b_{std}^*}{a_{std}^*} + 360$$

$$h_{std}^* = \tan^{-1} \frac{-0.16}{27.49} + 360 = 359.67$$

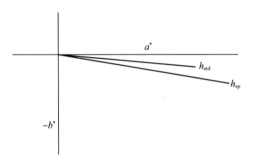

图 5-7　试样的色相角与试样之间颜色特征的比较

　　前面分别计算了色相差和色相角，结果显然不同，色相差的单位与总色差也包括亮度差和饱和度差的单位都是相同的，当色相差的差值，与其他各项色差的差值相同时，对于人的视觉，会产生相同的视觉差异感觉，可用于判断色相差值数量的大小。由前面的计算结果可知，两个试样之间，色相差 $\Delta H^* = 1.84$，由色相变化所引起的色差，相当于灰色样卡四级的色差，也就是说，人的视觉已经可以明显地觉察到了。色相差，通常只计算两个试样间的差值，而不计算其绝对值。色相角则通常用来判断颜色的色相，比较两个试样之间色相的差异方向。如图 5-7 所示很容易看出样品与标准样相比，样品要更蓝一些。因为与标准样相比，样品颜色的色度点更靠近代表蓝色的 b^* 的负方向。还可以说，样品与标准样相比应该更红一些，因为，样品颜色的色度点更靠近代表红色的 a^* 轴的正方向。

　　（5）总色差。

$$\Delta E^* = [(\Delta L^*)^2 + (\Delta a^*)^2 + (\Delta b^*)^2]^{1/2}$$

$$\Delta E^* = [(\Delta L^*)^2 + (\Delta C_C^*)^2]^{1/2}$$

$$\Delta E^* = [(\Delta L^*)^2 + (\Delta C_S^*)^2 + (\Delta H^*)^2]^{1/2}$$

$$\Delta E^* = [(-1.34)^2 + (5.93)^2 + (1.84)^2]^{1/2} = 6.35$$

二、$CMC_{(l:c)}$ 色差式

　　$CMC_{(l:c)}$ 色差式，是以 CIE 1976 $L^* a^* b^*$（CIELAB）色差式为基础建立起来的，图 5-8 所示为 CIELAB 色差椭球示意图。

　　CMC 色差公式虽未被 CIE 推荐为标准，但却是目前工业上广泛采用的计算色差方法，CIE DE2000 色差公式是在此基础上改进得到的。该色差式建立的过程中，颜色鉴定专家针对处于

颜色空间不同区域的大批试样的目测结果,分别进行分析判断后总结出规律。通过修正 CIE 1976 $L^*a^*b^*$ 色差公式,使 CMC 色差公式各色调方向的色差椭圆大小可根据视觉的关系进行改变,比如在红色区域的椭圆比较瘦长,在绿色区域则比较圆;同时可改善饱和度差随明度的变化关系,给予饱和度不同的颜色以不同的色差容限,色差容限随饱和度的增加变大,反之则减小,修正后的结果如图 5-9 所示。通过这样分别给予 ΔL^*、ΔC^*、ΔH^* 以不同的加权系数得到的 $\text{CMC}_{(l:c)}$ 色差式,是目前与视觉相关性比较好,应用比较广泛的色差式。

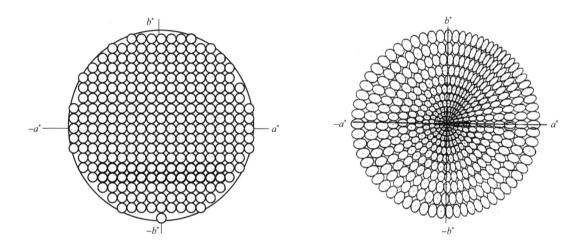

图 5-8　CIELAB 色差椭球示意图　　　　　图 5-9　CMC 色差椭球示意图

$$\Delta E^*_{(\text{CMC})} = \left[\left(\frac{\Delta L^*}{lS_{\text{L}}} \right)^2 + \left(\frac{\Delta C^*}{cS_{\text{C}}} \right)^2 + \left(\frac{\Delta H^*}{S_{\text{H}}} \right)^2 \right]^{1/2}$$

$$S_{\text{L}} = \frac{0.040975L^*_{\text{std}}}{1 + 0.01765L^*_{\text{std}}} \tag{5-16}$$

其中,当 $L^*_{\text{std}} < 16$ 时:

$$S_1 = 0.511$$

$$S_{\text{c}} = \frac{0.0638C^*_{\text{std}}}{1 + 0.0131C^*_{\text{std}}} + 0.638$$

$$S_{\text{H}} = S_{\text{c}}(tf + 1 - f)$$

$$f = \left[\frac{(C^*_{\text{std}})^4}{(C^*_{\text{std}})^4 + 1900} \right]^{1/2}$$

当 $164° \leqslant h_{\text{std}} < 345°$ 时:

$$t = 0.56 + \left| 0.2\cos(h_{\text{std}} + 168) \right|$$

其余部分:

$$t = 0.36 + \left| 0.4\cos(h_{std} + 35) \right|$$

其中,S_L、S_c、S_H 分别为亮度差,饱和度差,色相差的加权系数。l、c 则是调整亮度和饱和度相对宽容量的两个系数。在进行试样间色差可察觉性判断时,取 $l = c = 1$,而进行试样间色差可接受性判断时,取 $l = 2$、$c = 1$,所以在对纺织品染色试样间的色差进行评价时,常取 $l : c = 2 : 1$,记作 CMC$_{(2:1)}$。

从前面的计算公式中可以看出,对亮度差进行修正的系数 S_L 在低亮度时比较小,而在高亮度时,则是一个比较大的值。也就是说在不同的亮度区域,亮度差在总色差中的重要性是不同的。即在试样的亮度比较高时,亮度差对总色差的贡献小,而亮度差比较低时,则亮度差对总色差的贡献大,如图 5-10 所示。

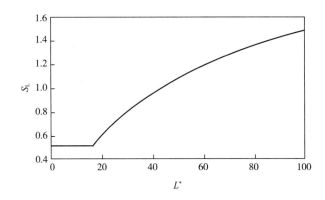

图 5-10　不同亮度区域亮度差对总色差的贡献示意图

S_C 在对饱和度进行修正时,除了标准样的饱和度为小于 6 的值外,S_C 的值都大于 1,而且,随着标准样饱和度的增大,S_C 的值也不断增大。也就是说,饱和度差对总色差的贡献,CMC$_{(l:c)}$ 色差式与 CIELAB 色差式相比,除了饱和度值小于 6 的试样以外,都比 CIELAB 色差式小,如图 5-11 所示。

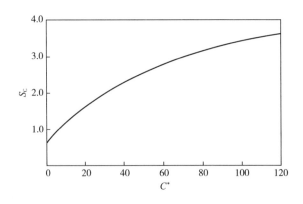

图 5-11　饱和度差对总色差的贡献示意图

S_{H} 的大小则受色相和饱和度的共同影响。对于具有高饱和度的试样 S_{H} 通常具有一个较大的值。也就是说,具有高饱和度的试样之间的颜色差别,色相的影响比较小,而对于具有低饱和度的试样之间的色差,色相的影响则比较大,如图 5-12 所示。

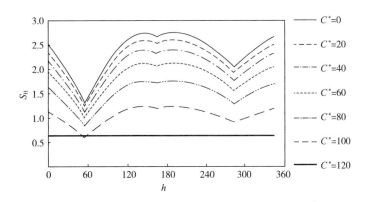

图 5-12　色相差对总色差的贡献示意图

计算举例:

$$L_{\mathrm{std}}^{*} = 46.34203 \quad a_{\mathrm{std}}^{*} = 47.43260 \quad b_{\mathrm{std}}^{*} = 26.46473$$

$$L_{\mathrm{sp}}^{*} = 46.80476 \quad a_{\mathrm{sp}}^{*} = 47.68420 \quad b_{\mathrm{sp}}^{*} = 27.11055$$

$$S_{\mathrm{L}} = \frac{0.040975 L_{\mathrm{std}}^{*}}{1 + 0.01765 L_{\mathrm{std}}^{*}} = \frac{0.040975 \times 46.34203}{1 + 0.01765 \times 46.34203} = 1.0445$$

$$C_{\mathrm{std}}^{*} = \left[(a_{\mathrm{std}}^{*})^{2} + (b_{\mathrm{std}}^{*})^{2} \right]^{1/2} = (47.43260^{2} + 26.46473^{2})^{1/2} = 54.3161$$

$$S_{\mathrm{c}} = \frac{0.0638 C_{\mathrm{std}}^{*}}{1 + 0.0131 C_{\mathrm{std}}^{*}} + 0.638 = \frac{0.0638 \times 54.3161}{1 + 0.0131 \times 54.3161} + 0.638 = 2.6627$$

$$S_{\mathrm{H}} = S_{\mathrm{C}} (tf + 1 - f)$$

$$f = \left[\frac{(C_{\mathrm{std}}^{*})^{4}}{(C_{\mathrm{std}}^{*})^{4} + 1900} \right]^{1/2} = \left(\frac{54.3161^{4}}{54.3161^{4} + 1900} \right)^{1/2} = 0.9999$$

$$h_{\mathrm{std}}^{*} = \tan^{-1} \frac{b^{*}}{a^{*}} = \tan^{-1} \frac{26.46473}{47.43260} = 29.1591$$

色相角不在 $164° < h^{*} < 345°$ 范围之内,所以:

$$t = 0.36 + |0.4\cos(29.1591 + 35)| = 0.36 + 0.4 \times 0.4359 = 0.5343$$

$$S_{\mathrm{H}} = 2.663 \times (0.5343 \times 0.9999 + 1 - 0.9999) = 2.663 \times 0.5342 = 1.4226$$

$$\Delta E_{\mathrm{CMC}}^{*} = \left[\left(\frac{\Delta L^{*}}{l S_{\mathrm{L}}} \right)^{2} + \left(\frac{\Delta C^{*}}{c S_{\mathrm{C}}} \right)^{2} + \left(\frac{\Delta H^{*}}{S_{\mathrm{H}}} \right)^{2} \right]^{1/2}$$

$$\Delta L^{*} = L_{\mathrm{sp}}^{*} - L_{\mathrm{std}}^{*} = 46.80476 - 46.34203 = 0.4627$$

$$C_{\mathrm{sp}}^{*} = \left[(a_{\mathrm{sp}}^{*})^{2} + (b_{\mathrm{sp}}^{2})^{2} \right]^{1/2} = (47.6842^{2} + 27.11055^{2})^{1/2} = 54.8522$$

$$\Delta C_S^* = C_{sp}^* - C_{std}^* = 54.8522 - 54.3161 = 0.5361$$

$$\Delta C_C^* = [(\Delta a^*)^2 + (\Delta b^*)^2]^{1/2}$$

$$= [(47.6842 - 47.4326)^2 + (27.11055 - 26.46472)^2]^{1/2} = 0.6931$$

$$\Delta H^* = [(\Delta C_C^*)^2 + (\Delta C_S^*)^2]^{1/2} = (0.6931^2 - 0.5361^2)^{1/2}$$

$$= 0.4393$$

$$\Delta E_{CMC(2:1)}^* = \left[\left(\frac{\Delta L^*}{2S_L}\right)^2 + \left(\frac{\Delta C^*}{S_C}\right)^2 + \left(\frac{\Delta H^*}{S_H}\right)^2\right]^{\frac{1}{2}}$$

$$= \left[\left(\frac{0.4627}{2 \times 1.0445}\right)^2 + \left(\frac{0.5361}{2.6627}\right)^2 + \left(\frac{0.4393}{1.4226}\right)^2\right]^{1/2} = 0.4302$$

$$\Delta E_{CMC(1:1)}^* = \left[\left(\frac{\Delta L^*}{S_L}\right)^2 + \left(\frac{\Delta C^*}{S_C}\right)^2 + \left(\frac{\Delta H^*}{S_H}\right)^2\right]^{1/2}$$

$$= \left[\left(\frac{0.4627}{1.0446}\right)^2 + \left(\frac{0.5361}{2.6628}\right)^2 + \left(\frac{0.4393}{1.4226}\right)^2\right]^{\frac{1}{2}}$$

$$= 0.5523$$

CIELAB 色差：

$$\Delta E_{CIE}^* = [(\Delta L^*)^2 + (\Delta a^*)^2 + (\Delta b^*)^2]^{1/2}$$

或

$$\Delta E_{CIE}^* = [(\Delta L^*)^2 + (\Delta C_C^*)^2 + (\Delta H^*)^2]^{\frac{1}{2}}$$

$$= 0.4627^2 + 0.5361^2 + 0.4393^2$$

$$= 0.8334$$

从这些结果可以看出,采用不同的计算公式,所得到的结果是有差异的。所以在报告测试结果时,一定要注明所使用的公式。在判断计算结果与视觉实际感受之间的关系时,通常要用到本章表 5-3~表 5-6。这些表是根据不同的色差式计算出来的结果,与不同级差的灰色样卡之间的关系得到的。人的视觉感受与对应的灰色样卡的级差,给予人的视觉感受是相同的。使用如 $CMC_{(l:c)}$ 这样的对亮度差、饱和度差和色相差进行加权处理的色差式,在根据计算出的结果判断色相差、饱和度差和亮度差的视觉感受时,应该把加权系数也包括在内。如使用 $CMC_{(l:c)}$ 色差式时,亮度差 $\Delta L^*/lS_L$；饱和度差 $\Delta C^*/cS_C$；色相差 $\Delta H^*/S_H$。但是,在判断颜色差异的方向时,则是以 CIELAB 色差式中的色相角作为判断的依据。

三、CIE_{94} 色差式

CIE_{94} 色差式,也是以 CIE 1976 $L^* a^* b^*$ 色差式为基础建立起来的,其建立的基本程序,与 $CMC_{(l:c)}$ 色差式相似,只是在对大量试样目测结果进行分析归纳的方法不同,结论也不相同,所以,给予 ΔL^*、ΔC^*、ΔH^* 的加权系数也不相同。CIE_{94} 色差式计算比较简单,但结果与视觉的相关性比较好,该公式也被称为工业管理色差式。其表达式为：

$$\Delta E_{94} = \left[\left(\frac{\Delta L^*}{K_{\mathrm{L}} S_{\mathrm{L}}} \right)^2 + \left(\frac{\Delta C_{\mathrm{S}}^*}{K_{\mathrm{C}} S_{\mathrm{C}}} \right)^2 + \left(\frac{\Delta H^*}{K_{\mathrm{H}} S_{\mathrm{H}}} \right)^2 \right]^{1/2} \tag{5-17}$$

其中，K_{L}、K_{C}、K_{H} 为常数，用于纺织品色差计算，常取 $K_{\mathrm{L}} = 2$，$K_{\mathrm{C}} = K_{\mathrm{H}} = 1$，计算结果记做：$\Delta E_{94(2:1:1)}$。

$$S_{\mathrm{L}} = 1$$
$$S_{\mathrm{C}} = 1 + 0.045 C_{\mathrm{m}}^*$$
$$S_{\mathrm{H}} = 1 + 0.015 C_{\mathrm{m}}^*$$
$$C_{\mathrm{m}}^* = (C_{\mathrm{std}}^* C_{\mathrm{sp}}^*)^{1/2} \tag{5-18}$$

计算举例：

$$L_{\mathrm{std}}^* = 46.34203 \quad a_{\mathrm{std}}^* = 47.43260 \quad b_{\mathrm{std}}^* = 26.46473$$
$$L_{\mathrm{sp}}^* = 46.80476 \quad a_{\mathrm{sp}}^* = 47.68420 \quad b_{\mathrm{sp}}^* = 27.11055$$
$$\Delta L^* = L_{\mathrm{sp}}^* - L_{\mathrm{std}}^* = 46.80476 - 46.34203 = 0.4627$$
$$C_{\mathrm{sp}}^* = \left[(a_{\mathrm{sp}}^*)^2 + (b_{\mathrm{sp}}^*)^2 \right]^{1/2} = 47.68422 + 27.110552 = 54.8522$$
$$C_{\mathrm{std}}^* = \left[(a_{\mathrm{std}}^*)^2 + (b_{\mathrm{std}}^*)^2 \right]^{1/2} = 47.432602 + 26.464732 = 54.3161$$
$$\Delta C_{\mathrm{S}}^* = C_{\mathrm{sp}}^* - C_{\mathrm{std}}^* = 0.5361$$
$$\Delta C_{\mathrm{C}}^* = \left[(\Delta a^*)^2 + (\Delta b^*)^2 \right]^{1/2} = 0.6931$$
$$\Delta H^* = \left[(\Delta C_{\mathrm{C}}^*)^2 - (\Delta C_{\mathrm{S}}^*)^2 \right]^{1/2} = 0.4393$$
$$C_{\mathrm{m}}^* = (C_{\mathrm{sp}}^* C_{\mathrm{std}}^*)^{1/2} = 54.5835$$
$$S_{\mathrm{L}} = 1$$
$$S_{\mathrm{C}} = 1 + 0.045 C_{\mathrm{m}}^* = 1 + 0.045 \times 54.5835 = 3.4563$$
$$S_{\mathrm{H}} = 1 + 0.015 C_{\mathrm{m}}^* = 1 + 0.015 \times 54.5835 = 1.8188$$
$$\Delta E_{94(2:1:1)} = \left[\left(\frac{\Delta L^*}{K_{\mathrm{L}} S_{\mathrm{L}}} \right)^2 + \left(\frac{\Delta C_{\mathrm{S}}^*}{K_{\mathrm{C}} S_{\mathrm{C}}} \right)^2 + \left(\frac{\Delta H^*}{K_{\mathrm{H}} S_{\mathrm{H}}} \right)^2 \right]^{1/2}$$

其中，$K_{\mathrm{L}} = 2$，$K_{\mathrm{C}} = 1$，$K_{\mathrm{H}} = 1$。

所以：

$$\Delta E_{94(2:1:1)} = \left[\left(\frac{\Delta L^*}{2 S_{\mathrm{L}}} \right)^2 + \left(\frac{\Delta C_{\mathrm{S}}^*}{S_{\mathrm{C}}} \right)^2 + \left(\frac{\Delta H^*}{S_{\mathrm{H}}} \right)^2 \right]^{1/2}$$
$$= \left[\left(\frac{0.4627}{2} \right)^2 + \left(\frac{0.5361}{3.4563} \right)^2 + \left(\frac{0.4393}{1.8188} \right)^2 \right]^{\frac{1}{2}}$$
$$= 0.3687$$
$$\Delta E_{94(1:1:1)} = 0.5446$$

四、CIE DE2000 色差公式

由于 CIE 1976 $L^* a^* b^*$ 均匀颜色空间和色差公式仍然存在缺陷，国际照明委员会一直在寻

找更理想的公式。在 CIELAB 和 CIE$_{94}$ 等色差公式的基础上,通过大量视觉实验和色差评估实验,于 2001 年正式推荐一个新的色差公式,并命名为 CIE 2000($\Delta L'$、$\Delta C'$、$\Delta H'$)色差公式,通常简称为 CIE DE2000。在国际照明委员会的出版物 CIE 142—2001《工业色差评估的改进》中,向全世界公布了这个新的色差公式,并通过贯彻、推广、应用和修正,使之最终成为 CIE 和 ISO 的国际标准。具体形式如下:

$$\Delta E_{00}=\left[\left(\frac{\Delta L'}{K_L S_L}\right)^2+\left(\frac{\Delta C'}{K_C S_C}\right)^2+\left(\frac{\Delta H'}{K_H S_H}\right)^2+R_T\left(\frac{\Delta C'}{K_C S_C}\right)\left(\frac{\Delta H'}{K_H S_H}\right)\right]^{\frac{1}{2}} \quad (5-19)$$

$$h'=\frac{180°}{\pi}\arctan\left(\frac{b'}{a'}\right)\ ;\ G=\frac{1}{2}\left\{1-\left(\frac{(\overline{C}^*)^7}{(\overline{C}^*)^7+25^7}\right)^{\frac{1}{2}}\right\}$$

其中,$L'=L^*$;$a'=(1+G)a^*$;$b'=b^*$;$C'=[(a')^2+(b')^2]^{\frac{1}{2}}$。

$\Delta L'$、$\Delta C'$、$\Delta H'$ 分别为新的辅助参数和公式计算出的明度差、饱和度差、色相差。

$\Delta L'=L'_{sp}-L'_{std}$;$\Delta C'=C'_{sp}-C'_{std}$;$\Delta H'=2(C'_{sp}C'_{std})^{\frac{1}{2}}\sin\left(\frac{\Delta h'}{2}\right)$(其中,$\Delta h$ 在不同的象限,计算方法不同)。

其中,S_L、S_C、S_H 分别为重新定义后三个方向的加权系数;K_L、K_C、K_H 分别为调整三个方向的相对宽容量的系数;R_T 为旋转函数。

在纺织领域,习惯取 $K_L:K_C:K_H=2:1:1$。

课件

第三节　色差公式在纺织行业的应用

准确地对颜色进行测量是很困难的工作。广大科技工作者经过几十年的艰苦努力及相关技术的飞速发展,特别是计算机技术的进步,颜色测量技术才逐步完善起来。如今,我们已经基本能够对各种颜色进行精确的测量。这其中包括物体颜色的分光反射率曲线、颜色的三刺激值、试样之间的总色差、深浅差、鲜艳度差和色相差等,可以用来解决很多领域中与颜色相关的问题。颜色的测量和计算,已经在纺织、汽车、印刷、塑料、遥感等很多领域,得到广泛的应用,取得很好的效果。

颜色的测量和计算在纺织行业中的应用,主要有以下几个方面。

一、用于染整加工过程中的颜色差异管理

众所周知,在纺织品的染整加工过程中,无论是染色产品,还是印花产品,都需要对颜色进行严格的管理,尤其是生产出来的纺织品,如何能让颜色满足客户的要求,一直是纺织品生产厂家关注的大问题。以往这项工作是靠人的视觉完成的,由于人视觉方面的差异,或由于观测条件的不规范等原因,常常出现颜色判断的失误,给企业带来不必要的麻烦和损失。现在有了可以对颜色进行精确测量的仪器,问题就变得相对比较简单。使用测色仪完成对颜色的测量与评

价,大体上可以解决以下几方面的问题。

(1)测得总色差,从而判断生产出来的批次样是否符合客户要求。判断的依据,一是测得的标准样和生产的批次样之间的总色差 ΔE 的大小;二是参照客户对色差大小要求,和颜色评价时的照明光源和观测条件,对生产样在颜色方面是否符合客户要求做出比较科学而准确的判定,见表5-1。

表5-1　允差举例 $[CMC_{(2:1)}]$

样品	照明及视场	色差	样品	照明及视场	色差
小样	$D_{65},10°$	0.7	生产样	$D_{65},10°$	1.2
	F_2	0.7		F_2	1.2
	$A,10°$	1.0		$A,10°$	1.5

(2)可以给出分量色差值 ΔL^* 、Δa^* 、Δb^* 、ΔC^* 、ΔH^* 和不同照明体下的同色异谱指数,见表5-2。

表5-2　测量结果报告举例 $[CMC_{(2:1)}]$

照明体	ΔL^*	Δa^*	Δb^*	ΔC^*	ΔH^*	ΔE	同色异谱
$D_{65},10°$	−0.78	−0.05	−0.13	−0.12	0.07	0.79	
$A,10°$	−0.79	−0.10	−0.14	−0.16	0.07	0.81	0.05
$CWF,10°$	−0.77	−0.06	−0.13	−0.12	0.09	0.79	0.05

从分量色差值,可以看出,引起色差的主要因素是深浅、饱和度、色相,从而为批次样颜色的修正指出方向。

(3)可以给出在不同照明体条件下的同色异谱指数,避免了在视觉判定时,由于判定条件的不稳定而产生的误差。

(4)可以准确地判断批次样和标准样产生的色相的差异方向,即与标准样相比,批次样是偏红、偏蓝、偏黄、偏绿等。判定方法请参照色差计算实例中介绍的方法。

二、用于染整加工过程中的质量控制

经过染整加工的产品,染色牢度是衡量产品质量的重要指标,也是生产厂和客户都非常重视的质量指标。在染色牢度的评价上,虽然有严格的标准,但是过去处理前后色差的判断(牢度级别的判定)一直是靠人的视觉来完成的。也就是进行牢度等级的判定,仍然靠人的感觉来确定,这必然存在着很多不确定的因素。为了尽量减少人与人之间判定上的差异,对相关人员和颜色判定的环境条件都要有非常严格的要求。首先,人的视力要正常;其次,颜色鉴定人员要经过严格的训练;另外,还要有良好的符合鉴定要求的环境。尽管如此,还会由于颜色鉴定人员心理因素、身体状况、年龄等诸多因素的影响而产生人与人之间的判断差异,易引起客户与生产商之间的争议。因此,长期以来,一直寻求一种公正且不受其他因素干扰而且稳定快捷的方法,来评价纺织品的颜色差异。而用仪器代替人的眼睛评价染色牢度的方法,应运而生,尽管目前以仪器评价染色牢度的方法,还没能完全代替人的眼睛,但由于用仪器来评价变褪色和沾色牢度非常简单和快捷,已经得到了广泛的应用。

在牢度级别的仪器评价中,变褪色和沾色牢度结果的准确性还存在一定差异,特别是与人的视觉评价结果相比,通常仪器评价结果要比沾色牢度评价结果要差一些。由于沾色牢度是沾色后的标准织物与白色标准织物之间的比较,色差通常会大一些,此外,试样的亮度相对比较高。所以对用仪器评级和视觉评级都比较有利,结果的一致性也相对较好。而变褪色牢度评价则相对困难一些,因为被评价试样间色差有时较小,有些试样之间还常常伴随有色相差异,特别是那些低亮度试样,3-4级这一牢度范围内做到准确评价相对更困难一些。因此要求测试仪器必须有较高的稳定性和较好的重复性及测量精度,当然,注意选择适当的色差计算公式,也非常重要。

1. 总色差值与常用牢度级别间的关系

用仪器进行染色纺织品的牢度评级过程如下。

首先,对需要评价牢度的纺织品按相关的标准中规定的条件进行处理。然后,对处理前后的试样,用测色仪进行测色,并用选定的色差公式计算出处理前后的总色差。再根据选定的公式,找到相应的牢度级别的表,并根据计算得到的总色差值找到对应的牢度级别见表 5-3 ~ 表 5-6。新购置的测色仪实际上都有相应的牢度评价软件。这些软件把相关的数据都已经储存到计算机当中,所以将按标准要求条件处理后的试样与未处理试样用测色仪测色后,牢度级别会直接显示出来,非常方便。

表 5-3　CIE 1976 $L^* a^* b^*$ 色差式的总色差值与牢度级别之间的关系

总色差值	牢度级别	总色差值	牢度级别
≤13.6	1	≤3.0	3-4
≤11.6	1-2	≤2.1	4
≤8.2	2	≤1.3	4-5
≤5.6	2-3	≤0.4	5
≤4.1	3		

表 5-4 CMC$_{(l:c)}$ 色差式的总色差值与牢度级别之间的关系

总色差值	牢度级别	总色差值	牢度级别
>11.85	1	2.16~3.05	3-4
8.41~11.85	1-2	1.27~2.15	4
5.96~8.40	2	0.20~1.26	4-5
4.21~5.95	2-3	<0.20	5
3.06~4.20	3		

表 5-5 JPC$_{79}$ 色差式的总色差值与牢度级别之间的关系

总色差值	牢度级别	总色差值	牢度级别
>11.83	1	2.14~3.0	3-4
8.37~11.82	1-2	1.27~2.13	4
5.92~8.36	2	0.2~1.26	4-5
4.9~5.91	2-3	<0.2	5
3.01~4.89	3		

表 5-6 ISO 色差式（dE$_F$）总色差值与牢度级别的关系

总色差值	牢度级别	总色差值	牢度级别
≥11.60	1	2.10~2.94	3-4
8.20~11.59	1-2	1.25~2.09	4
5.80~8.19	2	0.4~1.24	4-5
4.10~5.79	2-3	<0.4	5
2.95~4.09	3		

有些色差公式,在确定牢度级别时,还可以采用计算的方法。就是把经过测色仪测得的色差数据,代入相应的牢度等级判定公式中,经过计算,也可以确定牢度级别。如 ISO 色差式,就可以用下面的公式计算牢度级别。

dE$_F$≤3.4 时,染色牢度:

$$G_s = 5 - \frac{\Delta E_F}{1.7} \tag{5-20}$$

dE$_F$>3.4 时,染色牢度:

$$G_s = 5 - \frac{\lg \frac{\Delta E_F}{0.85}}{\lg 2} \tag{5-21}$$

计算所得到的数值就是所要求的牢度等级。

2. 沾色牢度的仪器评价

对于沾色牢度,也可以用与前面相同的方法,把计算出的色差值,代入相应的牢度级别计算公式,判断牢度级别。下面是用 CIELAB 色差式,评价沾色牢度时,用于计算牢度级别的公式。

$$SSR = 7.05 - 1.43\ln(4.4 + \Delta E_{CIE}) \tag{5-22}$$

使用该公式时,先用测色仪对按相应标准处理过的试样进行测试,测得 CIELAB 色差值后代入上面计算公式,计算 SSR 值,再根据表 5-7 查得牢度级别。

表 5-7 SSR 值与被测织物沾色牢度的关系

SSR 值	牢度级别	SSR 值	牢度级别
≥4.87	5	2.74~2.25	2-3
4.86~4.25	4-5	2.74~1.75	2
4.24~3.75	4	1.74~1.25	1-2
3.74~3.25	3-4	≤1.25	1
3.24~2.75	3		

日本京都纤维工艺大学的寺主一成先生提出一个计算沾色牢度的公式,因为与以往的计算公式思路不同,所以也介绍给大家。不过这个计算公式,目前应用的并不多。其表达式为:

$$N_s = 5.5 - \frac{\lg \frac{\Delta C_F^*}{0.125} + 1}{\lg 2} \tag{5-23}$$

式中:ΔC^*——标准白色织物沾色前后的深度差。

深度 C^* 由下式计算:

$$C^* = \frac{21.72 \times 10^{C\tan H^0}}{2^{\frac{V}{2}}}$$

$$\tan H^0 = 0.01 + 0.001\Delta H_{5P} \tag{5-24}$$

式中:ΔH_{5P}——在 100 等分的孟塞尔色相环中,与 5P 色相之间的最小差值;

  C——孟塞尔彩度;

  V——孟塞尔明度。

计算所得的 N_s 值与被测织物沾色牢度之间的关系见表 5-8。

表 5-8 N_s 值与沾色牢度的关系

N_s	牢度级别	N_s	牢度级别
5.0~5.5	5	2.5~3.0	2-3
4.5~5.0	4-5	2.0~2.5	2
4.0~4.5	4	1.5~2.0	1-2
3.5~4.0	3-4	1.0~1.5	1
3.5~3.0	3		

色差计算是计算机配色过程中对处方准确与否进行判定的依据。目前常用的色差计算公式有:CIELAB 色差式;$CMC_{(l:c)}$ 色差式;CIE_{94} 色差式等。其中,$CMC_{(l:c)}$ 色差式在应用于纺织品的相关检测时,常取 $l:c=2:1$。

☞ 思考题

1. CIERGB、CIEXYZ、CIELAB 颜色系统有什么联系与区别?

2. 如何理解均匀颜色空间?

3. 已知两个色样的参数为 $L_{std}=70$,$a_{std}=14$,$b_{std}=30$,$L_{sp}=72$,$a_{sp}=15$,$b_{sp}=28$,计算 $D_{65}10°$ 光照下的色差[分别用 CIELAB $CMC_{(2:1)}$ 色差式计算]。

4. 两个颜色样品的三刺激值为 $X_1=24.9$,$Y_1=19.77$,$Z_1=16.39$,$X_2=25.55$,$Y_2=21.58$,$Z_2=17.31$,采用 C 光源($X_0=98.07$,$Y_0=100$,$Z_0=118.22$)2° 视场,试用 $CIE\ L^*a^*b^*$ 色差式计算其 ΔL^*、Δa^*、Δb^* 和总色差 ΔE^*。

5. 请用 CIE_{94} 色差式计算下列样品的色差(D_{65} 10°):

$$X_{std}=14.78 \qquad X_{sp}=15.23$$
$$Y_{std}=28.47 \qquad Y_{sp}=27.96$$
$$Z_{std}=31.44 \qquad Z_{sp}=30.79$$

6. 如何利用仪器评价纺织品的变褪色牢度和沾色牢度?

思考题答题要点

课件

第六章　表面颜色深度及其评价方法

物体的颜色深度顾名思义是形容物体所具有的颜色深浅而设定的参数。但颜色深度的定义在不同领域有一定的差别。

在电子技术领域,颜色深度也叫色彩深度,同时也叫位分辨率(bit resolution)或者位深度,这里的"位"指的是二进制位或者比特。具体是表示在位图图像或视频缓冲区中,每个颜色分量的比特数。亦即是用计算机识别的方式表示一幅图片上可以涉及的颜色深度,色彩深度越高,可用的颜色就越多。这是一个范围,也就是可以达到什么颜色,而不是具体到一幅图片里颜色具体的深浅值,仅仅是一个能够达到的范围。

纺织领域的表面色深度概念和评价方法与上述理论有明显的不同,不仅具有行业特点,也更符合人类通常对颜色深度的认知,并在实际中有广泛的应用。

第一节　纺织品表面颜色深度及其评价

在纺织行业中,常常需要对染料的染色性能进行评价。其中有一个重要的指标就是对染色成品所达到的颜色深浅程度进行客观评价。所谓深浅程度是指要比较的两个颜色之间深浅感觉的相对差异。染色成品颜色的深浅直接涉及染料的用量以及工艺参数的调整,是对染料、颜料等着色强度进行分析的基础。

一、织物表面颜色深度及其评价的局限性

如何准确评价纺织品染色或印花过程后的颜色深度,是染整技术人员最关心的问题。国际上没有对纺织品表面颜色深度的定义及其表征进行统一的规定,AATCC 定义表面颜色深度为有色物体偏离白色的程度;ISO 定义颜色深度是着色剂赋予其他材料颜色的能力;纺织行业可以采用标准深度卡对颜色进行主观评价,但容易受到观察条件等客观因素和观察者本身等主观因素的影响,从而对结果产生较大误判。

在对染色效果评判过程中,也曾经使用上染到织物上染料或颜料的量来表示纺织品的颜色深度。但对于以纤维材料为基质的纺织产品来说,在染色或者印花的过程中,染料或颜料的聚集状态可能会发生比较大的变化。染色过程中染料通常会以单分子状态进入纤维内部,并且在纤维中尽可能地均匀分散。但是印花过程中,印制于织物"正面"的染料在纤维中的转移受到抑制,尽管在随后的蒸化过程中,染料会逐渐转移至纤维内部,实现染料在纤维上的均匀分布,

但这种转移受到织物影响较大,越厚的织物越不容易印透。而这种由于印花糊料种类不同、色浆的黏度以及其流变性能不同,使得染料在纺织品中分布状态各不相同,即使相同织物上染了相同量的染料,织物表面的颜色深度也可能有很大差别。

同样,染色过程中经常出现的"白芯"现象,就是由于染料在纤维表面及周边分布不均匀造成的。另外,染料在染色过程中物理状态的变化、纺织品织物组织的不同,都会直接对最终染色成品的表观深浅程度产生明显的影响。如果仅使用上染到织物的染料量对于织物的成品颜色深度进行评价,则结果往往会产生很大的偏差。因此,需要一种客观的、容易计算并与人的颜色深度视觉高度相关的参数作为评价织物颜色深度的指标。

二、织物表面颜色深度与染色牢度的关系

染色牢度是染整加工中的重要指标之一,评价染色牢度之前,必须确定染色的深度,因为对于同一种染料,染色深度不同,测试的染色牢度也不同,因此比较两种染料的牢度需要在同一染色深度情况下进行,而且不同的牢度指标对染色深度的依赖情况也不相同。

例如,日晒牢度指的是纺织品受日光作用变色的程度。其测试方法可采用日光照晒也可采用日晒牢度仪,将照晒后的试样褪色程度与标准色样进行对比。当使用同一支染料对相同的纤维材料进行染色时,一般染料用量高的(染得比较深的)织物耐日晒牢度指标通常会高一些,这样就不能客观反映染料的耐晒性质及其上染情况。所以在比较两支染料的耐晒牢度时,应当控制织物在相同的色深度下进行。

摩擦牢度是指染色织物经过摩擦后掉色程度,分为干态摩擦和湿态摩擦。水洗或皂洗牢度是指染色织物经过(水或标准皂粉)洗涤液洗涤后颜色的变化程度。对于摩擦牢度和水洗牢度的检测,同样受初始待测纺织品表面色深度的影响,同样的染料,同样的纤维基材,染浴中染料浓度高的成品,最终沾色更明显一些,检测出的色牢度深色比浅色偏低,这同样也会导致对染料性能评价的不公平。

综上所述,为了公平地对染料的各项染色牢度进行评价,必须严格控制染色深度,使所有被评价样品的染色深度保持一致。

早在 20 世纪 20 年代,就已经认识到了表面色深度检测的重要性,随着对色深度的不断实践探索和应用,纺织品表面色深度的表征及其评价方法的标准化日渐成熟。

三、标准深度卡评价体系的建立

与表色系统建立的历史过程类似,表面色深度评价体系建立也是从知觉色(色卡)体系的产生开始的。

20 世纪 20 年代,德国与瑞士的一部分染料厂合作公开了世界上第一套染料染色标准深度体系,也就是辅助标准(auxiliary type)。同时,国际第一套标准深度卡"Hilftyen"问世。目前该标准包含将羊毛、棉、丝和黏胶纤维分别染成黄、橙、红、红紫、紫、蓝、绿、棕和灰等十八种颜色。

使用过程中,由专业的色彩鉴别人员进行目测,选出具有同一表面色深度的样品,作为测试耐晒牢度时的染料标准深度(辅助标准)。将待测染料上染至指定的纤维基材上,且其表面色深度与标准色深度类似,然后将待测样品及标准样品同时进行耐晒牢度检测,根据最终的结果,给予待测样品的染色牢度评级。

为适应实际应用的需要,1955 年根据 ISO 的 TC/38 SCI 委员会的决定,制备了从极浅的 1/25 标准深度到极深的 2/1 标准深度间的其他深度的同等染色强度的一系列染样,并规定将基材限制为无光材料(羊毛)和有光材料(人造丝缎)两种。以羊毛为例,先将 18 只具有高亲和力的酸性染料,在羊毛上染至 1/1 标准深度(专人目测),再用比色法测定染液内残留染料量,来计算纤维上所用去的染料量,作为进一步染制 2/1、1/3、1/6、1/12 和 1/25 标准样品的染料需要量,并再以测定染液内染料残留量加以控制。

截至目前,表面色深度的标准样卡已几度修订。现在的 ISO 标准深度样卡,分织物版和纸板两种载体,依然将最初 Hilftyen 体系中的标准深度称为 1/1 标准深度,同时,扩充了 2/1、1/3、1/6、1/12、1/25,一共六个档位,其中从 2/1 至 1/12(包括 1/1)间每个档位都有 18 种颜色,只有 1/25 档位的标准深度有 12 种颜色。标准深度样卡中,无光泽的样品是用毛织物染色制成,有光泽的样品是用黏胶纤维或者其他长丝织物染成。除此之外,紫色和黑色的色卡,相对比较特殊,无光泽的颜色有三种,而有光泽的颜色有两种。图 6-1 所示为纺织行业常用的一种标准深度卡。

彩图

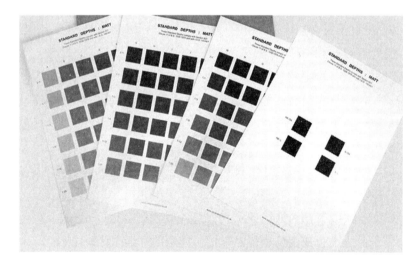

图 6-1　一种常用的标准深度卡

经过发展,对表面色深度的标准化进程越来越快,体系也越来越完善。而染整行业中对于颜色深度的标准定义也逐步得到完善。

四、染整行业的标准色深度评价

如前文所述,AATCC 和 ISO 标准对染色深度的定义都与染料的用量以及上染效率有关。

我国《染料名称术语》标准中没有颜色深度的定义，但给出了"标准深度"的概念，即"一种公认的深度标准系列，并定义中等深度为 1/1 标准深度；同一标准深度的颜色，在心理感觉上是相等的，使色牢度等可在同一基础上进行比较；目前已发展为 2/1、1/1、1/3、1/6、1/12 及 1/25 共六档标准深度"。

标准深度卡属于知觉色，与孟塞尔表色系统的色卡一样，是在特定的条件下由特定的人员通过目测直接观察确定的，在工业领域有一定的用途。例如，在染料染色牢度的评价和某些染料相容性的评价等方面，都可以直接利用标准深度卡进行同一表面色深度判定。

但利用目测进行评判有一定的缺陷，为了建立针对表面色深度进行更客观评价的辅助方程，自 20 世纪 50 年代以来，科学家们进行了大量的研究，已经提出了十多个辅助评价公式。其中，被世界范围所公认的主要计算公式包括：库贝尔卡—蒙克（Kubelka—Munk）公式；雷布—科奇（Rabe—Koch）公式；高尔（Gall）公式；加莱兰特（Garland）公式等。这些公式各有优缺点，也各有适用范围。直到今日，研究人员依然在开发更理想的计算方法，以期在简化计算的同时，让理论数据与实际视觉效果的进一步统一。

第二节　常见的表面颜色深度计算公式

在众多的物体表面色深度的相关计算公式中，很多人认为 1931 年提出的库贝尔卡—蒙克理论是最早应用于纺织行业的色深度计算公式，I. K. Godlove 在 1951 年提出来的戈德拉夫公式（Godlove）更早被应用于染色物体表面色深度判定，该公式以孟塞尔系统的知觉色为基础提出，由于当时标准深度卡已经存在，因此以知觉色建立的公式并没有被广泛应用到实践中，而库贝尔卡—蒙克函数对于表面色深度的表征方法却是诸多公式中至今为止应用最广泛的。

一、库贝尔卡—蒙克公式

最初的库贝尔卡—蒙克理论（Kubelka—Munk theory）与颜色科学并没有直接的关系，该理论是由 P. Kubelka 和 F. Munk 在 1931 年提出来的，简称 K—M 理论。主要是为了研究光在恒星系统中的传播过程，因此，在理论确立之初，没有用在表面色深度的判定上。K—M 理论有一个非常重要的假设，就是光存在多重散射，换句话说，在光线引起人眼视觉反应之前，已经在不同的粒子间进行了多次反射。利用这一理论基础推导出的 K—M 函数，主要是用粒子的光吸收系数（K）和光散射系数（S）描述光的反射与吸收情况。

随着时间的推移，研究者发现这个方程计算出的 K/S 值，在研究光与油墨和染料等介质中颜料颗粒的相互作用的过程中，具有重要的理论及现实意义。大量研究表明，虽然恒星与色素粒子之间的距离和尺寸中间差着无数个数量级，但只要是相同的可见光，在这些粒子中产生反射的情况与恒星中反射的规律本质上是相同的。但唯一的问题，K—M 理论起始是为了解决辐射传输问题的多通量方法中的一个双通量尝试，虽然粒子的尺寸与距离并不会影响规律，但充斥在粒子周边的介质却对光的传播有影响,因此最开始计算的样品必须要与空气具有相同的折射率,才能计算到有价值的结果,这极大地制约了其在工业领域的实际应用。

直到 20 世纪 40 年代,桑德森(Saunderson)修正因子被正式引入 K—M 函数,至此 K—M 方程在不透明系统中的应用变得更加实际。为了演算的简便,人们在工业领域应用时,设置了一系列的假设,以对原始公式进行大幅度的简化,虽然简化后的公式有很大的局限性,但利大于弊。直至 20 世纪 70 年代,在正式加入内部光线反射修正项后,观测反射的很多数据才最终和 K—M 理论保持了相对高度的一致性。虽然几经修正,但 K—M 函数简化所设定的假设有数条(例如,假设散射系数和吸收系数在色层的整个厚度范围内是相同的;假设入射光是完全漫射的。然而,在许多仪器中,入射光是准直的,而不是漫射的;K—M 方程仅适用于单色光,系数要在整个可见范围内的许多波长上确定,但检测步长值无论设置为多少,都会有一定的数值增益;等等),有些可以通过计算机迭代计算来规避,而有些则依然会对某些特殊情况的理论结果产生较大的影响。

虽然,K—M 函数是建立在众多假设的基础上的,在理论架构上具有一定的缺陷,甚至,有些精确的情况下,不能够单独全面解决颜色表面色深度的评判问题。但它可以让人们对数据进行简单的方程处理后就可以对最终的表面色深度做出较合理的预测,因此修正后的 K—M 函数计算出的 K/S 值至今仍是颜色深度表述体系中所使用的最主要算法。甚至,应用范围一直在扩大,在很多与表面色深度相关的应用中都被证明具有重大的应用价值。时至今日,K/S 值已经被广泛应用于各个领域表面色深度的计算中,并被国际上各个标准体系所推介。这里需要指出,单独计算 K 值和 S 值对于表面色深度判定并没有意义,起决定作用的反而是两个物理量的比值(即 K/S 值)。

在染整工业实践中,表面色深度测量所使用到的公式,只是 K—M 理论中很小的一个部分。K—M 函数,与固体试样中有色物质(染料或颜料等)浓度之间的关系可以用数学式描述为:

$$\frac{K}{S} = \frac{(1-R_\infty)^2}{2R_\infty} - \frac{(1-R_0)^2}{2R_0} = kC \tag{6-1}$$

式中:K——被测物体的吸收系数;

S——被测物体的散射系数;

R_∞——被测物体为无限厚的时候,所对应的反射率;

R_0——同种基材但不含有色物质的试样的反射率(即基材反射率因数);

k——比例常数;

C——固体试样中有色物质(染料或颜料等)的浓度。

式中 C 值等于固体试样中,有色物质为单位浓度时的 K/S 值,对于染色后的纺织品来说,单位浓度有时是 1%(owf),也有时是 1g/L,需要根据实际情况进行判定。

式(6-1)中,R_0 所对应的是基材的反射率因数,在实际计算中,在 R_0 数值非常小,或者是仅仅需要对比两种样品的相对表面色深度时,基材是可以忽略的。这时公式可以进一步简化,含

有 R_0 的一项可以忽略,简化为:

$$\frac{K}{S} = \frac{(1-R_\infty)^2}{2R_\infty} = kC \qquad (6-2)$$

也可以说,式(6-2)是当染料或颜料层为无限厚、在照射于有色材料层的光完全无法透过的条件下,简化的简约方程。

正是因为,常用的 K/S 值计算式是在有条件的情况下适用,所以在应用过程中应当注意以下事项。

(1) R_∞ 通常选取染料或颜料最大吸收波长的数值(即具有最低反射率波长下的数值)。但有些染料吸收峰的半峰宽非常大(没有尖锐的最大吸收波长),整体分布比较平坦,此时需要选取一个波长范围,针对范围内的曲线取多点计算得到反射率,再在选定范围内取平均值作为最终的 R_∞ 值。

(2) K/S 值只适用于比较具有相同色相样品的深度。当不同的色相物体进行相互比较时,如果两个样品色相没有吸收峰重合,则计算出的平均值可能会与视觉效果有明显的偏差,不能正确反映两个样品的深度关系。所以,不能通过 K/S 值的大小对不同色相的样品表面色深度进行比较。

(3) K—M 函数是现今计算机配色过程中,输出预测配方的理论依据之一。通常,K/S 值越大,表面色深度就越深,即有色物质浓度就越高;反之,K/S 值越小,表面色深度越浅,即有色物质的浓度越低。但是,K/S 函数值与被测样品中的有色物质浓度之间的线性关系,与描述溶液中溶质浓度与光密度之间关系的比尔定律相比较,线性关系并不是非常好,特别是对于颜色比较深的纺织品,线性关系更差一些。

后来有很多学者尝试通过修正项,其中以 Pineo 和 Fink-Jensen 两个修正式最具代表性,但却明显使计算和测量都复杂了很多,削弱了 K—M 公式在表面色深度评判领域中简便易用的优势,因此实际的作用有限。

计算举例:

如图 6-2 所示为 2 个纯涤纶织物染色样品的分光反射率曲线,从曲线中可以知道该染色样品的最大吸收波长为 630nm,两样品的分光反射率 ρ_∞ 分别为:

$$\rho_A = 5.5\% \qquad \rho_B = 7.0\%$$

将上面各值代入式(6-2),得:

$$\left(\frac{K}{S}\right)_A = \frac{(1-\rho_\infty)}{2\rho_\infty} = \frac{(1-0.055)^2}{2 \times 0.055} = 8.118$$

$$\left(\frac{K}{S}\right)_B = \frac{(1-\rho)^2}{2\rho_\infty} = \frac{(1-0.070)^2}{2 \times 0.070} = 6.178$$

从结果可知,$(K/S)_A > (K/S)_B$,所以样品 A 的颜色比样品 B 深。

K/S 函数是物体表面深度测量常用的计算公式,由于 K/S 函数值与物体中有色物质浓度之

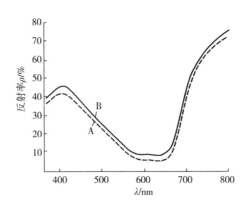

图6-2　样品A和样品B的分光反射率曲线

间,存在一定的线性关系,虽然这种线性不十分完美,但不妨碍它成为计算机配色配方预测的基本计算公式。

二、雷布—科奇公式

相对于其他国际化公式雷布—科奇公式应该算最特殊的计算公式。由于颜色是人类共有的,颜色世界无论是色卡还是数字化表色系统基本都是由国际化组织推介使用。但雷布—科奇公式则是建立在德国 DIN 表色系统基础上的固体表面色深度的计算公式。在 ISO 体系和 AATCC 体系统治大半个世界的时代,德国仍然为本国主导的 DIN 表色系统保留了相当份额。

与其他色立体不同,DIN 系统用来表示颜色的三个维度是:色调(T)、DIN 饱和度(S)和 DIN 黑暗度(D)。而雷布—科奇公式就是以这些参数为基础的:

$$\theta = \frac{10 - 1.2D}{9} \times S - 1.06D \tag{6-3}$$

式中:θ——固体样品的表面色深度指数;

$\quad D$——DIN 表色系统的暗度值;

$\quad S$——DIN 表色系统的饱和度(彩度)。

这个系统中提到的暗度值与平时说的明度值刚好相反:

$$D = 10 - 6.1723 \times \lg(40.7h + 1) \tag{6-4}$$

$$h = \frac{Y}{Y_0} \tag{6-5}$$

式中:h——相对反射率;

$\quad Y$——CIEXYZ 表色系统中的明度(视感反射率);

$\quad Y_0$——具有相同色度坐标的最亮颜色的明度值。

D 的值可以计算得到,也可以通过专门的图线和图标查到相关的参考数值。这个公式可以将 CIE 表色系统与 DIN 系统联系起来进行互算。

该式也曾被广泛应用于标准深度的计算,由于该式是建立在 DIN 表色系统基础上的,因此在我国染整工程领域,使用得并不普遍。不少研究数据表明,雷布—科奇公式针对 1/1 标准深度的样品,预测效果较好,而对于其他标准深度的样品,计算的结果与人的视觉之间相关性并不理想。但从 DIN 表色系统在德国的应用上,我们看到了一个国家在尝试制定国际性标准并持续与国际化现有标准对接的一份坚持。同样我们在学熟用好现有国际化标准规则的同时,不放弃研究,并最终建立我们具有话语权的标准体系是现在科研工作者的责任。

三、高尔公式

K—M 公式在表面色深度的评价过程中被广泛应用,但由于多个假设的存在,某些特殊情况,这个公式存在局限性。雷布—科奇公式,则主要是在 1/1 的标准深度下能够达到理论与视觉实际的相对统一。

1965 年,高尔在人眼目测评价的基础上建立了一套颜色深度等级的计算公式,确定 1/1、1/3、1/9、1/25 和 1/200 五档标准深度,后来被德国采纳并以其为基础制定了 DIN 53235 标准,这也是德国的现行标准,即采用高尔公式计算评定五档标准颜色深度。

高尔公式的表达式:

$$B = K + S\alpha(\Phi)\sqrt{Y} - 10\sqrt{Y} \tag{6-6}$$

式中:B——固体样品染色后的表面色深度;

S——在表色空间中,B 值所对应的颜色点与消色点之间的距离;

Y——CIE 1931 XYZ 表色系统的明度值;

$\alpha(\Phi)$——与色相相关的实验数值;

K——常数。

具体计算方法:

(1)K 值。K 值与颜色深度水平有关,深度水平不同,K 值也不同,具体对应关系为:$K_{1/1} = 19$;$K_{1/3} = 29$;$K_{1/9} = 41$;$K_{1/25} = 56$;$K_{1/200} = 73$。

(2)S 值计算。计算 B 值,就需要首先确定 S 的具体数值,S 的数值可以根据染色后颜色点的色度坐标与所用光源的消色点基础坐标数值求出。举例来说,在标准光源 C 的照射下,2^0 视角条件时,S 的值为:

$$S = 10\sqrt{(x - 0.3101)^2 + (y - 0.3162)^2} \tag{6-7}$$

其中,x 和 y 为颜色点的色度坐标。

(3)$\alpha(\Phi)$ 值计算。

①先求色相角 Φ。

若 $x-x_0 > 0$,$y-y_0 > 0$,则色相角 Φ 在第一项限:

$$\Phi = \tan^{-1}\frac{y - y_0}{x - x_0}$$

若 $y-y_0<0, x-x_0>0$，则色相角 $\varPhi$ 在第四项限：

$$\varPhi = 360 + \tan^{-1}\frac{y-y_0}{x-x_0}$$

若 $x-x_0<0$，则色相角在第二、第三项限：

$$\varPhi = 180 + \tan^{-1}\frac{y-y_0}{x-x_0}$$

②求得 $\varPhi$ 角后，根据 $\varPhi$ 角的大小查附录四求得 $\varPhi_0$（$\varPhi_0$ 应接近 $\varPhi$，并且满足 $\varPhi \geqslant \varPhi_0$）并同时由 $\varPhi_0$ 查得 $\alpha(\varPhi_0)$、K_1、K_2、K_3 各值，而：

$$W = \frac{\varPhi - \varPhi_0}{100}$$

③将 $\alpha(\varPhi_0)$，K_1、K_2、K_3 及 W 代入下面的多项式，求得 $\alpha(\varPhi)$ 值：

$$\alpha(\varPhi) = \alpha(\varPhi_0) + K_1 W + K_2 W^2 + K_3 W^3$$

（4）计算 B 值。将 S 和 $\alpha(\varPhi)$ 值代入高尔公式中，计算 B 值。

需要注意的是，高尔公式所计算出的 B 值并不是一种连续的直接表征表面色深度的值，也就是说不能直接通过数据的大小表示色深度的深浅，其表示的是被测的颜色深度与 1/1 以及 1/3 等标准深度样品之间接近的程度，用于做出判断的相对值。

若 $B_{1/1} = 0$，则说明待测样品的表面色深度刚好与 1/1 标准深度样品相当；若 $B_{1/3} = 0$，则表示待测样品的表面色深度与 1/3 标准深度样品相当，以此类推。

若 $B \neq 0$，为"正"值时，表示样品的深度比相应的标准深度深；为"负"值时，则表示样品的深度比相应的标准深度浅。无论哪一档深度，计算出的 B 值，都不能是太大的正值或负值，否则即是计算时公式选择不恰当，B 值为过大正值时，应重新选上一档的深度公式计算，若 B 值为较大的负值，应重新选下一档的深度公式计算。直到计算结果是一个小的正值或小的负值为止。

经过大量的数据比对，研究者发现，高尔公式的计算结果与人类的色知觉之间的相关性较好，因此，很多国家都利用高尔公式作为颜色标准深度卡制作的辅助计算公式，用以确定颜色的标准深度。但由于公式计算烦琐，而且是以不同标准深度为中心进行相应的深度计算，计算结果中深度的连续性有一定的缺陷，所以在染色纺织品的表面色深度评判中基本不直接使用高尔公式进行评价。

四、加莱兰特公式及 Integ 值

加莱兰特（Garland）对于表面色深度的表征，参考了色度计算的方法，但并没有直接根据标准色度观察者的光谱三刺激值设立公式，而是先设立了三个与之对应的"深度三刺激值"，即 X'、Y' 和 Z'。同时设定这三个"深度三刺激值"的数值之和为加莱兰特颜色深度的数值，并将参数命名为"A_{vis}"。加莱兰特公式最终的表达式是：

$$F(\lambda) = \frac{[1-(R_{\infty,\lambda}-R_k)]^2}{2(R_{\infty,\lambda}-R_k)} - \frac{[1-(R_{0,\lambda}-R_k)]^2}{2(R_{0,\lambda}-R_k)} \qquad (6-8)$$

$$X' = \sum_{\lambda=380}^{780} S(\lambda)F(\lambda)\bar{x}(\lambda)$$

$$Y' = \sum_{\lambda=380}^{780} S(\lambda)F(\lambda)\bar{y}(\lambda)$$

$$Z' = \sum_{\lambda=380}^{780} S(\lambda)F(\lambda)\bar{z}(\lambda)$$

$$A_{vis} = X' + Y' + Z' \qquad (6-9)$$

式中：　　　　$S(\lambda)$——所选用的标准照明体的光谱能量分布；

$\bar{x}(\lambda)$、$\bar{y}(\lambda)$、$\bar{z}(\lambda)$——标准色度观察者光谱三刺激值；

$R_{\infty,\lambda}$——在假设检测时样品无限厚的情况下,染色后样品在波长为 λ 时的反射率数值；

$R_{0,\lambda}$——同种基材,染色前样品(基线)在波长为 λ 时的反射率数值；

R_k——与材料性能有关的特征常数,数值普遍非常小(例如:在利用分散染料染涤纶的时候, R_k 的数值为 0.005;在活性染料染棉时, R_k 的数值则变为 0.01)；

$F(\lambda)$——在波长为 λ 时的吸收函数值,与式(6-1)对比,这个函数值相当于一个引入了材料特征修正项(R_k)后,以波长为变量的 K/S 值函数,即$(K/S)_\lambda$。

$$X' = \sum_{\lambda=380}^{780} S(\lambda)\left(\frac{K}{S}\right)(\lambda)\bar{x}(\lambda)$$

$$Y' = \sum_{\lambda=380}^{780} S(\lambda)\left(\frac{K}{S}\right)(\lambda)\bar{y}(\lambda)$$

$$Z' = \sum_{\lambda=380}^{780} S(\lambda)\left(\frac{K}{S}\right)(\lambda)\bar{z}(\lambda)$$

$$\text{Integ} = X' + Y' + Z' \qquad (6-10)$$

从上述公式中可以看出,与之前定义的三刺激值不同,X'、Y' 和 Z' 将之前利用标准色度观察者光谱三刺激值计算 X、Y 和 Z 的公式中物体分光反射率的部分,替换成了利用表示深度的 K/S 值,以此将光谱三刺激值与其设立的"深度三刺激值"区分开。

加莱兰特公式中具有 K—M 函数的精髓部分,同时引入了修正项,对不同材料特征以及选用不同光源光谱特征间的区别在计算中的缺失进行修正。在 K—M 函数中,一般使用的是最大吸收波长的数值或者是取一个波长区间的平均值,而在加莱兰特公式中,是直接进行全谱的累加,因此从这个方面讲,加莱兰特公式深度值计算有很好的连续性,同时也更精确。当然,加莱兰特公式的计算难度增加了很多,需依赖计算机进行辅助计算。

加莱兰特公式计算出的表面色深度数值 A_{vis} [式(6-10)]不只考虑了染料的因素,同时对于观察者和光源的因素也予以了考虑。同时,相加的三个"深度三刺激值"分别都是各自在个个波长下 K/S 值进行计算后结果的累加,因此人们经常将这个 A_{vis} 值称为"Integ value(积分深度)",简称 Integ 值。最初由 I. C. I. 化学公司采用,后来被大众所接受,沿用至今。加莱兰特公式在纺织染整工业实践中也被广泛使用,而且 Integ 值在评价最大吸收峰不明显的黑色染料、拼混染料等一类特殊染料的表面色深度时,具有更明显的优势。

在染料提升力等实验中,由于最大吸收波长会出现偏移,造成色相偏差,而 K—M 公式的使用条件中明确说明,如果色相没有重合,最大吸收峰有明显偏差时,不能够使用 K—M 公式进行评价,此时,利用 Integ 值则更适用。总之,Integ 值的适用范围要比 K/S 值更广泛,因此,诸如 Datacolor Tools 等具有 Integ 值测定功能的测色软件,都把 Integ 值设为首选或默认的计算指标。

第三节　表面颜色深度评价在纺织行业中的应用

同样是对于有色固体表面的色深度评价,纺织品表面的颜色深度评价与漆膜等表面颜色深度的评价相比,有自身的特点。原因是漆膜主要分布在固体表面且具有更好的遮盖力,而染料通常会进入纤维内部并且均匀分散其中,另外,各种类型纤维的表面状态和不同的织物组织结构都直接影响到颜色深度的评价。

尽管目前对于颜色深度的评价方法并不完美,而且对于纺织品表面深度评价的影响因素也有很多,但是颜色深度的评价在纺织行业仍然有很多实际的应用。

一、染料提升力和染料强度的评价

染料提升力及染料强度可以通过对相应实验结果的分析进行评价,其中对染料提升力的评价通常使用提升力曲线图来表示。

(一)染料提升力的评价

染料提升力主要指随着染料用量的增加,织物颜色深度增加的趋势。换句话说,染料提升力表示的是这种染料染色或印花时,逐步增加染料用量,成品表面色深度相应递增的程度。影响染料提升力最终结果不仅有染料本身的性能,还包括纤维的组织结构、材质、染浴中助剂以及水的质量等都有影响。因此,染料提升力的评价过程需要按照标准进行。

现行的国家标准 GB/T 21875—2016 中对染料提升力有明确规定:"染料按一系列不同染色深度对特定织物染色后,分别测定各染色织物的色深值。以染色深度为横坐标、色深值为纵坐标的曲线图来表示染料的提升力。"注意此处的染色深度并不是学术意义上的标准染色深度,而是在染料应用环节中的一个参数,相当于规范定义中的"染料用量",单位是%(owf)。同时,在国家标准中,对于织物、染料、助剂以及选用的水都有明确的规定。

国家标准要求使用 Integ 值与染色深度的曲线对染色提升力进行表征,但在工业实践中,经常使用横坐标为染色深度(owf),纵坐标为 K/S 值的坐标图表示染料的染色提升力。通常,这两个曲线的整体趋势相差不大,但一些特殊颜色的,两条曲线有明显区别时,最终结果以国家标准规定的曲线为准。

举例:

某染料厂生产的活性黑 N150、红 BS-RGB、蓝 BS-RGB 三种染料,经过染料提升力实验后,结果见表 6-1。

表 6-1　三种染料提升力实验结果

活性黑 N150			红 BS-RGB			蓝 BS-RGB		
染料用量/ %(owf)	K/S	Integ	染料用量/ %(owf)	K/S	Integ	染料用量/ %(owf)	K/S	Integ
0.5	5.10	10.30	0.5	5.05	6.35	0.5	6.15	9.45
1	8.68	17.93	1	8.66	10.98	1	10.31	16.56
2	13.07	29.82	2	13.02	17.67	2	14.95	27.97
3	15.10	37.44	3	15.24	22.27	3	16.80	35.02
4	16.44	43.25	4	16.38	25.11	4	17.93	40.78
5	16.88	46.31	5	16.62	26.12	5	17.79	42.17

如图 6-3 所示,以 K/S 值表征提升性的曲线中,红色和黑色染料的曲线几乎重合,蓝色的曲线稍高,三种染料的提升力从高到低排序是:蓝染料>黑染料≈红染料。但以 Integ 值表征提升性的曲线中,同样的染料,但染料提升力却有明显的区别,三种染料的提升力从高到低的排序变成了:黑染料>蓝染料>红染料。由于 K/S 值用于相对比较时,要求同色相比较,因此上述计算结果,使用 Integ 值的曲线更有参考价值。

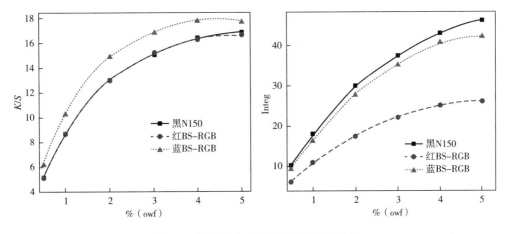

图 6-3　染色提升力不同表征方法的比较

在生产实践中,也可以用提升力指数(build up of dyes index,简称 BDI 指数)来表示染料的总体提升性能。BDI 指数的计算方法:以最低染料浓度染出布样的表面色深度数值为基准,用其余布样的表面色深度除以基准值,即得到该布样在不同染料用量时的提升力指数。K/S 值和 Integ 值反映了染料的绝对染深能力,而提升力指数反映了染料的相对染深能力,上述三种染料的提升力指数见表6-2。

表 6-2　三种染料提升力指数

活性黑 N150			红 BS-RGB			蓝 BS-RGB		
染料用量/ %(owf)	BDI (K/S)	BDI (Integ)	染料用量/ %(owf)	BDI (K/S)	BDI (Integ)	染料用量/ %(owf)	BDI (K/S)	BDI (Integ)
0.5	基线	基线	0.5	基线	基线	0.5	基线	基线
1	1.70	1.74	1	1.72	1.73	1	1.68	1.75
2	2.56	2.89	2	2.58	2.78	2	2.43	2.96
3	2.96	3.63	3	3.02	3.51	3	2.73	3.71
4	3.23	4.20	4	3.25	3.95	4	2.92	4.32
5	3.31	4.49	5	3.29	4.11	5	2.89	4.46

图6-4所示与图6-3的结果有细微的差别。用 Integ 值计算的 BDI 指数中,染料提升力从高到低的顺序变为:蓝染料≈黑染料>红染料,以 Integ 值为基础计算的 BDI 指数在进行表观深度判定时,对于表面色深度的梯度变化更敏感,应用也更广泛。反映了三种染料随着染料用量的提高,相对深度的变化情况。

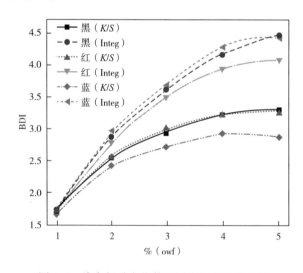

图 6-4　染色提升力指数不同表征方法的比较

(二)染料强度(力份)的评价

染料强度(力份)是相对于标准染料(标准染料强度为 100%)的一种相对浓度,根据 GB/T 6687—2006 染料名词术语,染料的相对强度,通称染料的强度,表示某染料赋予被染物颜色的能力相对于染料标样赋色能力的比例。通常用染得相等深度颜色时,染料标样与试样的用量之比,以百分数形式表示。若染料用量相同,染色后深度一致,则染料的强度为 100%;若染色后深度一致。但是染料用量仅有标准染料的一半,则其强度为 200%,以此类推。在染色特别是配色过程中,染料强度是一个重要指标。

国内评价染料强度的标准主要参考 GB/T 6688—2008 染料相对强度和色差的测定仪器法,而在国标 GB/T 2374—2017 染料染色测定的规定中推荐目测的方法,但由于机器受外界影响因素少,结果精确稳定,因此大多数企业倾向于使用仪器法对力份进行评价。

与染料的提升力评价过程一样,在色相相同或者相近且具有相同最大吸收波长的情况下,人们通常将 K—M 函数,即 K/S 值,应用于染料力份的评价过程中,称为 K/S 值计算法。同样也可以采用 Integ 值进行计算和评价,此方法适用于拼混染料、具有多个吸收峰以及没有明显吸收峰和同色异谱等所有情况。国标中规定的方法如下:

(1)采用样品染料和标准染料按照标准要求制备色样并进行测定,将试样和标样的样品表面色深度调整到 1/3 标准深度附近,使两者的颜色深度尽量接近,差别不应大于 10%。

(2)用颜色检测设备或分光检测设备检测染色后标样及试样的 K/S 值。

(3)用下式计算试样与标样的单位浓度 K/S 之比。

$$ST = 100 \times \frac{k_2}{k_1} \tag{6-11}$$

$$k = \frac{\left(\dfrac{K}{S}\right)_{max}}{C} \tag{6-12}$$

式中: ST ——染料相对强度(染料力份),%;

$\quad k_1$ ——单位染色浓度的标样在最大吸收波长下的 K/S 值;

$\quad k_2$ ——单位染色浓度的试样在最大吸收波长下的 K/S 值;

$\left(\dfrac{K}{S}\right)_{max}$ ——染样在最大吸收波长下的 K/S 值;

$\quad C$ ——染色浓度,%(owf)。

对比式(6-1),此处的参数 k 就是 K—M 函数求 K/S 值公式中的常数。因此,通过式(6-1),我们也可以将染料力份与 R_∞ (即完全不透明物体的反射率)联系起来。因此,只要测出样品的反射率或者直接测出样品 K/S 值,都可以利用式(6-11)将染料力份计算出来。

当遇到 K—M 函数不适用的情况,例如黑色、拼混染料、染料浓度过大或过小等,则应在后续的计算中使用积分 K/S 值或者直接利用 Integ 值代替 K/S 值,以保证结果的准确性,详细过程参见国家标准。

二、部分常用助剂对于表面颜色深度的影响

纺织品色差(包括表面颜色深度)的评价在最终成品质量控制环节占有重要的位置,很多助剂的加入不仅对色差有明显的影响,有的也直接影响到了成品表面颜色深度评价的结果。最常用的与表面颜色深度直接相关的助剂有两类:增深剂与匀染剂。

(一)增深剂对表面色深度的影响

增深剂就是可引起对纤维上颜色深度感觉增加的化合物。

通过增深剂的增深作用,染料的利用率能够得以提高,可以获得有特殊要求的超深颜色,染料用量也相应降低,还可以有效减少后期有色废水处理的负担。增深剂使用范围比较广泛,可以用于不同工艺环节。

增深剂的增深效果可以浓度指数进行评价,即将增深处理后的样品与未增深处理样品的表面色深度 K/S 值,按照式(6-13)进行计算得出的数值。

$$浓度指数 = \frac{\left(\dfrac{K}{S}\right)_A}{\left(\dfrac{K}{S}\right)_B} \times 100 \qquad (6-13)$$

式中:$\left(\dfrac{K}{S}\right)_A$ ——增深处理后成品织物的 K/S 值;

$\left(\dfrac{K}{S}\right)_B$ ——未经过增深处理织物的 K/S 值。

(注:未增深处理的织物浓度指数规定为100。)

(二)匀染剂对表面色深度的影响

匀染剂就是使上染更均匀的助剂,主要起避免染色时出现的染花现象,直接影响后面成品的质量。主要的作用是能够使染料较缓慢地被纤维均匀吸附,并且当染色不均匀,能够通过移染,最终达到匀染的效果。换句话说,缓染和移染是匀染剂实现匀染目的的两个重要途径。

缓染效果的评价可以使用缓染指数:

$$缓染指数 = \left[1 - \frac{\left(\dfrac{K}{S}\right)_h}{\left(\dfrac{K}{S}\right)_w} \right] \times 100\% \qquad (6-14)$$

式中:$\left(\dfrac{K}{S}\right)_h$ ——加入匀染剂后染色成品织物的 K/S 值;

$\left(\dfrac{K}{S}\right)_w$ ——未加入匀染剂时染色成品织物的 K/S 值。

匀染剂移染的效果评价则可以使用移染指数。通常使用未经染色的织物(白衬布)移染后的 K/S 值与染色织物(原色布)移染后的 K/S 值之间的比值表示:

$$移染指数 = \frac{\left(\dfrac{K}{S}\right)_y}{\left(\dfrac{K}{S}\right)_w} \times 100\% \tag{6-15}$$

式中：$\left(\dfrac{K}{S}\right)_y$——未经染色的织物（白衬布）移染后的 K/S 值，即沾色白布 K/S 值；

　　　$\left(\dfrac{K}{S}\right)_w$——染色织物（原色布）移染后的 K/S 值，即移染后色布 K/S 值。

　　表面色深度的检测与评价在整个纺织品颜色评价体系中具有重要的意义。众多的公式都有各自的优点与缺点，各种理论体系都在不断改进和修正。随着电子信息技术的飞速发展，以计算机为基础的检测设备与评价体系都有待进一步探讨及完善。

思考题

　　1. 样品 A 在最大吸收波长 540nm 处的分光反射率为 20.2%；样品 B 在最大吸收波长 540nm 处的分光反射率为 18.2%；样品 C 在最大吸收波长 720nm 处的分光反射率为 13.2%，请计算样品 A、B、C 的 K/S 值，能否据此比较 A 与 B、B 与 C、A 与 C 之间表面深度的深浅关系？如果能，请比较其深浅关系；如果不能，请说明理由。

　　2. 举例说明表面深度的测定在印染行业中的实际应用。

思考题答题要点

课件

第七章 同色异谱现象及其评价方法

同色异谱现象普遍存在于人类识别自然界颜色的过程中,在纺织行业中不仅大量存在,而且对产业链中的设计、生产和贸易等各个环节都有重要的影响,因而必须重视这个问题。

由于人类的色觉具有三色性,根据格拉斯曼的颜色代替定律,不同色光混合后,只要能产生相同的视觉效果,彼此可以互相代替。加法混色的现象表明,有无数种单色光的组合可以得到具有相同外貌的白光,而这些白光对于人的眼睛来说都是等效的,有着相同的颜色感觉。像这样分光组成不同的两个颜色刺激,被判断为等色的现象,也就是同色异谱(metamerism)现象,也称为条件等色。

同色异谱现象是人类对不同的光谱产生的相同视觉反应,即人类有可能将不同吸收光谱材料产生的颜色相匹配(视为同色)。这对于纺织生产非常重要,在纺织品的颜色评价过程中,基本都会存在同色异谱问题,而且样品的同色异谱表现已经成了颜色评价中不可或缺的重要指标。如发现某个染料有问题,染色工程师会利用同色异谱现象,选择其他没有问题的染料代替,甚至为了降低成本,也可以更换染料,而保持原有的颜色外貌。

尽管同色异谱现象对于纺织工业有很多可利用之处,但是由于同色异谱现象中的颜色匹配通常是有条件的,只适用于某种光源或者某一群人,在实际应用过程中,又必须对此进行严格的控制。因此,对同色异谱现象进行合理而准确的评价就非常重要。

第一节 纺织品颜色的同色异谱及其分类

同色异谱现象分为同色异谱光源和物体表面色同色异谱。同色异谱光源是指两个光谱分布不同的光源,在某些特定条件下的等色现象。如图7-1所示,在 CIE 1931 XYZ 标准色度观察者条件下,荧光灯和标准 C 光源就是一对同色异谱光源。

在纺织行业,人们遇到更多或者更关心的是纺织品表面颜色的同色异谱现象(生产厂称其为跳灯),通常又称为条件等色。而纺织品表面颜色的同色异谱又分为照明体条件等色和观察者条件等色。

一、照明体条件等色

照明体条件等色是指两个具有不同分光反射率曲线的试样,在某特定照明体下出现的等色现象。设照明体的光谱功率分布为 $S_1(\lambda)$,两样品的分光反射率为 ρ_1 和 ρ_2,若此时的观察者是

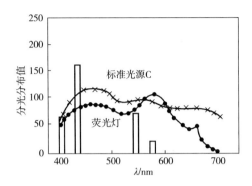

图 7-1　CIE 1931 标准色度观察者下具有相同色度的两光源的分光分布

CIE 1931 XYZ 标准色度观察者,则两样品的三刺激值为:

$$
\left.
\begin{aligned}
X_1 &= k \int_{400}^{700} \rho_1(\lambda) S_1(\lambda) \bar{x}(\lambda) \mathrm{d}\lambda \\[2mm]
Y_1 &= k \int_{400}^{700} \rho_1(\lambda) S_1(\lambda) \bar{y}(\lambda) \mathrm{d}\lambda \\[2mm]
Z_1 &= k \int_{400}^{700} \rho_1(\lambda) S_1(\lambda) \bar{z}(\lambda) \mathrm{d}\lambda
\end{aligned}
\right\}
\tag{7-1}
$$

$$
\left.
\begin{aligned}
X_2 &= k \int_{400}^{700} \rho_2(\lambda) S_1(\lambda) \bar{x}(\lambda) \mathrm{d}\lambda \\[2mm]
Y_2 &= k \int_{400}^{700} \rho_2(\lambda) S_1(\lambda) \bar{y}(\lambda) \mathrm{d}\lambda \\[2mm]
Z_2 &= k \int_{400}^{700} \rho_2(\lambda) S_1(\lambda) \bar{z}(\lambda) \mathrm{d}\lambda
\end{aligned}
\right\}
\tag{7-2}
$$

若此时出现条件等色现象,则:

$$
X_1 = X_2 \quad Y_1 = Y_2 \quad Z_1 = Z_2
\tag{7-3}
$$

即:

$$
\left.
\begin{aligned}
\int_{400}^{700} S_1(\lambda) \mathrm{d}\rho(\lambda) \bar{x}(\lambda) \mathrm{d}\lambda &= 0 \\[2mm]
\int_{400}^{700} S_1(\lambda) \mathrm{d}\rho(\lambda) \bar{y}(\lambda) \mathrm{d}\lambda &= 0 \\[2mm]
\int_{400}^{700} S_1(\lambda) \mathrm{d}\rho(\lambda) \bar{z}(\lambda) \mathrm{d}\lambda &= 0
\end{aligned}
\right\}
\tag{7-4}
$$

其中,$\mathrm{d}\rho(\lambda) = \rho_1(\lambda) - \rho_2(\lambda)$。

式(7-4)在 $\Delta\rho(\lambda) = 0$ 或 $\rho_1(\lambda) = \rho_2(\lambda)$ 时也成立,而且在任何条件下,两样品始终保持等色,因为此时两样品的分光反射率曲线完全相同,就是所谓的同色同谱现象。我们在这里要讨论的仅仅是 $\Delta\rho(\lambda) \neq 0$ 或 $\rho_1(\lambda) \neq \rho_2(\lambda)$ 时,式(7-4)成立的情况。

图 7-2 所示为在 CIE 1964 XYZ 标准色度观察者(10°视野)D_{65} 照明体条件下,等色的两个样品的分光反射率曲线,在波长 400~700nm 范围内,波长间隔 $\Delta\lambda = 10$nm 的分光反射率,见表 7-1。通过计算,这两个染色样品的三刺激值为:

$$X_1 = X_2 = 18.84, Y_1 = Y_2 = 15.67, Z_1 = Z_2 = 17.80$$

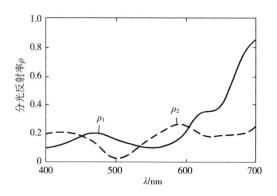

图 7-2　标准 D_{65} 照明体 10°视野条件下等色样品的分光反射率曲线

表 7-1　两样品的分光反射率

λ/nm	$\rho_1(\lambda)$	$\rho_2(\lambda)$	λ/nm	$\rho_1(\lambda)$	$\rho_2(\lambda)$
400	0.106	0.211	560	0.105	0.191
410	0.109	0.209	570	0.107	0.217
420	0.102	0.210	580	0.120	0.241
430	0.136	0.205	590	0.156	0.257
440	0.156	0.197	600	0.214	0.248
450	0.176	0.181	610	0.285	0.212
460	0.191	0.168	620	0.333	0.183
470	0.197	0.143	630	0.342	0.169
480	0.191	0.100	640	0.345	0.178
490	0.174	0.049	650	0.391	0.182
500	0.155	0.020	660	0.487	0.183
510	0.137	0.034	670	0.609	0.187
520	0.122	0.071	680	0.721	0.192
530	0.110	0.104	690	0.803	0.207
540	0.105	0.137	700	0.849	0.230
550	0.105	0.165			

将上述标准 D_{65} 照明体改换成标准 A 照明体后,三刺激值计算结果:

$$X_1 = 25.78, Y_1 = 17.69, Z_1 = 5.96$$

$$X_2 = 22.69, Y_2 = 17.65, Z_2 = 5.47$$

此时照明体发生变化,由 $S_1(\lambda)$ 转换成 $S_2(\lambda)$,则三刺激值计算过程变为:

$$\left. \begin{aligned} X_1 &= k \int_{400}^{700} \rho_1(\lambda) S_2(\lambda) \bar{x}(\lambda) \mathrm{d}\lambda \\ Y_1 &= k \int_{400}^{700} \rho_1(\lambda) S_2(\lambda) \bar{y}(\lambda) \mathrm{d}\lambda \\ Z_1 &= k \int_{400}^{700} \rho_1(\lambda) S_2(\lambda) \bar{z}(\lambda) \mathrm{d}\lambda \end{aligned} \right\} \tag{7-5}$$

$$\left. \begin{aligned} X_2 &= k \int_{400}^{700} \rho_2(\lambda) S_2(\lambda) \bar{x}(\lambda) \mathrm{d}\lambda \\ Y_2 &= k \int_{400}^{700} \rho_2(\lambda) S_2(\lambda) \bar{y}(\lambda) \mathrm{d}\lambda \\ Z_2 &= k \int_{400}^{700} \rho_2(\lambda) S_2(\lambda) \bar{z}(\lambda) \mathrm{d}\lambda \end{aligned} \right\} \tag{7-6}$$

此时:
$$X_1 \neq X_2, Y_1 \neq Y_2, Z_1 \neq Z_2 \tag{7-7}$$

两样品出现色差,等色将消失。

二、标准色度观察者条件等色

与标准照明体相同,标准色度观察者也会出现条件等色现象,如前面两个染色样品,其分光反射率分别为 $\rho_1(\lambda)$ 和 $\rho_2(\lambda)$,在 CIE 1964 XYZ 标准色度观察者(10⁰ 视野) D_{65} 标准照明体 $S(\lambda)$ 条件下,如前所述,两个样品的三刺激值是相同的;若此时的标准色度观察者更换为 CIE 1931 XYZ 标准色度观察者(2⁰ 视场),则由于标准色度观察者不同,其三刺激值为:

$$X_1 \neq X_2, Y_1 \neq Y_2, Z_1 \neq Z_2 \tag{7-8}$$

两样品同样会出现色差。

图 7-3 所示为四个中性灰的分光反射率曲线,四个样品在 D_{65} 照明体和 CIE 1931 XYZ 标准色度观察者条件下等色,这四个样品在 CIE 1931 x—y 色度图上的色度坐标是相同的。而将 CIE 1931 XYZ 标准色度观察者,转换为 CIE 1964 XYZ 标准色度观察者时,则得到四个并不重合的色度点,如图 7-4 所示。

若将图 7-4 中的四个样品的标准照明体,由 D_{65} 照明体换成 A 照明体,其在 CIE 1931 x—y 色度图中的位置如图 7-5 所示。

从三刺激值的计算公式中,可以看出,标准照明体和标准色度观察者发生改变是产生条件等色现象的两个基本条件。在理想的状态下,判断条件等色时的标准照明体、标准色度观察者以及给定的分光反射率曲线,都是确定的,不受其他因素影响。但是,实际情况要复杂得多,对

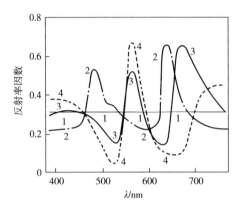

图 7-3　四个中性灰色条件等色样品的分光反射率曲线

1、2、3、4—四个中性灰样品的分光反射率曲线

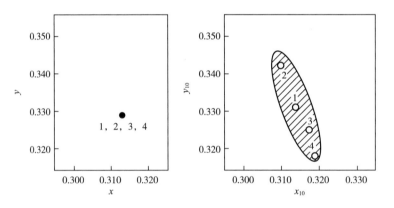

图 7-4　四个样品色度点分别在 CIE 1931 x—y 色度图(左)和

CIE 1964 x_{10}—y_{10} 色度图上的分布(右)

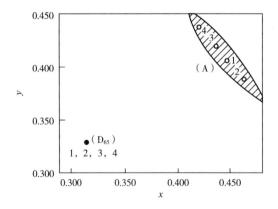

图 7-5　四个样品由原来的 D_{65} 照明体换成 A 照明体后色度点的分布

于这些复杂情况,可以从标准色度观察者或标准照明体这两个方面,找到相应的理论根据。

(1)标准照明体条件等色。在日常生活中,观察颜色时的照明情况,是相当复杂的,如常用的照明光源是荧光灯,不同品牌其光谱能量分布都或多或少有某种差异;另外,随着荧光灯使用时间的延长,其亮度会降低,其能量分布也会稍有差异;再有,观察颜色时环境的反射光等,都会使实际照射到物体上的光源的能量分布发生改变,也可以理解为,试样的反射光的组成产生了变化,所以就有可能发生条件等色现象。在理论上也应该属于照明体条件等色的范畴,只是照明光源的改变有很大的随机性,而不是在标准照明体之间的变化,所以也很难评价。

(2)标准色度观察者条件等色。前面讨论的仅仅是2°和10°的标准色度观察者,而在实际中则不仅仅是这两种观察条件,还与视场的大小与试样的大小和观察者眼睛与物体之间的距离有直接关系。即使是在2°或10°标准色度观察者条件下,我们在文献中见到的数据,实际上都是若干参与实验的视力正常的观察者观察结果的平均值。而对于观察者个体来说,必然存在某种差异。所以说标准色度观察者条件等色,实际上也是相当复杂的。

(3)不同观察个体产生的条件等色。不同的人,对同一波长的光有不同的感受性。也就是说,对相同的物体反射光,不同的人会有不同的感受。这与改变照明体的光谱能量分布或物体的分光反射率发生改变的效果是等同的。所以,有些人在某些条件下,看起来不存在条件等色现象的试样,而另外一些人看来,可能就存在条件等色。

(4)分光测色仪条件等色。由于生产公司的不同,仪器结构和技术水平会有很大的不同,致使不同的分光仪,对同一物体进行测量时,所测得的分光反射率曲线会产生差异。从而对同一组试样的条件等色现象,由于测量仪器的不同,可能会出现测量结果的不同,从而产生判断上的差异。

第二节　同色异谱现象的评价方法

从众多同色异谱的实例中,研究者总结出来两条相对普适的经验:

(1)两个分光反射率曲线不同的颜色刺激,如果被观察者视为同一种颜色,那么它的分光反射率曲线在可见光波段内,至少在三个不同的波长处具有相同的数值。也就是说两个光谱反射率曲线至少要有三个交叉点,否则不能形成同色异谱现象。

(2)从光谱反射率曲线分布的差异情况,可以粗略地判断同色异谱程度大小。光谱反射率曲线形状大致相同,交叉点越多,重合段越多,表明同色异谱的差异程度越低,也就是两个颜色匹配度比较好。

上述评价方法,对于粗略估计颜色的同色异谱程度非常实用。但这种方法只能对结果进行定性的估计,而实际工程应用中,往往需要一个指标,对样品与标准的同色异谱程度进行准确判断比较,此时就需要使用定量评价的方法。

一、同色异谱指数

对颜色同色异谱程度的定量评价一般采用同色异谱指数（index of metamerism），也叫条件等色指数，用大写字母 M 表示。它是指当某一条件发生变化后，两个原本匹配的样品之间色差的大小。通常称色差较大的，条件等色性大，色差较小的则小。

由于同色异谱又分为照明体同色异谱和观察者同色异谱，因此同色异谱指数也有两种，一种是照明体同色异谱指数，另一种称为观察者同色异谱指数。为了相互区别，照明体同色异谱指数表示的时候，在大写的字母 M 右下角，加上照明体英语单词的前三个字母 ilm 作为脚标，即 M_{ilm}。同样，观察者同色异谱指数记作 M_{obs}。从实际计算所得到的结果看，标准色度观察者对条件等色指数影响的程度，通常没有标准照明体对条件等色指数的影响大。即便如此，在计算条件等色指数时，必须要注明所选定的标准色度观察者，这也是产生条件等色的一个重要条件。

关于同色异谱的程度判定方法，CIE 在 1971 年正式推荐了一种计算照明体同色异谱指数的方法。首先选定参比照明体，常选 CIE 标准照明体 D_{65}，在某些特殊情况下，选择其他照明体也是允许的，需要注明；其次，选择待测照明体，通常都选择 CIE 标准照明体 A，因为，标准照明体 A 在自然界中，很容易准确重现，这对于条件等色的评价很重要。

关于色差公式的选用，常用 CIE 推荐的 CIE 1976 $L^*a^*b^*$ 色差式，也可以用 CMC 等其他色差式，但所使用的色差公式必须在结果中注明。2018 年 CIE 推荐使用 CIE DE2000 来计算色差，并称其为特殊同色异谱指数（改变光源）（special index of metamerism, change in illuminant）。

近些年，光源的发展变化较大，在荧光光源、LED 光源流行之前，通常选择 D_{65} 和 A 光源进行计算同色异谱指数，在光源和观察者相对固定的情况下，这种计算相对简单。但是随着荧光光源和 LED 光源的普及和多样化，常用的光源种类增多，如果需要针对多种光源进行同色异谱定量评价，则同色异谱指数的计算就面临着新的问题。

1988 年研究者发现，在对多种光源下（如 D_{65}、A、F2 和 F11）的同色异谱程度进行综合评价时，每个光源的权重对匹配质量有显著的影响。因此计算综合同色异谱指数的时候，一种方法是对每种光源的色差赋予相应的权重系数，如式（7-9）所示。其中 w 为权重，n 为照明体。第二种方法就采用所有光源下的最大色差，如式（7-10）所示。

$$WI_{\mathrm{weighted}} = \frac{\Sigma_{\mathrm{n}} w_{\mathrm{n}} \Delta E_{\mathrm{oo,n}}}{\sum_{\mathrm{n}} w_{\mathrm{n}}} \tag{7-9}$$

$$MI_{\mathrm{maximum}} = \max(\Delta E_{\mathrm{oo,n}}) \tag{7-10}$$

观察者同色异谱程度的评价方法与照明体同色异谱评价大同小异，而且相对于照明体同色异谱而言，观察者同色异谱的差异性更小一些。但是 CIE 规定的标准色度观察者是统计学计算出来的结果，实际上，真实的色度观察者与标准观察者之间，是有一定的区别的，会与同色异谱程度的评价出现一定的偏移。

二、同色异谱指数的校正

上述对条件等色指数的计算,是在光源和观察者均为标准状态下进行的,虽然能够反映颜色感觉上的差异,但没有反映颜色适应等相关因素的干扰。如果参照光源与试验光源颜色温度相差较大时,为反映颜色鉴定人员的眼睛在各种不同光源下的实际观察结果,必须考虑颜色适应的校正。如把颜色温度为 6504K 的标准 D_{65} 照明体,作为参比照明体和以颜色温度为 2856K 的标准 A 照明体为试验照明体时,必须进行颜色适应校正,才能得到与人的视觉有较好相关性的条件等色评价结果。颜色适应校正是一个比较复杂的问题,有些光源的颜色适应校正,是比较困难的。

在实际应用过程中,特别是在纺织品生产和贸易消费过程中,两个条件等色的纺织品试样之间,所谓的等色并不是完全等色,也就是说,两个条件等色试样之间,仍然是:$X_1 \neq X_2$、$Y_1 \neq Y_2$、$Z_1 \neq Z_2$,即存在着允许的小色差。另外,实际过程中的观察者与标准色度观察者存在或多或少的差异,也会引起条件等色样品之间存在不同的色差感觉。例如,印染厂生产的染色或印花产品,具体的颜色都是按客户提供的标准样确定的,尽管不断调整配方,但绝大多数情况下,始终不能做到,生产样与标准样的颜色完全一致,只是 X_1、Y_1、Z_1 与 X_2、Y_2、Z_2 充分接近,这种色差是在客户可以接受的范围之内。

因此,在计算条件等色指数时,必须进行校正。校正的方法有两种,加法校正和乘法校正。布鲁克斯(Brockes)研究认为,乘法校正的结果,比加法校正的结果要好。下面就以乘法校正为例,介绍一下校正的基本过程。

有两个在参照标准光源和选定的标准色度观察者条件下,希望能完全匹配的试样:试样 1 和试样 2,其三刺激值为 X_{1r}、Y_{1r}、Z_{1r},X_{2r}、Y_{2r}、Z_{2r}。但在实际操作中,它们之间通常会存在一定的色差,即 $X_{1r} \neq X_{2r}$,$Y_{1r} \neq Y_{2r}$,$Z_{1r} \neq Z_{2r}$。而在试验光下的三刺激值分别为:X_{1t}、Y_{1t}、Z_{1t},X_{2t}、Y_{2t}、Z_{2t}。按乘法校正方法,其过程分为三步:

(1)计算相关三刺激值的比:

$$f_X = \frac{X_{1r}}{X_{2r}}, \ f_Y = \frac{Y_{1r}}{Y_{2r}}, \ f_Z = \frac{Z_{1r}}{Z_{2r}}$$

(2)以系数 f_X、f_Y、f_Z 分别乘以 X_{2t}、Y_{2t}、Z_{2t} 即:

$$X'_{2t} = f_X X_{2t}, \ Y'_{2t} = f_Y Y_{2t}, \ Z'_{2t} = f_Z Z_{2t}$$

(3)以选定的色差公式,计算 X_{1t}、Y_{1t}、Z_{1t} 和 X'_{2t}、Y'_{2t}、Z'_{2t} 之间的色差,则该色差就是所要计算的两个试样之间条件等色指数 M。

三、同色异谱指数的校正计算举例

表 7-2 为三个染色试样的分光反射率数值表,表 7-3 为表 7-2 所有试样的三刺激值。从表 7-3 可以知道,在标准照明体 D_{65} 和 CIE 1931 XYZ 标准色度观察者(2°视野)条件下,试样 1 和试样 2 具有完全相同的三刺激值,即是一组完全匹配的条件等色试样,而它们与试样 0 之间

都有一定的色差。选用 CIE 1976 $L^*a^*b^*$ 色差式,计算其色差 $\Delta E_{CIELAB} = 2.66$。当标准 A 照明体为试验光源时,标准色度观察者仍为 CIE 1931 XYZ 标准色度观察者,则三刺激值见表 7-3。

试样 0 与试样 1 以及试样 0 与试样 2 之间的条件等色指数,按乘法校正法,其计算过程为:

(1)相关三刺激值的比。

$$f_X = \frac{X_{0D_{65}}}{X_{1D_{65}}} = \frac{12.13}{13.74} = 0.8828$$

$$f_Y = \frac{Y_{0D_{65}}}{Y_{1D_{65}}} = \frac{20.38}{22.32} = 0.9131$$

$$f_Z = \frac{Z_{0D_{65}}}{Z_{1D_{65}}} = \frac{15.32}{17.04} = 0.8991$$

(2)校正三刺激值及条件等色指数 M 的计算。

①样品 0 与样品 1 的条件等色指数。

$$X'_{1A} = f_X X_{1A} = 0.8828 \times 14.66 = 12.94$$

$$Y'_{1A} = f_Y Y_{1A} = 0.9131 \times 19.46 = 17.77$$

$$Z'_{1A} = f_Z Z_{1A} = 0.8991 \times 6.13 = 5.51$$

条件等色指数 M_A,由 CIE 1976 $L^*a^*b^*$ 色差式计算。

将 $X_{0A} = 12.76$、$Y_{0A} = 17.59$、$Z_{0A} = 5.56$ 与 $X'_{1A} = 12.94$、$Y'_{1A} = 17.77$、$Z'_{1A} = 5.51$ 代入计算公式得:

$$L^*_{0A} = 49.00, \quad L^*_{1A} = 49.22$$

$$a^*_{0A} = -36.18, \quad a^*_{1A} = -35.99$$

$$b^*_{0A} = 4.30, \quad b^*_{1A} = 4.99$$

$$M_A = dE = [(dL^*)^2 + (da^*)^2 + (db^*)^2]^{1/2}$$

$$= [(49.22 - 49.00)^2 + (-35.99 + 36.18)^2 + (4.99 - 4.30)^2]^{1/2}$$

$$= (0.0484 + 0.0361 + 0.4761)^{1/2} = 0.75$$

②样品 0 与样品 2 的条件等色指数。

$$X_{2A} = 13.46, \quad Y_{2A} = 17.76, \quad Z_{2A} = 5.87$$

$$L^*_{2A} = 49.20, \quad a^*_{2A} = -32.69, \quad b^*_{2A} = 2.69$$

$$M_{2A} = [(dL^*)^2 + (da^*)^2 + (db^*)^2]^{1/2}$$

$$= [(49.20 - 49.00)^2 + (-32.69 + 36.18)^2 + (2.69 - 4.30)^2]^{1/2}$$

$$(0.04 + 12.18 + 2.59)^{1/2} = 3.85$$

从这里我们可以看出,试样 0 与 1 和试样 0 与 2,虽然在 D_{65} 照明体下具有相同的色差,但由于试样 0 与 2 的分光反射率曲线相差很大,而试样 0 与 1 的分光反射率曲线走向是相似的,所以,通过条件等色计算,两样品出现了完全不同的结果。

表 7-2　计算举例的三个染色样品分光反射率

λ/nm	$\rho_0(\lambda)$	$\rho_1(\lambda)$	$\rho_2(\lambda)$	λ/nm	$\rho_0(\lambda)$	$\rho_1(\lambda)$	$\rho_2(\lambda)$
400	12.70	15.50	11.69	580	12.50	14.70	18.79
410	11.60	14.00	5.63	590	10.60	12.50	16.15
420	10.80	12.80	3.94	600	9.60	10.80	12.08
430	10.40	12.19	4.93	610	9.00	10.00	9.96
440	10.50	12.00	7.38	620	8.50	7.79	9.52
450	11.00	12.50	11.03	630	8.00	10.00	10.08
460	12.30	13.80	15.60	640	7.80	10.20	10.71
470	14.80	16.00	21.38	650	7.80	10.30	11.26
480	19.20	20.00	28.33	660	8.10	10.50	11.90
490	25.20	27.49	36.90	670	8.80	11.19	13.18
500	32.50	35.00	43.30	680	10.80	12.70	14.96
510	35.60	39.00	44.48	690	12.50	15.50	17.64
520	34.60	37.50	39.11	700	16.10	18.89	21.34
530	31.40	33.50	30.82	404.7	12.10	14.30	8.35
540	27.10	28.70	22.48	435.8	10.40	12.00	6.27
550	22.70	24.00	17.60	546.1	24.40	25.60	19.28
560	18.80	20.69	17.38	577.8	13.00	15.20	18.57
570	15.30	17.29	18.10				

表 7-3　计算举例的三个染色样品的三刺激值

照明体		D_{65}	A
ρ_0	X_0	12.13	12.76
	Y_0	20.38	17.59
	Z_0	15.32	5.56
ρ_1	X_1	13.74	14.66
	Y_1	22.32	19.46
	Z_1	17.04	6.13
ρ_2	X_2	13.74	15.25
	Y_2	22.32	19.45
	Z_2	17.04	6.53

如前所述,同色异谱现象虽然在很多颜色应用过程中带来了一定的麻烦,但研究者也据此做了不少有益的事情,同色异谱防伪技术的开发是其中最成功的范例。例如,1985 年荷兰发行的钱币中,利用同色异谱油墨印刷了一个兔子形状的防伪标记,在正常光照条件下,钞票左下角的兔子图像与周围油墨色差很小,不易看出,但在红色滤光片下观察,兔子轮廓清晰,与周围油墨出现了明显的色差。

其实,只要两个颜色分光反射率不同,颜色就是不同的,同色异谱现象中的同色是偶然,而色差则是异谱的必然。表面上看一样的东西,其内在本质也许是有区别的,现象是多变的,本质是稳定的,真象从正面表现本质,假象从反面表现本质。对于任何科学问题,我们都要学会透过现象看本质,把握好主要矛盾和次要矛盾、特殊和一般的关系,提高辩证思维、系统思维、创新思维能力,掌握科学的思想方法。

☞ 思考题

1. 什么是同色异谱?

2. 三个染色样品的三刺激值如下表:

照明体		$D_{65}, 10°$	A
A	X_0	41.70	59.23
	Y_0	33.79	40.25
	Z_0	16.08	4.95
B	X_1	42.73	60.02
	Y_1	33.19	40.23
	Z_1	15.18	5.35
C	X_2	42.73	57.27
	Y_2	33.19	40.86
	Z_2	15.18	4.78

用乘法校正方法分别计算样品 B、样品 C 与标准样品 A 之间的条件等色指数,并对结果进行分析。

3. 某染整车间工人夜班生产染色布,下机后在车间内经与标准来样对比,色差 4~5 级,但是第二天白天在室外发现生产样与标准样的色差为 3 级,请解释这是什么原因造成的?

思考题答题要点

第八章　颜色测量方法及仪器

课件

随着现代科学技术的发展,颜色已成为很多行业产品质量评价的一项重要指标。颜色品质控制和颜色管理作为企业的生命线得到广泛的应用。这一切都基于颜色的准确测量才能实现,所以颜色测量方法、颜色的精确测量、颜色的非接触测量以及颜色的在线式检测等,逐渐成为企业质量管理部门共同关心的重要课题。

第一节　颜色测量方法

颜色测量包括发光物体和不发光物体颜色的测量。不发光物体颜色测量又分为荧光物体和非荧光物体颜色测量。

在生产实践中,涉及非荧光物体颜色的测量方法可分为目视和仪器测量两大类。随着测量仪器的进步,采用仪器测量物体颜色时,由于测量方式的差异,又可把其分为接触式和非接触式颜色测量。

随着科学技术的快速发展,新型测量物体颜色的仪器不断涌现。根据测色仪器获取色度值的方式不同,可将非荧光物体颜色测量方法分为光电积分、分光光度、在线分光和数码摄像。

人眼也是一种测色仪器,它具有敏锐识别物体微小色差的能力,人们长期应用目视比较的方法来辨别或控制产品的颜色质量。但是由于观测人员的经验、心理和生理上的影响,导致可变因素多,无法进行定量描述,影响评估的准确性和可靠性。但是该方法简单灵活,我们把目视对比测色法作为一种古老而基本的颜色测量方法,归于颜色测量方法的分类中。

一、目视对比测色法

目视对比测色方法就是通过人眼的观察,对颜色样品与标准颜色的差别进行直接的视觉比较,要求操作人员具有丰富的颜色观察经验和敏锐的判断力。为了达到判断颜色的准确性,通常选择视觉正常的人员经过严格的长时间专业训练。

实际操作时,对比颜色样品应该在特殊设计的房间或在标准光源箱内进行。通常参照 CIE 的规定:观察背景应该是中灰色的亚光涂层,一般选用孟塞尔标号为 N5 或 N7 中灰色做背景。在观察颜色样品时,需按照 CIE 规定的照明/观察几何条件进行。一种是观察者坐在标准光源箱前,用 45°角俯视平放在标准光源箱底部的颜色样品(0°/45°);或者在标准光源箱内放一个 45°的斜面,观察者坐在标准光源箱前垂直观察这个斜面上的颜色样品(45°/0°),才能符合 CIE

上述规定的条件。如果采用其他的角度去观察颜色样品,都会造成结果偏差,如图8-1所示。

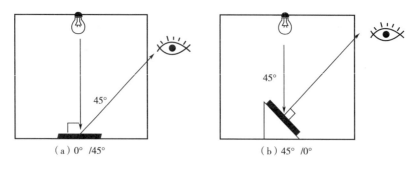

（a）0°/45°　　　　　　　　（b）45°/0°

图8-1　目视对比测色条件

目测时,标准光源箱按照美标和欧标的要求选择。出口美国的产品大都选用美国爱色丽公司生产的标准光源箱,如 Judge Ⅱ、Spectralight Ⅲ 等;出口欧洲的产品大都选用英国 VeriVide 公司生产的标准光源箱,如 VeriVide CAC60、VeriVide CAC120、VeriVide CAC150 等。目前,我国也有符合国际标准的很多的标准光源箱已得到了应用。

标准光源箱一般可供配备的光源有 UV 紫外光源、A 光源和 D 光源,还有 TL84(三基色荧光灯)、CWF(冷白荧光灯)和 U3000 等商用标准光源。

总之,目测法是一种最简单的颜色比对方法,设备的一次性投资较少。但是,由于受到人为主观因素的影响,测量结果往往会因人而异,而且该方法的效率很低。

二、光电积分测色法

光电积分法是通过把光电探测器的光谱响应匹配成所要求的 CIE 标准色度观察者光谱三刺激值曲线,对被测量的光谱功率进行积分测量。即模拟人眼的三刺激值特性,用光电积分效应直接测得颜色的三刺激值。

光电积分法是仪器测色中的常用方法。通常用滤光片覆盖在探测器上,把探测器的相对光谱灵敏度 $S(\lambda)$ 修正成 CIE 推荐的光谱三刺激值 $x(\lambda)$、$y(\lambda)$、$z(\lambda)$。用这样的三个光探测器接收光刺激时,就能用一次积分测量出样品的三刺激值 X、Y、Z。更确切地说,利用经过滤色片校正的探测器去模拟 CIE 标准观察者,使仪器的输出信号与物体颜色三刺激值构成线性关系。使用这种方法的测色仪器,其总的光谱灵敏度应符合卢瑟(Luther)条件,即总的光谱灵敏度与 CIE 规定的光谱三刺激值成正比。

采用光电积分法的仪器要做到完全符合上述条件是很困难的。在实际的滤色修正中,由于颜色玻璃的品种有限,仪器不可能完全符合卢瑟条件,只能近似地符合,故测量的重复性和机台间的误差很难解决。因此,该类仪器不能准确测定绝对值,但可以较准确地测量两种颜色之间的色差,而且测色速度快,故采用光电积分法的仪器多为便携式。

三、分光光度测色法

分光光度测色方法主要是应用分光光度计测量物体的光谱辐亮度因数或光谱透射比,再利用 CIE 推荐的标准照明体的光谱功率分布和标准观察者光谱三刺激值,经计算得出物体颜色的三刺激值和色度坐标。

分光光度测色法仪器一般采用凹面光栅、棱镜或干涉滤光片作为分光器件对光源进行分光,通过探测器探测物体整个光谱能量的分布信息。

1. 按照光路组成的不同分类

分光光度测色法可分为单光束和双光束分光测色。只采用一个分光器件和一个探测器,通过比较参比和样品在同一波长上反射的单色辐射功率,得出数据的是单光束分光测色;采用两个分光器件和两个探测器分别测量样品和参比得出数据的则是双光束分光测色。

2. 按采集光谱信号的方式不同分类

分光光度测色法又可分为光谱扫描法和光电摄谱法。

(1)光谱扫描法。单通道测色方法,按照一定的波长间隔,采用机械扫描结构,逐个波长采集光谱信号,经处理后显示数据。其优点是精度较高,缺点是光路结构复杂,测色速度慢,且波长重复性差,对光源的稳定性要求较高。通常,光谱扫描法的探测器采用光电倍增管和光电器。

(2)光电摄谱法。可同时探测全波段光谱,通过分光系统由多通道光电探测器探测待测物整个光谱能量的分布,然后将光谱信息产生的时序信号送入处理电路进行处理和计算,最后显示数据。光电摄谱法是光谱分析技术领域的一次革命,其显著特点是测量时间极短,信噪比很高,对光源稳定性要求低。

光电摄谱法的探测器普遍采用自扫描光电二极管阵列(SPD),电荷耦合器件(CCD)等。现代的测色仪绝大部分都采用光电摄谱法。

当今的测色仪器几乎都利用计算机完成仪器控制和数据处理工作,使得测色操作更为简便和快捷,测量精度更高,结果更可靠。

四、在线分光测色法

目前,国内纺织印染行业大多使用离线测色法,检测人员使用测色仪器对产品进行检测,或在生产线上由经验丰富的工人目视测色。显然这样不能满足生产高质量产品的要求。

在线式颜色测量是指将颜色测量仪器安装在生产线上,对产品的颜色进行测量。在测量过程中,产品不能离开生产线,更不用停止生产,可极大地节约时间和人力成本。在线式测量中,产品随生产线连续运动,必须使用非接触式测量。

在线式测量可以实时监测生产线上产品的质量情况,及时获得产品颜色信息,不仅有利于减少生产浪费,而且可有效提高生产效率。与对静止物体的离线式颜色测量相比,在线式颜色测量有以下特点。

(1)被测物体是生产线上的产品,始终不停地运动,速度从每分钟十几米到上百米不等。

（2）在线测量面临着更严峻的环境干扰等问题，如温度高、湿度大、灰尘多，被测样品抖动剧烈，环境光影响等。

针对以上特点，在线式分光测色仪需要满足一些特殊的要求。

非接触测量方式和被测物体的连续运动是在线式测色仪与传统分光测色仪的主要区别，而环境光、物体运动和正常的抖动对测量结果精确性的影响，也是在线式分光测色仪的技术难点。

作为一个完善的颜色测量系统，不仅要求测量结果准确，而且更重要的是，根据测量结果对染化料进行实时调节，使之符合生产要求。从技术层面来看，在线式分光测色仪的发展趋势如下。

（1）在线式分光测色仪大都采用双光束分光系统的结构，可有效地补偿光源发光不稳对测量造成的影响。采用脉冲氙灯作为光源的仪器对测量的稳定性是必要的。

（2）越来越多的仪器采用内部自动校正功能，包括标准白板校正和光谱标定。

（3）仪器必须有更好的重复性，与台式分光测色仪具有更佳的仪器间的一致性。

总之，未来的在线式分光测色仪还要做到通用性强、快速的信息反馈，只有这样才能更好地优化生产工艺，提高产品质量。当今典型的在线式分光测色系统有美国爱色丽公司的 Vericolor Spectro、瑞士格灵达麦克贝斯的 ERX50、美国 Hunterlab 公司的 SpectraProbe XE 等。

五、数码摄像测色法

数码摄像测色法是基于数字化图像处理技术，采用高精度的数码照相机，在一个完全控制稳定的照明条件下，利用非接触测量技术，准确地捕获目标物体的颜色和物体的外观图像。在得到样品的标准色度数据前，必须调整好数码相机的光圈大小、曝光速度及感光度等参数，在此条件下生成颜色校正文件，用这样固定的数码相机参数测定样品的 RGB 值，然后经过数据计算得出相应的物体颜色信息。

用数码摄像测色法测色的优势是，可在高分辨率的图像中通过多种取色方式对非常小或不规则的物体进行测量。即使是测试毛巾布、地毯等线圈类表面不规则的面料时，也可使线圈保持自然状态从而得到真实的测量结果。这是由于测量得到的结果是颜色数据加上图像轮廓和图像的阴影综合。

数码摄像测色法的关键部件是数码相机，其光学原理是将被摄物体发射或反射的光线通过镜头在焦平面上形成物像。数码相机采用了 CCD 作为记录图像的光敏介质，CCD 是通过不同的光照引起的电荷分布的不同来记录被摄物体的视觉特征。光线通过透镜系统和滤色器投射到 CCD 光敏元件上，CCD 元件将其光强和色彩转换为电信号记录到数码相机的存储器中，形成计算机可以处理的数字信号。

数码摄像测色系统应包含一个带标准光源的图像采集箱，用数码相机进行拍摄，然后通过对数码相机拍摄的图像进行色度分析数据处理的多功能软件，用计算机来控制和数据处理。

当今比较著名的数码摄像测色系统有英国 Verivide 公司生产的 DigiEye（数慧眼）颜色沟通系统、Tintometer 公司的 CAM-System500 系统。

第二节　颜色测量原理

颜色不是物质的固有特性,它既与物质本身的分光特性有关,又与光源和观察者等有关,因此,测色时,这些条件都需要认真考虑。但是 CIE 将形成颜色感觉的三要素中的两个值,即光源和观察者的数据进行了标准化并将其固定,只剩下物体的分光特性这个要素是个变数,它最终决定了形成的颜色感觉。只要测得物体的反射率 $\rho(\lambda)$,就可以根据色度学的三个基本方程式求出物体颜色的三刺激值。所以,颜色的测量也就是对不透明物体表面的光谱反射率的测量。

一、光谱反射率定义

不透明物体表面的光谱反射率非常不容易测得,最主要的原因是参比物难选。以往我们在测量液体或透明薄膜的透光率时,常常是以空气、相应的溶剂或空白基质材料作为参比,即把这些物质的透光率作为100%,通过与相应的参比物质进行比较,得到被测物体的透光率。无论是空气、溶剂,还是空白基质材料,这些都是自然界存在的,可以很方便得到的东西。而不透明物体的光谱反射率 $\rho(\lambda)$ 的测量,则是以"完全反射漫射体"作为参比标准。

完全反射漫射体就是指物体的反射率在各个波长下均为100%的理想的均匀反射漫射体。它无损失地全部反射入射光,并且各个方向上的亮度均相等。当然这样的物体,在自然界中是不存在的。而不透明物体表面色的光谱反射率 $\rho(\lambda)$,正是通过在相同的标准照明体和观察条件下与完全反射漫射体进行比较而确定的,是所谓的绝对反射率。需要注意的是,光谱反射率是在一般场合下的通俗用语,在色度学相关的著作或者文献研究中,准确的叫法为"光谱反射率因数"。按照 CIE 的规定,物体的光谱反射率因数 $\beta(\lambda)$ 定义为:在给定的立体角、限定的方向上,待测物体反射的辐通量 $\varphi_\lambda d\lambda$ 与在相同照明、相同方向上完全反射漫射体反射的辐通量 $\varphi_{0\lambda} d\lambda$ 之比,即:

$$\beta(\lambda) = \frac{\varphi_\lambda d\lambda}{\varphi_{0\lambda} d\lambda} \tag{8-1}$$

如果这个立体角很小,接近 0 时,测定的光谱反射率因数叫作光谱辐亮度因数,用 β 表示,如果这个立体角很大接近 π 时(在待测物体上方的半球时),测得的光谱反射率因数才叫作光谱反射率,用 ρ 表示。按照这些规定,在 CIE 推荐的四种用于颜色测量的照明观测条件中(相关内容将在本节中介绍),只有在 0/d 条件下测得的结果可以叫光谱反射率;而在 0/45、45/0 以及 d/0 三种条件下测得的结果只能叫光谱辐亮度因数。虽然目前在工业领域使用的光谱光度仪中,绝大部分采用的是 d/0 照明观测条件,其测量结果应叫光谱辐亮度因数,但在一般性的技术文献和工业实际应用的场合,还是使用"光谱反射率"这个通俗易懂的术语,有时简化成"反射率",用英文单词 Reflectance 的首字母 R 来表示,有时也写成 $R(\lambda)$,表示在波长 λ 上的反射率。

二、参比标准的选择

测色时需要通过定量地比较"样品"和"标准"在同一波长上的单色辐射功率,才能测出样品的光谱反射率,因此,"标准"的选择非常重要。按照 CIE 规定,作为"标准"的理想物质,其反射率应在各个波长下均为 100%,并且各个方向上的亮度均相等。

在实际测色中,新鲜的氧化镁烟雾面因其良好的散射特性以及在各波长下很高的反射率值,常常被用来作为颜色测量和传递的标准物质。其反射率因数 $\beta_s(\lambda)$〔或 $\rho_s(\lambda)$〕见表 8-1。此外,硫酸钡、氧化铝、碳酸镁也有应用。后来人们通过研究发现,氧化镁虽然有很多优点,但新鲜的氧化镁烟雾面稳定性差,随存放时间的延长,其反射率会下降,这给颜色测量带来诸多不便。

德国的国立物理工艺研究所 PTB(Physikalisch-Technischnischnc. Bundesanstala)和蔡司(Zeiss)公司合作开发了有非常好的重现性和稳定性的硫酸钡粉末,以压缩成型法制作的标准白板,后来被德国工业标准采用。据介绍,用蔡司公司的硫酸钡粉末制作的标准白板,不同批次间反射率的变动大约为 ±0.3%,同一批次内的差值在 ±0.2% 以内,用同一瓶内的粉末制成的标准白板,其反射率差在 0.02% 以内。

从稳定性看,由硫酸钡制作的标准白板比由氧化镁制作的标准白板要好,硫酸钡标准白板储存六周与氧化镁标准白板储存七小时的变化相近。硫酸钡标准白板的色度坐标 x、y,储存三周时间的变化大约为 0.1%,贮存六周时间,y 的变化大约为 0.1%。而氧化镁标准白板色度坐标 x、y 变化 0.1%,仅仅需要数小时,亮度 y 变化 1% 大约仅需要 2h。

作为"标准白板"一般应满足以下条件。

(1)具有良好的化学和机械稳定性,在整个使用期间其分光反射率因数应保持不变。

(2)具有良好的漫反射性。

(3)在各个波长下的分光反射率一般都在 90% 以上,并且分光反射率在 360~780nm 波长范围内分布十分平坦。

表 8-1　标准白板光谱反射率(优质新鲜氧化镁)

波长/nm	反射率	波长/nm	反射率	波长/nm	反射率
380	0.987	420	0.991	460	0.992
385	0.988	425	0.992	465	0.992
390	0.988	430	0.982	470	0.992
395	0.988	435	0.992	475	0.992
400	0.989	440	0.992	480	0.992
405	0.990	445	0.992	485	0.992
410	0.990	450	0.992	490	0.993
415	0.990	455	0.992	495	0.993

波长/nm	反射率	波长/nm	反射率	波长/nm	反射率
500	0.993	595	0.991	690	0.988
505	0.993	600	0.991	695	0.988
510	0.993	605	0.990	700	0.988
515	0.992	610	0.990	705	0.987
520	0.992	615	0.990	715	0.987
525	0.992	620	0.990	720	0.987
530	0.992	625	0.990	725	0.987
535	0.992	630	0.990	730	0.987
540	0.992	635	0.990	735	0.987
545	0.992	640	0.990	740	0.987
550	0.992	645	0.990	745	0.987
555	0.992	650	0.990	750	0.987
560	0.992	655	0.990	755	0.987
565	0.992	660	0.990	760	0.987
570	0.992	665	0.990	765	0.987
575	0.992	670	0.990	770	0.987
580	0.991	675	0.989	775	0.987
585	0.991	680	0.989	780	0.987
590	0.991	685	0.989		

由于标准白板保存、清洁等不方便,在实际的颜色测量中,经常使用经过精确校正的陶瓷、搪瓷等材料制成的白板来代替,虽然这类白板不像对整个可见光范围内的所有波长的光都有好的反射功能,但它容易保存、容易清洁、经久耐用,所以经常用于实际颜色测量中。这种白板又被称为工作白板。

三、测色条件的选择

被测物体通常都不可能是完全反射漫射体,主要是因为它们材料各异,表面结构复杂,因此都或多或少地存在着一部分规则反射。当被测物体被光照亮以后,其表面的反射光在不同方向上的分布,实际上是不均匀的。同时在实际测量中还存在着照射在物体上的光,一部分可能被吸收,一部分可能透射过去,另一部分则被反射出来。被吸收的部分转变成了热能等其他能量形式,透过部分则朝着离开眼睛的方向传播,这两部分光对眼睛的颜色视觉都不起作用,只有被物体反射并且进入人眼睛的那部分光,才能构成颜色刺激。由此看来,在不同的照明和观测条件下,不透明体表面的光谱反射率因数 $\beta(\lambda)$ 是不同的。

国际照明委员会于 1971 年正式推荐了四种测色的标准照明和观测条件,其中在 0/45、45/0 以及 $d/0$ 三种照明和观测条件下测得的光谱反射率因数(也叫光谱辐亮度因数),可记作 $\beta_{0/45}$,$\beta_{45/0}$ 以及 $\beta_{d/0}$。在 0/d 条件下测得的光谱反射率因数,可以称作光谱反射率。光谱反射率因数是四种观测和照明条件下的总称。

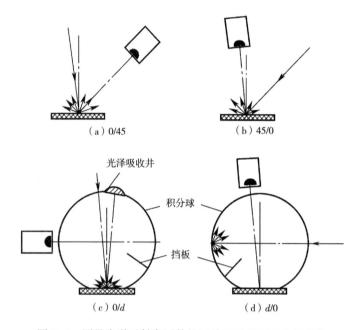

图 8-2 测量光谱反射率因数的四种照明和观测几何条件

(1)垂直/45(记作 0/45)。照明光束的光轴和样品表面的法线之间的夹角不超过 10°,在与样品表面法线成 45°±5°的方向上观测,照明光束的任一光线和其光轴之间的夹角不超过 5°,观测光束也按同样规定,如图 8-2(a)所示。

(2)45/垂直(记作 45/0)。样品可以被一束或多束光照射,照明光束的轴线与样品表面法线间的夹角为 45°±5°,观测方向和样品法线之间的夹角不应超过 10°,照明光束中的任一光线和照明光束光轴之间的夹角不超过 5°,观测光束也应按相同规定,如图 8-2(b)所示。

(3)垂直/漫射(记作 0/d)。照明光束的光轴和样品法线之间的夹角不超过 10°,反射光借助于积分球来收集,照明光束的任一光线与照明光束光轴之间的夹角不超过 5°,积分球的大小国际照明委员会并没有严格规定,一般直径为 60~200mm。积分球过小,会影响仪器的测量精度。积分球表面为了测量的需要,通常要开若干个孔,但开孔面积一般不超过积分球总面积的 10%,如图 8-2(c)所示。

(4)漫射/垂直(记作 $d/0$)。用积分球漫射照明样品,样品的法线和观测光束光轴之间的夹角不应超过 10°,对积分球的要求与 $0/d$ 测试条件下相同,观测光束的任一光线与观测光束光轴之间的夹角不应超过 5°,如图 8-2(d)所示。

第三节　颜色测量常用仪器

常用的测色仪器有两类:一类是分光光度测色仪,另一类是光电积分式测色仪。

一、分光光度测色仪

在可见光范围内的若干波长下,对物体以及参比物的反射光和透射光进行测量,测得其光谱反射率或光谱透过率,进而计算出物体颜色的三刺激值和色度坐标的仪器称为分光光度测色仪。

(一)分类

按照使用要求、技术指标和结构组成等不同划分方法,分光光度测色仪有很多分类。例如,按光路组成的不同,可分为单光束和双光束;按照测量方法分类,可分成机械扫描式分光光度仪和电子扫描式分光光度仪。其中,机械扫描式分光光度测色仪是利用单色仪对被测光谱进行机械扫描,逐点测出每个波长对应的辐射能量,由此测量光谱功率分布;电子扫描式分光光度测色仪则采用光二极管阵列检测器的多通道检测技术,通过探测器内部的电子自动扫描实现全波段光谱能量分布。

(二)光路设计

若以试样受到的照明光是复色光还是单色光来区分,分光光度测色仪的光路设计有两种。一种称为"正向",另一种称为"逆向"。在"正向"光路设计中,来自光源的复色光先经单色器分光,然后以单色光按波长顺次进入积分球而照到试样上,检测器接收到的是试样上反射的单色光,如图 8-3 所示。这种设计中,仪器所用的光源并不需要符合 CIE 标准光源。至于选择何种标准照明体,仅是计算三刺激值时选用的问题。

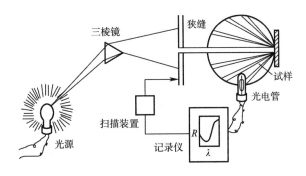

图 8-3　试样由单色光照明的分光光度测色仪光路设计

在"逆向"光路设计中,来自光源的复色光先进入积分球照射样品,复色光由样品反射以后再进入单色器进行分光,分光后的单色光由光电检测器接收检测。其光路如图 8-4 所示。

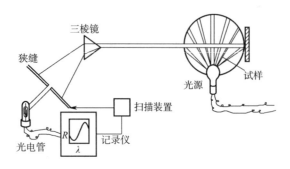

图 8-4　试样由复色光照明的分光光度测色仪光路设计

"逆向"光路设计可以克服"正向"光路不能测荧光的缺点,但要使荧光测色标准化还必须使用标准光源,最好能符合 CIE D_{65} 标准照明体。目前仪器照明光源多采用氙灯加滤光片或者石英质卤钨再生白炽灯加滤光片构成的光源,其中氙灯加滤光片的光源分布更接近 D_{65} 标准照明体的功率分布,而且红外发热也少。

有些型号的分光光度仪则拥有"正""逆"式可变换的两种光路。因此,对有荧光试样测色时,不仅可由"逆向"光路测得包括反射光和荧光在内的"总反射率",而且可用"正向"光路测得不包括荧光的"真反射率",从而提供了荧光程度的信息。

图 8-5 所示为荧光增白试样由正、逆两光路测得的反射光谱。曲线 1 是逆向光路下分光光度测色仪测得的"总反射率";曲线 2 是正光路下测得的"真反射率";曲线 3 是曲线 1 减去曲线 2 之后的差,反映了荧光的程度;曲线 4 不是反射率,而是对紫外线的吸收曲线。现代的分光测色仪大都采用逆向光路设计,有些高级的分光测色仪装有紫外光可调装置,可定量调节紫外光通过的量,可以方便地测出荧光对总反射率的贡献。

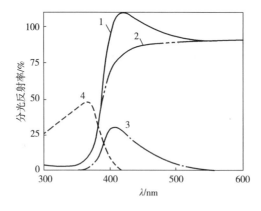

图 8-5　荧光增白试样由正、逆两光路测得的反射光谱

(三)结构

分光光度测色仪在结构上主要由光源、单色仪、积分球、光电检测器和数据处理装置等部分组成。

1. 光源

对样品进行测色时,分光光度测色仪需要在一定波长范围内扫描得到反射光谱,因此对光源要求是能发射稳定的、强度足够、能发射连续光谱的辐射,要求发光面积小,接近点光源,寿命尽量长。在可见光区域,常用的光源有以下两种。

一种是高压脉冲氙灯,借助于电流通过氙气产生强辐射。其光谱在 250~700nm 范围内是连续的,色温约为 6500K。在仪器中该灯由电容器定期放电的方式间歇地工作,具有高强度,使用寿命长的优点。

另一种是卤钨灯。其中以碘钨灯用得最多,是把碘封入石英质的钨丝灯泡内做成,在 250~650℃ 温度区间,碘与蒸发到玻壁上的钨反应,生成气态的碘钨化合物,使灯壁保持透明,当碘钨化合物向灯泡中心扩散时,在灯丝附近的高温区分解成碘和钨。这使蒸发掉的钨又重新回到灯丝上,而游离的碘分子重新扩散到玻壁,再与蒸发的钨化合,最终实现碘钨循环。碘钨灯的色温约为 3000K,其能量的主要部分是在红外区域发射的,碘钨灯可用于 350~2500nm 的波长区域,在可见区域,碘钨灯的能量输出大概随工作电压的四次方而变化。为使辐射源稳定需要严格控制电压,为此,仪器在设计时不仅考虑对光源单独提供稳压装置,有的还用光电检测器对光源发出的光加以反馈监控。

测色仪实际使用的光源,是由氙灯加滤光片构成的,或由石英质卤钨再生白炽灯加滤光片构成。它们的相对光谱功率分布与 D_{65} 标准光源的分布很接近,带滤光片的氙灯模拟效果最好。在可见光部分,带滤光片的碘钨灯模拟效果则更接近 D_{65} 分布。图 8-6、图 8-7 所示显示了模拟标准照明体 D_{65} 的高压脉冲氙灯和白炽灯光谱功率分布。

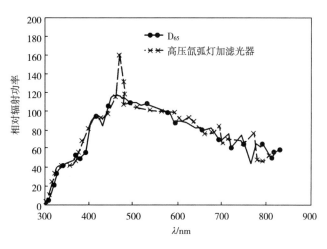

图 8-6 模拟标准照明体 D_{65} 的高压氙弧灯光谱功率分布

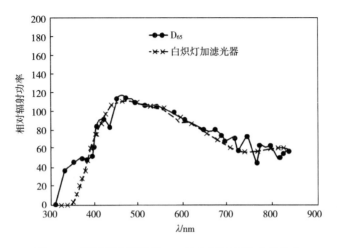

图 8-7　模拟标准照明体 D_{65} 的白炽灯光谱功率分布

2. 单色器

单色器的作用是将来自光源的连续光辐射色散,并从中分离出一定宽度的谱带。单色器的主要部件是色散元件,如棱镜或光栅。也有把棱镜和光栅串接起来进行两次色散的,棱镜和光栅相互取长补短可提高单色光的纯度。除色散元件外,单色仪中还可能包括若干使光束平行的准直镜、使光束聚集的聚光透镜、使光束改变方向的反光镜以及调节进、出光束宽度的狭缝装置等。

图 8-8 所示为两种单色器的光学设计。一种用棱镜作辐射的色散元件,另一种用光栅作色散元件。作为色散元件的光栅其色散几乎不随波长而改变,这使单色仪的设计变得更加简单。另外,反射光栅还可以用于远紫外和远红外区域的色散元件。因此,现代测色分光光度仪中都使用光栅作色散元件。如 Datacolor 600 真双光束分光光度测色仪的单色器中就选用了两组高分解度曲凹面全息光栅。

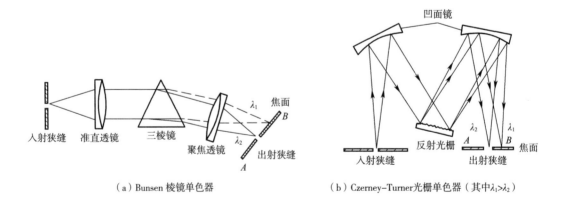

（a）Bunsen 棱镜单色器　　　　　　（b）Czerney-Turner 光栅单色器（其中 $\lambda_1 > \lambda_2$）

图 8-8　两种单色器的光学设计

凹面光栅是用刻蚀球形反射面的方法制成。这种衍射元件也可用来把辐射聚焦在出射狭缝,从而省去一个透镜。用光栅色散得到的单色光带有偏振性,测定需注意使试样多变换几次角度,反复测定以取其平均值,以减少偏振面不同而造成的误差。

在某些仪器中装有吸收和干涉滤光片,用于波长选择。前者仅限于光谱的可见区域;干涉滤光片则可用于紫外线、可见光辐射。干涉滤光片是借光的干涉而获得颇窄的辐射通带。图8-9所示为干涉滤光片的图解,图8-10所示为典型滤光片性能特点的图解。

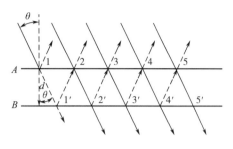

图8-9　干涉滤光片

如图8-9所示,光与法线成 θ 角的方向射到半透明膜点 1 上,部分通过,部分被反射。同样的过程也在 $1'$、2、$2'$ 处发生,为使在点 2 处发生加强作用,$1'$ 处反射光束所走的距离必须等于它在介质中波长 λ' 的整数倍。由于两表面间的光程长度可表示为 $d/\cos\theta$,故发生加强作用的条件是 $n\lambda' = 2d/\mathrm{con}\theta$,此处 n 为小的整数。

3. 积分球

积分球是内壁用硫酸钡等材料刷白的空心金属(或塑料)球体,一般直径在 $50\sim200$mm。球壁上开有测样孔等若干开口,开口的面积不宜超过球内壁反射面积的10%。内壁搪白时,可先涂二氧化钛环氧树脂作底漆,再涂高度洁白的硫酸钡($BaSO_4$)粉末和聚乙烯醇(PVA)、水等调制而成的刷白剂。配方见表8-2。

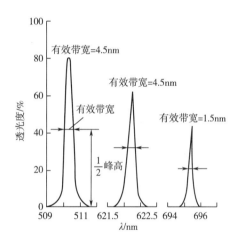

图8-10　典型干涉滤光片的透射特性

表8-2　刷白剂配方

试剂	第一次涂刷/份	第二次涂刷/份	第三次涂刷/份
$BaSO_4$	100	100	100
PVA	4	4	4
H_2O	40	40	200

所用聚乙烯醇,要求其4%水溶液在20℃时的黏度为 0.03Pa·s。刷白后的球壁对光的吸收很少,所以光线虽然屡次反射,仍能以很高的比例输出。受光时积分球内因呈充分的漫反射状态而通体照亮。球内的光强相当均匀和稳定,并可证明球壁上任意一点的光强都相

等。有些仪器制造商在分光仪内壁均改用聚四氟乙烯微珠粉刷白,其效率、寿命、稳定性均有改善。

4. 检测器

作为可见光的辐射检测器一般常用光电效应检测器,它是将接收到的辐射功率变成电流的转换器,常用的元件主要有光电倍增管和硅光敏二极管两类,最新的仪器则是采用光二极管阵列多通道检测器。光电倍增管对低辐射功率的测量要比普通的光电管好。图8-11所示为此种器件的示意图。

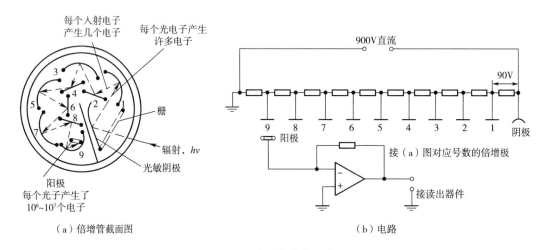

（a）倍增管截面图　　　　　　　　　（b）电路

图8-11　光电倍增管示意图

光电倍增管的阴极表面组成与光电管类似,当暴露在辐射中时即有电子发射出来。该管有一些附加电极叫倍增极,倍增极1的电位保持在比阴极高90V,因此电子都被加速朝它转动,打到倍增极上后,每个光电子又会引起几个附加电子发射,这些电子又顺次被加速朝倍增极2飞去,倍增极2比倍增极1又要高90V,当打到表面上时,每个电子又会再使另外几个电子发射出来,当这一过程经过9次之后,每个光子已可激发$10^6 \sim 10^7$个电子,这些电子都最后被阳极收集,产生的电流随后用电学方法加以放大和测量。

硅二极管检测器是由在一硅片上形成的反相偏置PN结组成,反相偏置造成了一个耗尽层,它使该结的传导性降到了几乎为零。但是如果让辐射射到N区,就可形成空穴和电子,空穴扩散通过耗尽层达到P区而消灭,于是电导增加。电导增加的大小与辐射功率成正比。硅二极管检测器不如光电倍增管灵敏,但是由于可在单独一块片表面上制成这种检测器的阵列,所以它的重要性已提高,这种带有光敏二极管检测器的阵列的硅片是现代测色仪检测的重要部件。采用这种检测器的阵列可使现代测色仪做到同时分光同时接收,这样可大大提高测色仪的检测速度。图8-12所示为二极管阵列检测分光光度仪光路示意图。

光电倍增管与硅光敏二极管的光谱灵敏度(相对的响应曲线)差别甚大。显然两者还跟人眼的光谱效率曲线不同,如图8-13所示。

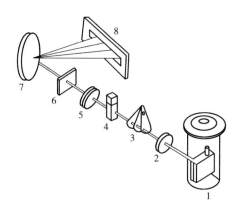

图8-12　二极管阵列检测分光
光度仪光路示意图

1—钨灯或氙灯　2,5—消光差聚光镜

3—光闸　4—吸收池　6—入口狭缝

7—全息光栅　8—二极管阵列检测器

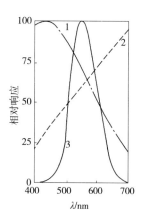

图8-13　光电倍增管、硅光敏二极管
和人眼的光谱响应

1—光电倍增管的光谱响应

2—硅光敏二极管的光谱响应

3—人眼的光谱响应

现在,光学多通道检测器已经广泛用于分光光度样品颜色测定中,二极管阵列是在晶体硅上紧密排列一系列二极管检测管。这种多通道快速分光测色仪的色散元件可以将色散的光投射在360~750nm范围内的256个阵列二极管上,每个二极管相当于对一束单色器分出的窄带辐射做出响应。二极管输出的电信号强度与投于其上的辐射强度成正比。两个二极管中心距离的波长称为采样间隔。上述自扫描光二极管阵列多通道快速分光测色仪中,二极管数目越多,采样间隔越窄,分辨率越高。上述光二极管阵列多通道检测器中,每一个光二极管可在1s内同时并行地对每1.5nm范围内的辐射获取一个测量结果,可一下测得256个数据,获得全波谱范围内的光谱。与传统的机械扫描分光仪相比,上述分光仪在实现对样品颜色的测量上具有快速、高效的优点。同时也降低了对测量对象和照明光源的时间稳定性要求。图8-14所示为SP2000光电检测组件示意图。

(四)校正

不论何种分光光度仪,在使用前均必须进行校正。不同型号的分光光度仪的生产者,均提供详细的安装调试步骤。这里只介绍分光光度仪按说明书安装与初步调试后,仪器定期进行校正波长、光度标尺的方法。

1. 波长标尺的校正

可利用某些光源发射的线状光谱或用滤光片及某些标准溶液的吸收峰校正分光光度仪的波长标尺。在可见光和紫外线波段可用汞灯和氙灯的亮谱线作为基准波长,两者的亮谱线波长见表8-3。

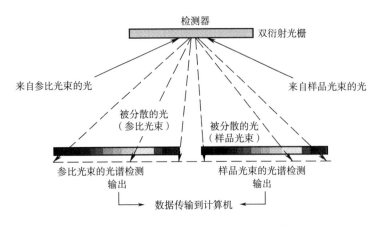

图 8-14　SP2000 光电检测组件示意图

表 8-3　汞灯和氘灯的亮谱线波长

汞灯亮谱线的波长/nm	265.20	265.37	265.50	365.01	365.48	366.33
氘灯亮谱线的波长/nm	486.00	656.10				

波长标尺也可用具有陡锐吸收峰的溶液或滤光片进行校正。一般分光光度仪提供镨钕滤光片,可用其双峰吸收线 573nm 及 586nm 或其他锐峰进行波长校正。

在实验室无标准校正滤光片时,可配制相应的稀土盐类溶液用于波长校正,用高纯度的氯化钐($SmCl_3$)或氯化钕($NdCl_3$)配制溶液,1.301g 氯化钐溶于 3mL 1mol/L 盐酸中,在厚度 1cm 液槽中测定 374.3nm 的吸光度为 0.795(峰值)。0.270g 氯化钕溶于 3mL 1mol/L 盐酸中在 1cm 液槽中测定 521.7nm 的吸光度为 1.020(峰值)。见表 8-4 给出了用于波长校正的稀土盐吸收峰波长值,其中 $SmCl_3$ 的 m 峰和 $NdCl_3$ 的 c、g、h、j 峰为最适宜用于校正的波峰,$SmCl_3$ 的 f 峰和 $NdCl_3$ 的 b 峰易于辨认,精确度较佳。图 8-15 所示给出 $SmCl_3$ 与 $NdCl_3$ 的吸收光谱。

表 8-4　用于波长校正的稀土盐吸收峰

峰	$SmCl_3$ 的吸收峰/nm	$NdCl_3$ 的吸收峰/nm
a	344.50+0.2	512.00+0.6
b	534.50+0.0	512.75+0.6
c	362.25+0.2	574.75+0.7
d	374.30+0.3	627.50+0.8
e	390.50+0.4	678.00+1.0
f	401.50+0.4	731.00+1.0
g	407.00+0.4	740.00+1.0

续表

峰	SmCl$_3$ 的吸收峰/nm	NdCl$_3$ 的吸收峰/nm
h	415.25+0.4	794.00+1.0
i	417.00+0.0	801.00+0.0
j	441.00+0.0	865.00+1.0
k	451.00+0.0	
l	463.25+0.5	
m	478.50+0.5	

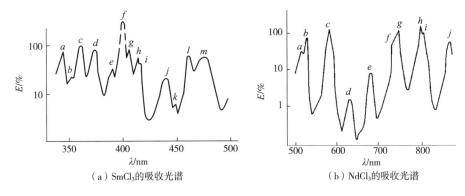

（a）SmCl$_3$的吸收光谱　　　　（b）NdCl$_3$的吸收光谱

图 8-15　SmCl$_3$ 与 NdCl$_3$ 吸收光谱

2. 光度标尺的校正

光度标尺一般可用适当的标准溶液校正。如铬酸钾在 0.05mol/L 氢氧化钾介质中其摩尔吸光度系数 ε 值为 4800~4820（$\lambda=370$nm）。在硫酸介质中重铬酸钾的摩尔吸光度系数 ε 值见表 8-5。

表 8-5　重铬酸钾在 0.005mol/L 硫酸介质中的摩尔吸光度系数 ε

波长/nm	350	313	257	235
ε	3156.8	1437.2	4257.1	3659.8

用标准溶液校正光度标尺,要注意杂质的存在可能对结果产生影响。例如,还原物质对铬酸盐标准溶液的吸光度有显著影响。

分光光度仪生产厂商常提供校正光度标尺的标准滤光片,如 Pye Unican 提供一套九枚中性吸光度滤片,供校正光度标尺用。如用美国国家标准局的 NBS930 滤光片进行光度标尺,分光光度仪的光度值更为准确。

(五)典型产品简介

当前市场上出现的分光测色仪日益增多,采用的结构和原理大同小异,图8-16所示为一种典型的分光测色仪的光学原理示意图。

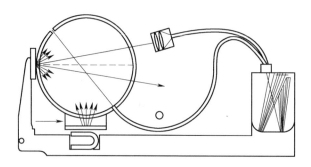

图8-16　典型的分光测色仪光学原理示意图

目前测色仪主要有两种类型,一种是兼顾透射率和反射率测试的双光束分光测色仪,另一种是仅测试反射率的双光束分光测色仪。这两类仪器均有照射孔径可调装置,反射率测试采用 $d/0$ 方式,测样时间小于 $1s$,波长范围因仪器型号和不同厂商在 $360\sim780nm$ 范围内有所不同。仪器有镜面光包括/不包括(SCI/SCE)。大部分仪器可自动进行紫外定量校正,重复精度因仪器不同控制在 $0.01\sim0.05$CIELAB ΔE 之间。

二、光电积分式测色仪

光电积分式测色仪是把具有特定光谱灵敏度的光电积分元件与适当的滤光装置组合而成的一种测色装置。这类装置结构简单,价格便宜,能满足一般测色要求,其设计原理如图8-17所示。

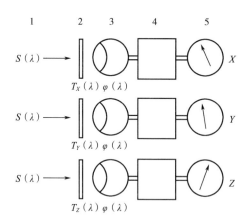

图8-17　光电积分式测色原理示意图

1—照明光源　2—滤光片　3—光电管　4—放大器　5—检测器

若仪器照明光源的光谱能量分布为 $S(\lambda)$，三块滤色片的光谱透过率分别为 $T_x(\lambda)$、$T_y(\lambda)$、$T_z(\lambda)$，光电检测器的光谱灵敏度为 $\psi(\lambda)$，则光电积分测色仪必须满足以下卢瑟条件：

$$L_X \cdot S(\lambda) \cdot T_x(\lambda) \cdot \psi(\lambda) = E(\lambda) \cdot X(\lambda)$$

$$L_Y \cdot S(\lambda) \cdot T_y(\lambda) \cdot \psi(\lambda) = E(\lambda) \cdot Y(\lambda)$$

$$L_Z \cdot S(\lambda) \cdot T_z(\lambda) \cdot \psi(\lambda) = E(\lambda) \cdot Z(\lambda)$$

其中，L_X、L_Y、L_Z 为比例常数。

仪器要求所用光源的发光组成始终保持稳定。

光电测色仪的精度大体上与仪器符合卢瑟条件的程度有关，仪器符合卢瑟条件的程度越高，测量的精度就越高。为了减少探测器修正不完善所带来的误差，就得根据待测样品的颜色，选用不同的标准色板或标准滤色片来校正仪器，使仪器显示的三刺激值和标准色板或标准滤光片中的标定值一致。

仪器制作中要满足卢瑟条件的困难也不少，尤其是三块滤色片。红的滤色片因其 $X(\lambda)$ 曲线以上 504nm 为界，存在着前、后两个峰。在 504nm 前的峰形较小，只占 $X(\lambda)$ 积分总值的 16.7%。为解决此问题，迫使光电积分测色仪分成两类，一类拥有三个感受器，而另一类拥有四个感受器。但市面上流行的，似乎以三个感受器方式为多；在这类仪器中，感绿和感蓝两个感受器与仪器光源配合后能基本上满足 $E_C(\lambda) \cdot Y(\lambda)$ 和 $E_C(\lambda) \cdot Z(\lambda)$ 的要求（E_C 为 C 光源光谱能量分布）。至于红色感受器，因其滤色片的光谱透过率仅符合 $X(\lambda)$ 中 504nm 后的大峰，所以 504nm 以前的部分乃是借助小峰峰形与 $Z(\lambda)$ 大体相似的特点，以蓝色感光器的测定结果打一个折扣计算的。如图 8-18 所示表示一台有代表性的光电测色仪模拟 CIE 配色函数的情况，从中可以看出差异的程度。因此光电测色仪的测色正确性不如分光光度仪。

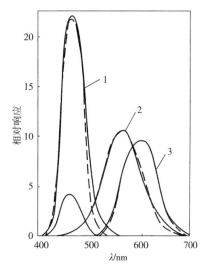

图 8-18　一台有代表性的光电测色仪模拟 CIE 配色函数的情况

1—蓝色感光器的 $Z(\lambda)$　2—绿色感光器的 $Y(\lambda)$

3—红色感光器的 $X(\lambda)$

常见的光电测色仪的产品种类很多，其中有一类可提供 D_{65} 和 C 两种光源下的三刺激值。这种仪器通常采用脉冲氙灯照明，照明受光的几何条件为 $d/0$，测量面积为 $8mm^2$，连接 DP-100 型微处理机可测纺织品的 L^*、a^*、b^*、C^*、H^* 和 ΔE。此仪器的光学结构如图 8-19 所示。

还有一种手握式色差计，采用卤素钨丝灯照明，照明受光的几何条件为 $0/45$，测量直径为 20mm，测量时间大约 2.5s；可测量样品的 ΔL、Δa、Δb、ΔC、ΔH、ΔE。手握式色差计的外形结构如图 8-20 所示。

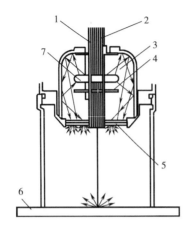

图 8-19 光电测色仪的光学结构图

1—监察器用光纤 2—测定用光纤 3—漫射室
4—遮光板 5—漫射板 6—被测定物 7—脉冲氙灯

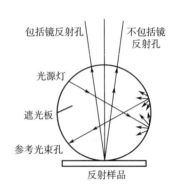

图 8-20 手握式色差计的外形结构图

第三种产品,光源采用石英卤钨灯,测量精度小于 0.1 HUNTER LAB 单位。这种仪器的主要特点是利用 240 块镜片,使照明光从四周以 45°角射入样品窗口,样品上的反射光在 0°方向上通过光导纤维引到四个三刺激值滤色片,最后分别由硅光电二极管接收。其光学结构如图 8-21 所示。

第四种产品由三只滤色镜与光电检测器构成 X、Y、Z 三刺激值感受器,能测 C 光源 2°视场条件下的三刺激值。其照明/受光几何条件 0/d,光源采用卤钨灯。此仪器可直接读出 X、Y、Z 三刺激值和 HUNTER Lab,其色差计的光学结构如图 8-22 所示。

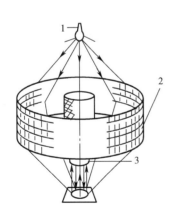

图 8-21 45°角入射型色差仪光学结构图

1—积分球 2—透射试样 3—准直镜

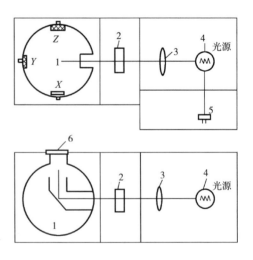

图 8-22 直读型色差计光学结构图

1—光源 2—镜片 3—光导纤维
4—光源 5—参比检测器 6—试样

第四节　荧光材料的颜色测量

　　荧光物质在纺织行业中应用得相当广泛,如印花用的荧光涂料,颜色十分鲜艳,非常受消费者欢迎。由于荧光增白剂,能明显地提高纺织品的白度,因而,荧光增白处理就成了纺织品增加白度不可缺少的处理过程。

　　荧光物质一般是吸收波长较短的光,而激发出波长较长的荧光。如荧光增白剂,吸收波长较短的紫外光,而激发出蓝紫色的可见光。因此,它和非荧光物质具有完全不同的颜色特征,给颜色测量带来很多不便。根据物体表面色的分光测色原理,按照照射样品的是单色光还是复色光,测色装置可以分成以下两种形式,如图 8-23 所示。

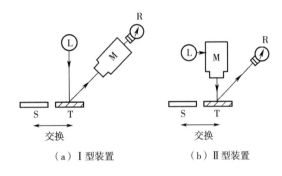

图 8-23　物体表面色分光测色原理示意图

L—照明光源　M—单色光器　R—探测器　S—标准样品　T—被测样品

　　图 8-24 所示的曲线 I 与 II 分别是图 8-23 所示的 I 型和 II 型两种测色装置,测得的橙色荧光样品的分光反射率曲线。用测色装置 II 测得的上述荧光物质在 D_{65} 照明体和 CIE 1931 标准色度观察者下的三刺激值和色度坐标为:

$$X_{II} = 63.59, \ Y_{II} = 60.10, \ Z_{II} = 56.21,$$
$$x_{II} = 0.3535, \ y_{II} = 0.3341$$

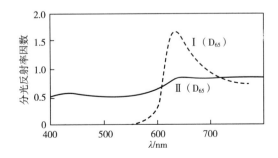

图 8-24　橙色荧光样品在两种不同颜色装置下测得的分光反射率因数

由图 8-24 所示的分光反射率曲线 I 可知,在波长 610nm 处,有一个该荧光物质特有的峰值。荧光样品吸收了波长比较短的光,而激发出了波长比较长的荧光。当照明光源发生变化时,在装置 I 中,将会得到不同的测量结果。因此,测色装置 I 应当使用与 D_{65} 标准照明体在紫外光区和可见光区的能量分布都接近的模拟 D_{65} 光源,在实际的仪器生产中常常由氙灯加滤色镜来得到。如图 8-23 所示曲线的测量结果,分光反射率曲线 I 在 D_{65} 照明体及 CIE 1931 标准色度观察者下的三刺激值和色度坐标为:

$$X_{\mathrm{I}} = 65.47, \ Y_{\mathrm{I}} = 36.65, \ Z_{\mathrm{I}} = 0.12,$$
$$x_{\mathrm{I}} = 0.6403, \ y_{\mathrm{I}} = 0.3585$$

很显然,使用 II 型那样的普通分光测色仪,所测得的结果是不准确的,原因是,当使用 II 型装置进行颜色测量时,除了有波长 λ_{s} 的反射光外,还有激发出来的波长大于 λ_{s} 的荧光 λ_{I},而此时的探测器把反射光和激发出来的荧光都作为 λ_{s} 的反射光而被检测。

而对于装置 I,在测量非荧光样品的分光反射率因数时,因为是标准白与被测样品两者的反射光的比,测得的分光反射率值与入射光是无关的,由此它与装置 II 测得的结果应无差别。而在测定荧光样品时,探测器检测的某一波长的反射光中,不仅包含有与入射光波长相等的光,而且,还包含有荧光样品吸收了波长较短的入射光激发出来的荧光。而荧光样品激发出来的荧光的强弱,与照明光源中波长较短的光的能量分布有关。所以,以装置 I 测定荧光样品时,其测得的分光反射率因数,决定于照明光源 L 的光谱能量分布,特别是短波一侧的分布状态。

因此,要想以图 8-23 所示的 I 型装置测得 D_{65} 标准照明体下的正确的三刺激值,则光源的能量分布必须与 D_{65} 标准光源完全一致。

另外,人们通过研究还开发了与照明光源 L 的光谱能量分布无关的方法。

一、双单色器的方法

通过对荧光样品测量原理的深入研究发现,准确测量荧光样品应采用图 8-25 所示的具有双单色光器的测量装置。

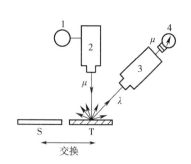

图 8-25　双单色器的测量装置

S—标样　T—试样　1—光源

2—第一单色光器　3—第二单色光器　4—受光器

该装置虽然原理正确,测量结果可靠,但装置价格昂贵,并且测量过程相当烦琐。测量时,由第一单色光器得到的单色光照射样品,然后由第二个单色光器对样品的反射光激发出来的荧光进行解析。

通常把第一单色光器得到的单色光的波长定为 $\mu(\mathrm{nm})$,照射样品后,由第二单色光器解析的反射光和激发出的荧光的波长定为 $\lambda(\mathrm{nm})$,其中,μ 和 λ 的波长范围均为 $300 \sim 780\mathrm{nm}$。

在测量时,把标准白板用图 8-25 所示的装置测量,因为没有荧光激发出来,所以 $\mu \neq \lambda$ 时,第二单色光器的输出为零,而仅仅在$\mu=\lambda$时,才有输出。若以波长为$E\mu\mathrm{d}\mu$的单色光器照射样品,在$\mu=$$\lambda$时,投射到第二单色光器的反射通量为$L_\mathrm{S}(\lambda\text{、}\lambda')$,括号内的$\lambda$为解析波长,$\lambda'$为照射光的波长,下标$S$则表示标准白板。标准白板的分光反射率因数为$\beta_\mathrm{S}(\lambda)$。当把测量样品由标准白板改换成荧光样品时,以波长为μ的单色光照射,不仅仅有$\mu=\lambda$的反射光,而且,一般在$\mu>\lambda$的范围内会有荧光激发出来。照射波长为μ,解析波长为λ,则投射到第二单色光器的反射和发射通量为$L_\mathrm{t}(\lambda\text{、}\mu)$,其中下标$t$表示荧光样品,此时的分光反射率因数$\beta_\mathrm{t}(\lambda\text{、}\lambda')$为:

$$\beta_\mathrm{t}(\lambda,\lambda')=\beta_\mathrm{S}(\lambda)\frac{L_\mathrm{t}(\lambda_\mu)}{L_\mathrm{S}(\lambda_\mu)}$$

图 8-26 所示为一个荧光样品在$\mu=300\mathrm{nm}$,$350\mathrm{nm}$,$380\mathrm{nm}$,$420\mathrm{nm}$ 和 $440\mathrm{nm}$ 的各波长照射下,测得的分光反射率因数$\beta(\lambda_\mu)$。表 8-6 列出了荧光样品在$\mu=300\mathrm{nm}$,$420\mathrm{nm}$,$440\mathrm{nm}$ 的波长照射下的分光反射率因数$\beta(\lambda_\mu)$。

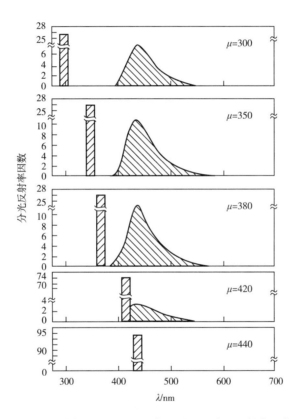

图 8-26　用双单色光器法测得的荧光样品的分光反射率因数分布

照射波长比激发出的荧光的波长范围短时($\mu=390\mathrm{nm}$ 以下),反射光与荧光分离,当照射光波长比荧光的波峰的波长长时($\mu>440\mathrm{nm}$)则仅仅有反射光存在。而当$\mu=420\mathrm{nm}$ 时,反射光与激发出的荧光共存,即:

$$\beta_\mathrm{T}(420,420)=\beta_0(420,420)+\beta_\mathrm{F}(420,420)$$

式中:β_0——反射光的分光反射率因数;

β_F——激发出的荧光的分光反射率因数。

测定时还发现,当把第二单色光器的出光狭缝调整到第一单色光器的两倍、三倍时,β_N 的值不变。因为荧光光谱是连续分布的,所以,β_F 随第二单色光器狭缝的增大而增加。因此,要根据照射荧光样品的单色光,各个波长的能量大小和用于测定的波长宽度值,把 $\beta_F(\lambda,\mu)$ 标准化,见表8-6。

表8-6　荧光样品的分光反射率因数

λ(nm)	μ(nm)		
	300	420	440
300	$\beta(300,300)$	0	0
·	·	·	·
·	·	·	·
·	·	·	·
390	0	0	0
400	$\beta(400,300)$	$\beta_F(400,420)$	0
410	$\beta(410,300)$	$\beta_F(410,420)$	0
420	$\beta(420,300)$	$\beta_F(420,420)+(420,420)$	0
430	$\beta(430,300)$	$\beta_F(430,420)$	0
440	$\beta(440,300)$	$\beta_F(440,420)$	$\beta_0(440,440)$
450	$\beta(450,300)$	$\beta_F(450,420)$	0
460	$\beta(460,300)$	$\beta_F(460,420)$	0
·	·	·	·
·	·	·	·
·	·	·	·
570	β	$\beta_F(570,420)$	0
580	0		0
·	·	·	·
·	·	·	·
·	·	·	·
770	0		0
780	0		0

有了准确测得的分光反射率因数,若照明光源的能量分布为 $S(\lambda)$,观察者为 CIE 1931 标准色度观察者。其三刺激值可由下式计算:

$$X = k \sum_{\lambda} S(\lambda)\beta_0(\lambda,\lambda')\bar{x}(\lambda)\mathrm{d}\lambda + k \sum_{\lambda} \bar{x}(\lambda)\mathrm{d}(\lambda) \sum_{\lambda} S(\mu)\beta_F(\mu,\lambda)\mathrm{d}\mu$$

$$Y = k \sum_{\lambda} S(\lambda)\beta_0(\lambda,\lambda')\bar{y}(\lambda)\mathrm{d}\lambda + k \sum_{\lambda} \bar{y}(\lambda)\mathrm{d}(\lambda) \sum_{\lambda} S(\mu)\beta_F(\lambda,\mu)\mathrm{d}\mu$$

$$Z = k \sum_{\lambda} S(\lambda)\beta_0(\lambda,\lambda')\bar{z}(\lambda)\mathrm{d}\lambda + k \sum_{\lambda} \bar{z}(\lambda)\mathrm{d}(\lambda) \sum_{\lambda} S(\mu)\beta_F(\lambda,\mu)\mathrm{d}\mu$$

其中,$k = 100/\sum_{\lambda} S(\lambda)\bar{y}(\lambda)\mathrm{d}\lambda$。

上式中的第一项,是与入射光具有相同波长的反射光相对应,而第二项则是与激发出的荧光相对应。其中的 $\beta_F(\lambda,\mu)$ 是样品吸收了波长为 μ 的入射光后激发出的荧光的分光反射率因数。其分布可由下式表示:

$$\beta_F(\lambda,\mu) = Q(\mu)F_\mu(\lambda)$$

式中:$Q(\mu)$——吸收了波长为 μ 的入射光的能量与激发出的荧光能量的比,常称为荧光辐射效率;

$F_\mu(\lambda)$——荧光的相对分光分布,一般以 $\sum_{\lambda} F_\mu(\lambda) = 1.00$ 进行标准化。

考虑到 $F_\mu(\lambda)$ 代表的荧光的分光分布会随入射光的波长不同而稍有变化,因此,近似地以一个与入射光的波长无关的常数 $F(\lambda)$ 代替 $F_\mu(\lambda)$ 比较方便,这也是建立简易荧光样品测定方法的基础。把式(8-3)与式(8-4)合并,则有:

$$X = k \sum_{\lambda} S(\lambda)\beta_0(\lambda,\lambda) + \frac{NF(\lambda)}{S(\lambda)}\bar{x}(\lambda)\mathrm{d}(\lambda)$$

$$Y = k \sum_{\lambda} S(\lambda)\beta_0(\lambda,\lambda) + \frac{NF(\lambda)}{S(\lambda)}\bar{y}(\lambda)\mathrm{d}(\lambda)$$

$$Z = k \sum_{\lambda} S(\lambda)\beta_0(\lambda,\lambda) + \frac{NF(\lambda)}{S(\lambda)}\bar{z}(\lambda)\mathrm{d}(\lambda)$$

二、双单色光器的反光路测定法

双单色光器的测量方法适用于做基础研究用,而图 8-23 所示的单色光器的 I 型装置,结构简单,价格低,因而易于推广。用该装置测量荧光样品时,当使用的照明光源与 D_{65} 标准照明体有差异时,测量结果将会产生误差。图 8-27 所示为以模拟 D_{65} 光源和标准 A 光源分别作为照明光源测得的荧光样品的光谱辐亮度因数分布。从图中我们可以看出,由于标准 A 光源缺乏紫外和蓝紫色波长的光,所以尽管两条曲线的走向相同,但标准 A 光源在 610nm 的峰值却低得多。因此,这一方法的关键是照明光源的光谱能量分布应与 D_{65} 照明体一致。目前测量时常用氙灯加滤光镜模拟 D_{65} 照明体,取得了较好的效果。

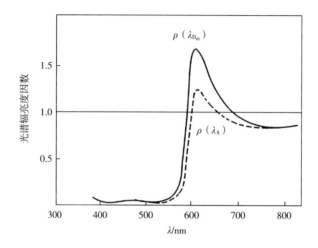

图 8-27　用标准 A 光源与模拟 D_{65} 光源分别照射测得荧光样品的光谱辐亮度因数分布

在这一方法中,所测分光样品的分光反射率因数 $\beta_T(\lambda)$,由上述各式可得:

$$\beta_T^t(\lambda) = \beta_0(\lambda) + \frac{N_t F(\lambda)}{S_t(\lambda)}$$

其中,$N_t = \sum_\lambda S_t(\mu) Q \mu \mathrm{d}\mu$ 。

β_T^t 应叫作全分光反射率因数,目的是与非荧光样品的分光反射率因数相区别,右边的两项在实际测量时是不可分的,通常直接从 β_T^t 输出。

该方法又称白色照明法,虽然简单但要使照明光源的光谱能量分布状态与标准 D_{65} 照明体完全一致,到目前为止还有一定的困难,因而,要想测得准确的荧光样品的分光反射率也不容易。

第五节　特殊颜色的测量

受自然界结构色的启发,近年来关于生物结构色仿真研究越来越多,并且取得良好的进展。一般结构色的颜色由其微结构和色素共同决定,具有随机微结构的材料会因漫反射而产生白色和素色;具有特殊微结构(如多层结构)的材料会因镜面反射而产生彩虹色;采用折射率相差很大的材料或利用金属中的自由电子可以得到明亮的颜色或光泽。

目前,可以在纺织品表面构建结构色的技术手段包括:磁控溅射法、光子晶体法、原子层沉积、电泳沉积等方法。由于多层膜结构产生的结构色中,有许多彩虹色,其中部分颜色随观测角度变化而变,因此对于此类结构色的测量,就不能仅靠常规的固定照射和观测角度的方式进行,而需要采用多角度测色方式,以完整反应结构色的情况。多角度测色仪是能够同时或依次从不同角度测量样品颜色特性的仪器。例如,多角度分光光度计可以同时或依次从几个不同角度测量样品的光谱反射比,然后计算出样品的色度量。所谓不同角度一般是相对于入射光的镜面反射方向而言。图 8-28 所示为一种单角度类型测色仪示意图。

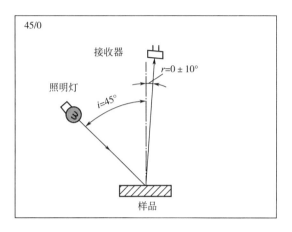

图 8-28　单角度类型测色仪的照射和观测示意图

目前,多角度分光测色仪有多种形式,多数仪器有固定的光源照射角度和观测角度,以满足不同应用场景的需要。光源照射角度通常选择 0°、25°、45°、75°以及环状照射,观测角度通常有 25°、60°、90°、120°、150°、170°等。除了上述固定照射/观测角度的仪器之外,还有一种全角度光谱测量仪器(角分辨光谱仪,如图 8-29 所示)可以进行全角度测量,此类仪器具有上反射、下反射、透射、辐射、散射、自由角度和编程等 7 种模式,入射角度范围:0~180°,观测角度范围:0~360°。

图 8-29　角分辨光谱仪

第六节　纺织行业常用颜色测量方法和标准

（1）GB/T 3977—2008　颜色的表示方法

（2）GB/T 3978—2008　标准照明体和几何条件

（3）GB/T 3979—2008　物体色的测量方法

（4）GB/T 21898—2008　纺织品颜色表示方法

（5）GB/T 4841.3—2006　染料染色标准深度色卡 2/1、1/2、1/3、1/6、1/12、1/25

（6）GB/T 250—2008　纺织品色牢度试验评定变色用灰色样卡

（7）GB/T 6688—2008　染料相对强度和色差的测定仪器法

（8）GB/T 8424.3—2001　纺织品色牢度试验色差计算

（9）GB/T 2374—2017　染料染色测定的一般条件规定

（10）GB/T 9338—2008　荧光增白剂相对白度的测定仪器法

（11）GB/T 35934—2018　棉花染色色差试验方法

（12）GB/T 32616—2016　纺织品色牢度试验试样变色的仪器评级方法

第七节　纺织品颜色测量实验

一、织物白度的测定

实验目的：学会利用白度计和测配色系统进行织物白度测试，并对测试结果进行准确判断和分析。

实验样品：半漂织物、上蓝增白织物、荧光增白织物。

实验仪器：WSD-Ⅲ白度仪、Datacolor 600

实验方法：

1. Datacolor 测试方法

（1）按照系统要求对 Datacolor 600 测配色系统进行参数设定，并进行校准。

（2）在仪器主菜单中选择白度设定的 UV 校正，将 CIE 检验瓷砖白度值（甘茨白度）输入系统，再将 CIE 检验瓷砖置于测色孔径上进行自动校正。如果白度差为±0.4，即可接受，否则重新校正。

注意：CIE 检验瓷砖的背面底色为红色，每块砖有自己特定的白度值，不可自行编造。

（3）依次将待测织物放于分光光度仪的测试孔径上，点击"测色"按钮，分别对半漂织物、上蓝增白织物、荧光增白织物进行白度测定。

（4）依次调用三种白色织物的反射率曲线、K/S 曲线、CIE 白度指数和 Ganz-Griesser 白度等颜色参数。

（5）分析不同织物反射率曲线，对其结果以及相应的增白原理进行分析。

2. WSD-Ⅲ白度仪测试方法

（1）将 WSD-Ⅲ白度仪与稳压电源相连接，接通电源预热 15min。

（2）输入标准白板的原始数据，选用计算的白度公式。

（3）进行黑板和白板校正。

（4）将织物折叠 2~4 层后测定白度值。

（5）读取织物三刺激值以及不同的白度数值，分析不同织物的白度，并与 Datacolor 600 系统所测数值进行对比。

3. 问题思考

（1）上蓝、增白和漂白三种织物的反射率曲线有何不同，白度提高的原理是什么？

（2）不同公式以及不同设备所测量的同一织物的白度值是否具有可比性？

（3）影响白度测量的实验因素有哪些？如何避免白度测量误差？

二、染色织物基本颜色参数的测定

实验目的：学会利用测配色系统进行织物基本颜色参数的测试，了解各参数的含义及指标，并对测试结果进行分析。

实验样品：由浅到深的活性染料染色平纹机织物（3~5 种浓度），以及不同颜色织物若干。

实验仪器：Datacolor 600

1. 实验方法

（1）打开仪器开关，双击测配色软件 Datacolor Tools，分别勾选：包含镜面光泽、100% UV、大孔径、自动调整、反射比（Reflectance）点击"C 校正"，依次放置黑阱、方形白板、绿色瓷板，校正结果显示"决定（Decision）"：PASS，点击"OK"完成校正；如果失败，请按照上述程序重新校正。

（2）选择一个低浓度的样品作为标样，将其折叠四层放置于测色孔径处，在软件窗口菜单里点击"标准样"，选用仪器平均值（多点测色）进行标样的测色，此种方法所测的样品数值较为客观。

（3）在标准样名称方框中输入样品名称，点击"测色"，根据所选的测色次数，分别移动样品，选择不同位置进行测色，完成相应次数的测色后，最后点选"接受"按钮，完成标样测色。

（4）分别点击标准样→文件→保存，保存好标样。

（5）点击批次样，输入名称后，按照上述操作，完成所有批次样的测色。

（6）分别点击批次样→文件→保存全部，保存好批次样。

（7）点击菜单中的绘图→曲线绘图→%R/%T，即可以调出刚才所测标样和批次样的曲线数据。

（8）点击格式→屏幕格式→选择 color 色度参数，即可以看到颜色的各项色度学参数。

（9）在主菜单窗口点击 K/S，即可以看到所有颜色的 K/S 值，点击 EXPORT KS，即可将数据导出到计算机文件夹。

(10)对上述数据重新绘图,对比分析。

2. 问题思考

(1)在测色系统中得到颜色的哪些参数,它们是如何呈现的?

(2)随着浓度的变化,颜色的反射率、色相是如何变化的?

(3)随着浓度的变化,K/S 曲线是如何变化的?

(4)K/S 曲线与反射率曲线之间的关系如何?

三、染色纱线色差的测定

实验目的:学会利用测配色系统进行染色纱线标样及批次样的色差测定,并对色差结果进行判断和分析。

实验样品:羊毛染色纱线(2种)。

实验仪器:Datacolor 600。

1. 实验方法

(1)打开仪器开关,双击测配色软件 Datacolor Tools,分别勾选:包含镜面光泽、100% UV,大孔径、自动调整、Reflectance,点击"C 校正",依次放置黑阱、方形白板、绿色瓷板,校正结果显示 Decision:PASS,点击"OK"完成校正;如果失败,请按照上述程序重新校正。

(2)选择其中一个样品作为标样,将纱线紧密而均匀地缠绕在长方形小纸板上,将其放置于测色孔径处,在软件窗口菜单里点击"标准样",然后选用仪器平均值(多点测色)进行标样的测色。

注意:测色前务必清理好样品,测色过程中不能让纱线或者纤维进入积分球!

(3)在标准样名称方框中输入样品名称,然后点击"测色",根据所选的测色次数,分别移动样品,选择不同位置进行测色,完成相应次数的测色后,最后点选"接受"按钮,完成标样测色。

(4)分别点击标准样→文件→保存,保存好标样。

(5)点击批次样,输入名称后,按照上述操作,完成批次样的测色。

(6)分别点击批次样→文件→保存,保存好批次样。

(7)此时可以观察窗口中给出的各项颜色参数,主要是观察 CMC DE、DL、Da、Db、DC、DH,记录各项数据,然后分析和判断批次样染色是否成功,如果不成功该如何调整。

(8)仔细观察染色纱线的颜色方位图,了解图中坐标以及各区域所代表的含义。

(9)重新更换光源和视角,重复上述操作,看看色差是否还一致?

2. 问题思考

(1)纱线的测色与织物测色有何不同?影响纱线测色的原因有哪些?

(2)系统给出的色差包含了哪些数据,各自代表什么含义?

(3)色差判定受哪些因素影响?

第九章　计算机配色

课件

第一节　纺织品配色方法及其发展

纺织品染色需依赖配色这一环节把染料的品种、数量与产品的色深联系起来。长期以来，均由专门的配色人员担任这一工作，即先凭经验或查老处方贴样估算染色处方，打小样，目测核样，然后逐次逼近，直到同标样相比，一般目测色差按灰卡达四级以上为止。这一过程工作量大、费时、费料，还受配色人员的心理、生理因素变化的影响，配色重现性差。随着新染料、染料助剂的不断涌现，纤维原料的变化，流行色周期的渐趋缩短，人造光源日益丰富，再加上产品的多品种、小批量，使配色问题变得非常复杂。如果继续依赖经验，无疑很难适应日益激烈的商业竞争。为此，人们希望能有仪器协助配色。随色度学、测色仪和计算机的发展，使这一愿望逐步实现。

20世纪30年代，是计算机配色的奠基阶段，CIE创建了三刺激值的表色体系，哈代制成了自动记录式反射率分光光度计，库贝尔卡—芒克（Kubelka—Munk）发表了光线在不透明介质中被吸收和散射的理论，简称为K—M理论。尽管这一理论是建立在近似的假设前提下，但其基本内容和方法至今一直被使用，并且通过长期的大量实践的经验及数据进行了各种改进和补偿，同时也通过算法和应用方法的进步，大大提高了这一理论的实际应用效果，在实际工业应用中仍可取得令人满意的效果。虽然在近代出现的多元通道理论在理论上确实克服了K—M双通道理论的许多不足，但仍无法取代K—M理论的地位，许多商业软件和工业应用仍然依据该理论解决实际的配色问题。

20世纪40年代是计算机配色的萌芽阶段。1943年美国氰胺公司的派克（Park）和斯坦恩（Stearns）提出他们的著名论文，指出各种染料吸收光学性能能够独立地带进这几种染料拼染的结果中。20世纪50年代是计算机配色的初创时期，1958年，在美国Sherwin—Willams安装了第一台由戴维逊和海门丁哲开发的COMIC。20世纪60年代是计算机配色兴起时期，1963年两家大染料厂即美国的氰胺和英国的I.C.I相继宣布可用数学计算机代客户作配色服务，为计算机配色史的里程碑。日本住友公司20世纪60年代后期，也推出了自己的配色系统。至20世纪70年代，基于K—M理论的计算机配色算法相当成熟，改进的结合三刺激值光谱曲线迭代算法确立了其主导地位。近些年又有人用模糊数学的方法使配色得到了相当的改善，也有人用线性规化方法模型和神经网络算法进行配方计算，结果都很理想。

除工业发达国家外，许多发展中国家和地区也继续引进计算机配色从事应用研究。如印度、巴基斯坦等。我国1987年开始进行国产电子测配色系统的研究,重点解决国产染料的配色、混纺纤维的配色、底布转移等。沈阳化工研究院从1984年开始研究测配色系统,并推出了SRICI(思维士)配色中文软件,为国内最早中文软件。主要功能有单一织物配色和配方修正,混纺织物的配色和修正,颜色测量及质量控制和颜色配方库管理等功能。在原纺织部重视下,立题"电子计算机测配色系统",为"七五"攻关项目之一。

当前计算机配色已普遍受到重视,已成为世界各国染整、塑料、油漆油墨、印刷、染料等工业生产的辅助设备,目前国内已有上千家企业从国外引进测配色系统,而且仍然在不断增加。但配色模块使用还有待加强,主要有多方面原因:首先,因为技术培训不够,技术人员对计算机配色技术不熟悉,软件应用不熟练;其次,目前软件与应用场景匹配度不够好,国外研制的软件以欧美印染业的特点为基础,而国内印染业混纺织物比重大,连续轧染工艺应用较多;再次,国内经验丰富的化验室师傅多,人工配色复样次数可接受;最后,计算机配色一次成功率不能满足印染厂实际需求,特别是深浓色配色一次成功率较低等。

尽管存在上述问题,但计算机配色系统具有诸多优良特性与功能,仍然值得大力推广和应用。

(1)可迅速提供合理的配方,降低成本。提高打样效率,减少不必要的人力浪费,能在极短时间内寻找到最经济,且在不同光源下色差值最小的准确配方。一般可降低10%~30%的色料成本,而且给出的配方选择性大,并可以减少染料的库存量,节约大量的资金。

(2)可对同色异谱现象进行预测。配色系统可以列出产品在不同光源下颜色的变化程度,预先得知配方颜色的品质,减少对色的困扰。

(3)具有精确迅速的修色功能。能在极短的时间内计算出修正配方,并可累积生产颜色,统计出实验室小样与生产样之间的差异系数,或生产机台之间的差异系数,进而直接提供现场配方,提高对色率及产量。

(4)可进行科学化的配方存档管理。将以往所有配过的颜色存入计算机硬盘中,不因人、事、地、物的变化而将资料完全保留,当再度接订单时,可立刻使用。

(5)可进行色料、助剂的检验分析。配色系统还可对色料、助剂进行检验分析,包括上染率和半染时间的测定、染料力份和色相的分析、助剂效果判定等。

(6)可提高印花残浆的再利用率。印花工序往往留下大量残浆,计算机可将其视为另一种染料参与配色,使其再利用,减少生产损失。

(7)可进行数值化的品质管理,可进行各项牢度分析,漂白精练程度的评估,染料相容性、染缸残液检测等,并可将其数值化,供研究者进一步参考。

(8)可连接其他设备形成网络系统。把测配色系统直接与自动称量系统连接,将称量误差减至最小,如再与小样染色仪相连,可提高打样的准确性,还可进行在线监测,可大大提高产品质量。

计算机配色大致可分为色号归档检索、反射光谱匹配和三刺激值匹配三种方式。

一、色号归档检索

色号归档检索是把以往生产的品种按色度值分类编号,并将染料处方、工艺条件等汇编成文件存入计算机内,需要时凭借输入标样的测色结果或直接输入代码可将色差小于某值的所有处方全部输出,具有可避免实样保存时变褪色问题及检索更全面等优点,但对许多新的色泽往往只能提供近似的配方,此种情况仍需凭经验调整。

二、反射光谱匹配

对染色的纺织品最终决定其颜色的仍是反射光谱,因此使产品的反射光谱匹配标样的反射光谱是最完善的配色,又称无条件匹配。这种配色只有在染样与标样的颜色相同,纺织材料也相同时才能实现,在实际生产中却不多。反射光谱波长一般在 400~700nm,每隔 10nm 或 20nm 取一个数据点。

三、三刺激值匹配

计算机配色第三种方式所得配色结果在反射光谱上和标样并不一定相同,但因三刺激值相等,也仍然可以得到等色。由于三刺激值须由一定的施照态和观察者色觉特点决定,因此所谓的三刺激值相等,事实上是有条件的。反之,如施照态和观察者两个条件中有一个与达到等色时的前提不符,等色即被破坏,从而出现色差,这正是此种配色方式被称为条件等色配色的由来。计算机配色运算时大多数以 CIE 标准施照态 D_{65} 和 CIE 标准观察者为基础,所输出的处方是能在这两个条件下染得与标样相同色泽的处方。但为了把各处方在施照态改变后可能出现的色差预告出来,还同时提供 CIE 标准施照态 A、冷白荧光灯 F 或三基色荧光灯 TL-84 等条件下的色差数据,染色工作者可据此衡量每个处方的条件等色程度。

第二节　计算机配色原理

一、计算机配色的光学原理

一束光投于不透明纺织品时,除少数表面反射外,大部分光线进入纤维内部,发生吸收和散射,光的吸收主要是染料所致,不同染料选择吸收的光谱不同,导致纺织品形成各种颜色。同时染料数量越多,吸收得越强烈,反射出来的光越少,可见在染料浓度和该纺织品反射率之间一定存在某种关系。实验发现,反射率和浓度的关系比较复杂,不成简单的比例。欲通过计算预测某深度染色物所需的染料浓度,最好能在反射率和浓度之间建立一个过渡函数,它既与反射率呈简单关系,又与染料浓度呈线性关系。

1931 年,库贝尔卡和蒙克从完整辐射理论诱导出相对简单的理论。此理论导出的过程如图 9-1 所示。

在三个假定的基础上,即光线在介质内的运动方向或所谓通道只考虑两个,一个朝上,一个

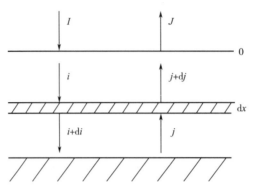

图 9-1　K—M 理论示意图

朝下,并且垂直于界面;样品界面上的折射率无变化;光线在介质中能够被足够地散射,呈完全漫反射状态,推导出公式。设一厚度为 X 的介质,与反射比为 R_g 的背景相接触。下通道的光强度为 i,上通道的光强度为 j。如图 9-1 所示,入射光 (i) 在厚度 dx 内,部分被散射 $(i \cdot S \cdot dx)$,部分被吸收 $(i \cdot K \cdot dx)$,部分被透射 $[i \cdot (1-K-S) \cdot dx]$,上下通道的光强度变化分别是 di 与 dj,上通道衰减增强了下通道能量,反之亦然。故可建立方程:

$$\begin{cases} \dfrac{di}{-dx} = -(K+S)i + Sj \\ \dfrac{dj}{dx} = -(K+S)j + Si \end{cases}$$

定义: $\rho = i/j$,故以上方程组可变成一个关于 ρ 的方程:

$$\frac{d\rho}{dx} = \frac{d(i/j)}{dx} = \frac{i(dj/dx) - j(di/jdx)}{i^2}$$

因此:

$$\frac{d\rho}{dx} = S - 2(K+S)\rho + S\rho^2$$

ρ 代表上下光通量的比。当 $x=0$ 时, $\rho = R_g$;当 $x=X$ 时, $\rho = R$,因此有:

$$\int_0^x dx = \int_{R_g}^R \frac{d\rho}{S - 2(K+S)\rho + S\rho^2}$$

积分,得反射率 R 的方程:

$$R = \frac{1 - R_g \cdot [a - b \cdot \coth(bSx)]}{a - R_g + b \cdot \coth(bSx)} \tag{9-1}$$

式中: R_g ——底层物体的分光反射率值;

　　K ——单元厚度对光的吸收系数;

　　S ——单元厚度对光的散射系数;

　　x ——物体的厚度;

$$a = (K+S)/S;$$

$$b = (a^2 - 1)^{1/2};$$

$coth(bSx)$——bSx 的双曲余切函数。

依据上述假设,K—M 理论认为纺织品等无限厚的介质,可认为厚度对反射率的影响可不计,即 $x \to \infty$,$R_g \to 0$,公式化为:

$$\left(\frac{K}{S}\right)_\lambda = \frac{(1 - R_\lambda)^2}{2R_\lambda} \tag{9-2}$$

式中:R——反射率;

　　λ——波长;

　　K——不透明体的吸收系数;

　　S——不透明体的散射系数。

由于纺织品的实际情况未必都能遵守建立模型时所作假定,致使在许多实验中发现的 K/S 值与浓度 c 的关系不符合直线关系,特别是对染料浓度高的深色织物,K/S 值常常发生负的偏离,例如纺织品对光的折射率不等于 1,因此存在着 Fresnel 镜面反射。对此 Saunderson 提出了如下校正公式。

$$\rho = \frac{\rho' - r_0}{1 - r_0 - r_1(1 - \rho')}$$
$$\frac{K}{S} = \frac{(1 - \rho')^2}{(\rho' - r_0)(1 + r_1\rho')} \tag{9-3}$$

式中:ρ'——实测反射率;

　　r_1——内表面扩散光的 FRESNEL 扩散反射系数;

　　r_0——内表面入射光的 FRESNEL 镜反射系数;

　　ρ——校正后的反射率。

也有不少测表面色的分光光度计,在其积分球适当部位上装有镜面光吸收装置,以从仪器角度校正。但对于纺织品这类镜面光不太明显、方向又不太集中的样品,这种办法可能反而造成更大的误差,因此,国际标准化组织建议对纺织品测色还是以不利用吸收装置为宜。有研究人员把光线在介质内的运动方向或通道扩大至四个或六个,甚至借助各向同性辐射传递的理论,研究出多通道和辐射传递理论,得出严格的反射率。但它们需要引进更多的系数并使计算复杂化,不像 K—M 理论只需 K 和 S 两个系数,可对染色纺织品进行简单的表示,把它们合并为单一的数值处理。多通道理论和辐射传递理论之所以未在仪器配色中取得实际效果,主要原因是对配色精度的改善并不显著。

总之,目前的仪器配色仍以使用 K/S 函数为主流。对于染料浓度较高,且浓度分档较多的染色物,按式(9-2)计算的 K/S 值偏离与浓度的线性关系的问题,可在相邻的两个间隔较小的浓度范围内运用各种内插方法解决。

二、计算机配色的基本算法原理

如前所述,对不透明体 K—M 方程式见式(9-2)。

1943 年 11 月美国氰胺公司的 Park 和 Sterns 提出染料吸收光线的光学性能可以独立带进几种染料的拼染结果中,也即对任意组合的染料,对光的吸收和散射具有加和性,K/S 具有加和性。对于染色纺织品,K/S 值可表示如下:

$$\frac{K}{S} = \frac{K_0 + \sum\limits_{i=1}^{n} K_i}{S_0 + \sum\limits_{i=1}^{n} S_i} \tag{9-4}$$

式中:K_0、S_0——分别为染色纤维的吸收系数和散射系数;

K_i、S_i——分别为各染料的吸收系数和散射系数。

由于染着于纤维的染料粒子太微小,其散射系数 S_i,与纤维散射系数 S_0 相比很小,可以忽略不计,即 $S=S_0$,则式(9-4)变为:

$$\frac{K}{S} = \frac{K_0 + \sum\limits_{i=1}^{n} K_i}{S_0 + \sum\limits_{i=1}^{n} S_i} = \frac{K_0 + \sum\limits_{i=1}^{n} K_i}{S_0} \tag{9-5}$$

这是纺织品配色通常使用的单常数理论。

若只有一种染料,则式(9-5)变为:

$$\frac{K}{S} = \frac{K_0 + K_1}{S_0} = \frac{K_0}{S_0} + \frac{K_1}{S_0} \tag{9-6}$$

在一定染色浓度范围内,纤维上染料上染量与染浴中使用的染料浓度 c 成正比,即染料浓度越高上染量越高,经分光仪所测得分光反射率值就越低,而且与染料浓度呈一定的线性关系。

$$\frac{K}{S} = \Phi c \tag{9-7}$$

式中:Φ——单位浓度的 K/S 值。

同理,对于多个染料配色$(K/S)_m$关系式为:

$$\left(\frac{K}{S}\right)_m = \left(\frac{K}{S}\right)_0 + \sum\limits_{i=1}^{n} \Phi_i c_i \tag{9-8}$$

上式是颜色混合计算的基础。这样 K/S 值在染料浓度与反射率之间起过渡作用,而且 K/S 值具有加和性。Φ_λ 对于特定的染料和织物是恒定的,使得可以根据染料浓度计算 K/S 值,进而计算反射率数据,得到染色纺织品的颜色值;反之根据目标色的反射率数据也可以推出颜色样品的 K/S 值,计算相混配各染料的浓度,使计算机配色在理论上具有可行性。

式(9-8)在可见光范围内(400~700nm)每间隔 20nm 测量一个点,共 16 点。以通式表示为:

$$\left(\frac{K}{S}\right)_{m,\lambda} = \left(\frac{K}{S}\right)_{0,\lambda} + \sum_{i=1}^{n} (\Phi_i)_{\lambda} c_i \tag{9-9}$$

其中，$\lambda = 400$、420、$\cdots$、700。

由式(9-9)可得由 16 个方程组成的方程组，染料浓度是未知数，在这个方程组中，由于方程数远多于变量数，所以应有无数组解，即可得无数组配方。一般可用最小二乘法解决，即在标准样与配色样间的反射率差最小时求得配方染料浓度，或以向量加成方法获得配方染料浓度。最初所获得的配方浓度，只是近似值，一般均需要用重复法改善获得最佳三刺激值配对的配方浓度。波长范围和波长间隔可以按照需要选用。

由式(9-2)推导出：

$$\rho(\lambda) = 1 + \left(\frac{K}{S}\right)_{\lambda} - \left\{ \left[1 + \left(\frac{K}{S}\right)_{\lambda} \right]^2 - 1 \right\}^{1/2} \tag{9-10}$$

再根据式(9-9)、式(9-10)由最初获得的配方浓度计算出理论上的反射率值，由第三章三刺激值计算方法计算出三刺激值 X、Y、Z。

应用三刺激值可算出理论色样与标准样之间的色差是否在设定允许范围内，若在设定允许范围内，则计算在不同光源下的同色异谱指数和成本，打印出结果。若色差不在允许范围内，则先计算三刺激值差 ΔX、ΔY、ΔZ，再由下列方程式修正染料浓度。

$$\left. \begin{aligned} \Delta X &= \frac{\partial X}{\partial c_1} \cdot \Delta c_1 + \frac{\partial X}{\partial c_2} \cdot \Delta c_2 + \frac{\partial X}{\partial c_3} \cdot \Delta c_3 \\ \Delta Y &= \frac{\partial Y}{\partial c_1} \cdot \Delta c_1 + \frac{\partial Y}{\partial c_2} \cdot \Delta c_2 + \frac{\partial Y}{\partial c_3} \cdot \Delta c_3 \\ \Delta Z &= \frac{\partial Z}{\partial c_1} \cdot \Delta c_1 + \frac{\partial Z}{\partial c_2} \cdot \Delta c_2 + \frac{\partial Z}{\partial c_3} \cdot \Delta c_3 \end{aligned} \right\} \tag{9-11}$$

如果设：

$$\boldsymbol{B} = \begin{bmatrix} \dfrac{\partial X}{\partial c_1} & \dfrac{\partial X}{\partial c_2} & \dfrac{\partial X}{\partial c_3} \\[2mm] \dfrac{\partial Y}{\partial c_1} & \dfrac{\partial Y}{\partial c_2} & \dfrac{\partial Y}{\partial c_3} \\[2mm] \dfrac{\partial Z}{\partial c_1} & \dfrac{\partial Z}{\partial c_2} & \dfrac{\partial Z}{\partial c_3} \end{bmatrix} \qquad \boldsymbol{t} = \begin{bmatrix} \Delta X \\ \Delta Y \\ \Delta Z \end{bmatrix} \qquad \Delta \boldsymbol{c} = \begin{bmatrix} \Delta c_1 \\ \Delta c_2 \\ \Delta c_3 \end{bmatrix}$$

则式(9-11)可改为矩阵形式：

$$t = B\Delta C$$

则：

$$\Delta C = B^{-1} t \tag{9-12}$$

由方程式(9-12)可得知染料浓度差，c_1、c_2、c_3 为最初配方染料浓度，c_1'、c_2'、c_3' 为调整后的配方染料浓度，即：

$$c'_1 = c_1 + \Delta c_1$$

$$c'_2 = c_2 + \Delta c_2$$

$$c'_3 = c_3 + \Delta c_3 \qquad (9\text{-}13)$$

将调整后的配方浓度,再由式(9-9)、式(9-10)及色差公式进行计算,若色差在允许范围内,则打印出结果;若色差仍不在允许范围内,再经式(9-12)、式(9-13)修正,然后再回到式(9-9)、式(9-10)及色差公式,如此重复,直到色差符合要求为止。

三、配色算法

依据计算机配色基本程序,取16个波长点,共有16个方程式,可分两步计算而获得染料配方。首先计算染料配方近似值,可称为概略处方,第二步是以重复法改善最初的染料配方,以获得最佳的三刺激值的匹配。

这16个方程式是:

$$\left(\frac{K}{S}\right)_{m,400} = \left(\frac{K}{S}\right)_{0,400} + \sum_{i=1}^{n}(\Phi_i)_{400}c_i$$

$$\left.\begin{array}{l}\left(\dfrac{K}{S}\right)_{m,420} = \left(\dfrac{K}{S}\right)_{0,420} + \sum_{i=1}^{n}(\Phi_i)_{420}c_i \\ \cdots \\ \left(\dfrac{K}{S}\right)_{m,700} = \left(\dfrac{K}{S}\right)_{0,700} + \sum_{i=1}^{n}(\Phi_i)_{700}c_i\end{array}\right\} \qquad (9\text{-}14)$$

式中:Φ_i——为某种染料单位浓度 K/S 值。

式(9-10)也可以表示如下:

$$\rho(\lambda) = 1 + \left(\frac{K}{S}\right)_{m,\lambda} - \left\{\left[1 + \left(\frac{K}{S}\right)_{m,\lambda}\right]^2 - 1\right\}^{\frac{1}{2}} \qquad (9\text{-}15)$$

1. 概略处方计算方法

概略处方计算方法有几种,最简单的方法是假定染料的浓度,根据式(9-14)、式(9-15)转换成配方的反射率值,与标准色样的反射率值比较,最后以重复法改善解决。基于标准色样的 Y 值而设定染料浓度,亦可获得概略处方配方浓度的近似值。以上两种方法虽然在最初解决方法中减少了计算数量,但是增加重复法的次数,而且此种情况可能无法获得配方,概略处方计算方法中更有效率的是向量加成方法和最小二乘法。

向量加成方法系依赖于色彩空间内向量方程式的解决,此色彩空间是基于由 K/S 值而不是反射率 ρ 积分所获得的假性三刺激值而形成的,也就是 K—M 空间被认为与正常 CIE 空间是互补的,标准的色彩能够在此色彩空间以向量表示。相关的染料向量加成结果可与标准样向量相等。上述情况可由下列方程式表示。

$$Q_S = c_A Q_A + c_B Q_B + c_C Q_C + Q_{SUB}$$

式中：　　　　Q_S——在 K—M 空间的标准样向量；

Q_A、Q_B、Q_C、Q_{SUB}——分别为 K—M 空间中染料 A、B、C 及基质的向量；

c_A、c_B、c_C——分别为染料 A、B、C 的浓度。

首先建立下列假性三刺激值计算方程：

$$
\left.
\begin{aligned}
X_{Q,S} &= \sum_{400}^{700} \left\{ \left[\bar{x}(\lambda) E(\lambda) \right] \left[\left(\frac{K}{S}\right)_{SUB,\lambda} + \sum_{i=1}^{3} (\phi_i)_\lambda c_i \right] \right\} \\
Y_{Q,S} &= \sum_{400}^{700} \left\{ \left[\bar{y}(\lambda) E(\lambda) \right] \left[\left(\frac{K}{S}\right)_{SUB,\lambda} + \sum_{i=1}^{3} (\phi_i)_\lambda c_i \right] \right\} \\
Z_{Q,S} &= \sum_{400}^{700} \left\{ \left[\bar{z}(\lambda) E(\lambda) \right] \left[\left(\frac{K}{S}\right)_{SUB,\lambda} + \sum_{i=1}^{3} (\phi_i)_\lambda c_i \right] \right\}
\end{aligned}
\right\}
\tag{9-16}
$$

式中：$X_{Q,S}$、$Y_{Q,S}$、$Z_{Q,S}$——标准样在 K—M 空间的假三刺激值；

$\bar{x}(\lambda)$、$\bar{y}(\lambda)$、$\bar{z}(\lambda)$——标准色度观察者光谱三刺激值；

c_i——染料 i 的未知最初浓度；

$(\phi_i)_\lambda$——染料 i 在波长 λ 单位浓度 K/S 值；

$E(\lambda)$——光源在波长的相对光谱功率分布。

在方程中未知数只有染料浓度，解方程可得到需要的染料浓度，但所得的结果正确性欠佳。尤其是鲜艳颜色和有同色异谱现象的样品误差会更大。为了解决此问题，Allen 引入了矩阵算法，获得了广泛应用。Allen 的矩阵解决方法如下：

$$
A = \begin{bmatrix}
\left(\dfrac{K}{S}\right)_{400}^{i} \\[2ex]
\left(\dfrac{K}{S}\right)_{420}^{i} \\[1ex]
\vdots \\[1ex]
\left(\dfrac{K}{S}\right)_{700}^{i}
\end{bmatrix}
$$

$\left(\dfrac{K}{S}\right)_\lambda^{i}$ 是染料 i 的单位浓度 K/S 值，是 16×1 的矩阵。

$$
F^s = \begin{bmatrix}
\left(\dfrac{K}{S}\right)_{400}^{s} \\[2ex]
\left(\dfrac{K}{S}\right)_{420}^{s} \\[1ex]
\vdots \\[1ex]
\left(\dfrac{K}{S}\right)_{700}^{s}
\end{bmatrix}
$$

$\left(\dfrac{K}{S}\right)^{s}_{\lambda}$ 是标准样的 K/S 值,是 16×1 的矩阵。

$$F^{m} = \begin{bmatrix} \left(\dfrac{K}{S}\right)^{m}_{400} \\[2mm] \left(\dfrac{K}{S}\right)^{m}_{420} \\[2mm] \vdots \\[2mm] \left(\dfrac{K}{S}\right)^{m}_{700} \end{bmatrix}$$

$\left(\dfrac{K}{S}\right)^{m}_{\lambda}$ 是计算配方的 K/S 值,是 16×1 的矩阵。

$$F^{t} = \begin{bmatrix} \left(\dfrac{K}{S}\right)^{t}_{400} \\[2mm] \left(\dfrac{K}{S}\right)^{t}_{420} \\[2mm] \vdots \\[2mm] \left(\dfrac{K}{S}\right)^{t}_{700} \end{bmatrix}$$

$\left(\dfrac{K}{S}\right)^{t}_{\lambda}$ 是基质的 K/S 值,是 16×1 的矩阵。

$$r^{s} = \begin{bmatrix} \rho^{s}_{400} \\ \rho^{s}_{420} \\ \vdots \\ \rho^{s}_{700} \end{bmatrix}$$

ρ^{s}_{λ} 是标准样的反射率值,是 16×1 的矩阵。

$$r^{m} = \begin{bmatrix} \rho^{m}_{400} \\ \rho^{m}_{420} \\ \vdots \\ \rho^{m}_{700} \end{bmatrix}$$

ρ^{m}_{λ} 是计算配方的反射率值,是 16×1 的矩阵。

$$T = \begin{bmatrix} \bar{x}_{400} & \bar{x}_{420} & \cdots & \bar{x}_{700} \\ \bar{y}_{400} & \bar{y}_{420} & \cdots & \bar{y}_{700} \\ \bar{z}_{400} & \bar{z}_{420} & \cdots & \bar{z}_{400} \end{bmatrix}$$

$\bar{x}_\lambda$、$\bar{y}_\lambda$、$\bar{z}_\lambda$ 是在 CIE 标准色度观察者光谱三刺激值,是 3×16 的矩阵,也可按具体需要采用其他波长范围和间隔。

$$\boldsymbol{E} = \begin{bmatrix} E_{400} & 0 & \cdots & 0 \\ 0 & E_{420} & \cdots & 0 \\ \vdots & \vdots & \ddots & \vdots \\ 0 & 0 & \cdots & E_{700} \end{bmatrix}$$

E_λ 是光源的相对光谱功率分布,是 16×16 的矩阵,对角线为 E_λ,其他元素均为 0。

$$\boldsymbol{D} = \begin{bmatrix} d_{400} & 0 & \cdots & 0 \\ 0 & d_{420} & \cdots & 0 \\ \vdots & \vdots & \ddots & \vdots \\ 0 & \cdots & 0 & d_{700} \end{bmatrix}$$

d_λ 是标准样反射率随 K/S 值变化的速率。$d_\lambda = \mathrm{d}\rho_\lambda / \mathrm{d}(K/S)_\lambda$,是 16×16 的矩阵,对角线为 d_λ,其他元素均为 0。

$$\boldsymbol{\Phi} = \begin{bmatrix} \Phi_{400}^1 & \Phi_{400}^2 & \Phi\Phi_{400}^2 \\ \Phi_{420}^1 & \Phi_{420}^2 & \Phi_{420}^2 \\ \vdots & \vdots & \vdots \\ \Phi_{700}^1 & \Phi_{700}^2 & \Phi_{700}^2 \end{bmatrix}$$

Φ_λ^i 为样品所用某种染料的单位浓度 K/S 值。λ 为波长,上标 i 为某种染料。

$$\boldsymbol{C} = \begin{bmatrix} c_1 \\ c_2 \\ c_3 \end{bmatrix}$$

c_1、c_2、c_3 是未知的染料浓度。

$$\boldsymbol{t} = \begin{bmatrix} X \\ Y \\ Z \end{bmatrix}$$

X、Y、Z 是标准样的三刺激值。

当样品和配色样达到完全匹配时:

$$t = TEr^s = TEr^m \tag{9-17}$$

$$TE[r^s - r^m] = 0 \tag{9-18}$$

除非达到非条件等色,否则色样与匹配物的反射率在某些波长上是会有差异的。Allen 引进了一个适用于各波长的近似式:

$$\rho_\lambda^s - \rho_\lambda^m = \Delta\rho_\lambda = \left[\frac{\mathrm{d}\rho}{\mathrm{d}\left(\dfrac{K}{S}\right)}\right]_\lambda \cdot \Delta\left(\frac{K}{S}\right)_\lambda = \left[\frac{\mathrm{d}\rho}{\mathrm{d}\left(\dfrac{K}{S}\right)}\right]_\lambda \cdot \left[\left(\frac{K}{S}\right)_\lambda^s - \left(\frac{K}{S}\right)_\lambda^m\right] \tag{9-19}$$

$\Delta\rho_\lambda$ 越小,式(9-19)越正确,也就说明越接近光谱配色。把式(9-19)改成矩阵的形式则:

$$\boldsymbol{r}^s - \boldsymbol{r}^m = \boldsymbol{D}\left[\boldsymbol{F}^s - \boldsymbol{F}^m\right] \tag{9-20}$$

把式(9-20)代入式(9-18)得:

$$\boldsymbol{TEDF}^s = \boldsymbol{TEDF}^m \tag{9-21}$$

根据 K/S 的加和性可知:

$$\boldsymbol{F}^m = \boldsymbol{F}^t + \boldsymbol{\Phi C} \tag{9-22}$$

将式(9-22)代入式(9-21)得:

$$\boldsymbol{TED\Phi C} = \boldsymbol{TED}\left(\boldsymbol{F}^s - \boldsymbol{F}^t\right) \tag{9-23}$$

则:

$$\boldsymbol{C} = (\boldsymbol{TED\Phi})^{-1}\boldsymbol{TED}\left(\boldsymbol{F}^s - \boldsymbol{F}^t\right) \tag{9-24}$$

式(9-24)中矩阵 $(\boldsymbol{TED\Phi})^{-1}$ 是矩阵 $(\boldsymbol{TED\Phi})$ 的逆矩阵,在输入基础数据以后,计算机就可以按照标样的 K/S 值而解出所需的配方浓度。

在很多测配色计算机中,解决三刺激值向量问题的方法是采用线性方程技术。在文献中 Belanger 叙述了此方法的特点:配色成本降低,减少了不必要的染料组合,在极短的时间内可连续地计算出配方,让使用者有更多的选择机会。如果参与选择配方的染料超 14 种时,此线性方程能比标准组合方法节省更多的计算时间,染料数目越多,节省时间越多,如 100 种染料中每 3 种染料组合,若使用标准组合方法需 15.1min,而用线性方程法只需要 15s。

2. 迭代法

概略处方计算出标准样反射率曲线的近似值,若没发生有同色异谱现象,则此近似值的正确性是很好的。有下列几种情况则需要使用迭代法改善最初的染料配方。

(1) K/S 函数与染料浓度之间是非线性关系。

(2) Allen 所取的导数是近似值。

(3) 三刺激值与染料浓度之间不是线性关系。

迭代法是依据标准样与计算配方样两者三刺激值之间的色差,此色差必须在容许的色差范围内。这种解决法需要 2~4 次重复步骤,大多数计算机允许 7~15 次重复计算。

由概略处方计算得到反射率值,染料浓度每增加一定量(通常是 0.5%~1%),反射率曲线会有一些变化。这种变化关系可用偏微分表示。如配方有 3 种染料,可写成下列 16×3 的矩阵。

$$N = \begin{bmatrix} \dfrac{\partial \rho_{400}^1}{\partial c_1} & \dfrac{\partial \rho_{400}^2}{\partial c_2} & \dfrac{\partial \rho_{400}^3}{\partial c_3} \\[2ex] \dfrac{\partial \rho_{420}^1}{\partial c_1} & \dfrac{\partial \rho_{420}^2}{\partial c_2} & \dfrac{\partial \rho_{420}^3}{\partial c_3} \\[1ex] \vdots & \vdots & \vdots \\[1ex] \dfrac{\partial \rho_{700}^1}{\partial c_1} & \dfrac{\partial \rho_{700}^2}{\partial c_2} & \dfrac{\partial \rho_{700}^3}{\partial c_3} \end{bmatrix}$$

$$B = MPN \tag{9-25}$$

B 矩阵表示染料浓度产生微小变化时,对三刺激值产生的变化是 3×3 的方阵。

$$B = \begin{bmatrix} \dfrac{\partial X}{\partial c_1} & \dfrac{\partial X}{\partial c_2} & \dfrac{\partial X}{\partial c_3} \\[2ex] \dfrac{\partial Y}{\partial c_1} & \dfrac{\partial Y}{\partial c_2} & \dfrac{\partial Y}{\partial c_3} \\[2ex] \dfrac{\partial Z}{\partial c_1} & \dfrac{\partial Z}{\partial c_2} & \dfrac{\partial Z}{\partial c_3} \end{bmatrix}$$

B 的逆矩阵是矩阵 A,即:

$$B^{-1} = A \tag{9-26}$$

新配方的染料浓度可根据下列方程计算得到。

$$\left. \begin{aligned} c_1^A &= c_1 + a_{11}\Delta X + a_{12}\Delta Y + a_{13}\Delta Z \\ c_2^A &= c_2 + a_{21}\Delta X + a_{22}\Delta Y + a_{23}\Delta Z \\ c_3^A &= c_3 + a_{31}\Delta X + a_{32}\Delta Y + a_{33}\Delta Z \end{aligned} \right\} \tag{9-27}$$

式中:c_1^A、c_2^A、c_3^A——调整配方的染料浓度;

ΔX、ΔY、ΔZ——标准样与配方的三刺激值之差;

c_1、c_2、c_3——配方的染料浓度;

a_{ij}——矩阵 A 内的元素。

重新调整配方浓度可计算新的反射率值和三刺激值,然后再与标准样的三刺激值比较,若还不够接近,再用重复法继续进行,直到符合要求为止。

Allen 提出了一种不同的迭代法,基于概略处方的逆矩阵用于迭代法内,这样可以节省一些计算,两种方法在数学上是相等的。

$$\Delta C = \begin{bmatrix} \Delta c_1 \\ \Delta c_2 \\ \Delta c_3 \end{bmatrix}$$

$$\Delta t = \begin{bmatrix} \Delta X \\ \Delta Y \\ \Delta Z \end{bmatrix}$$

$$\Delta t = B \Delta C \tag{9-28}$$

$$Q = \begin{bmatrix} \dfrac{\partial \rho_{400}^{m}}{\partial c_1} & \dfrac{\partial \rho_{400}^{m}}{\partial c_2} & \dfrac{\partial \rho_{400}^{m}}{\partial c_3} \\ \dfrac{\partial \rho_{420}^{m}}{\partial c_1} & \dfrac{\partial \rho_{420}^{m}}{\partial c_2} & \dfrac{\partial \rho_{420}^{m}}{\partial c_3} \\ \vdots & \vdots & \vdots \\ \dfrac{\partial \rho_{700}^{m}}{\partial c_1} & \dfrac{\partial \rho_{700}^{m}}{\partial c_2} & \dfrac{\partial \rho_{700}^{m}}{\partial c_3} \end{bmatrix}$$

$$S = \begin{bmatrix} \dfrac{\partial X}{\partial \rho_{400}^{m}} & \dfrac{\partial X}{\partial \rho_{420}^{m}} & \cdots & \dfrac{\partial X}{\partial \rho_{700}^{m}} \\ \dfrac{\partial Y}{\partial \rho_{400}^{m}} & \dfrac{\partial Y}{\partial \rho_{420}^{m}} & \cdots & \dfrac{\partial Y}{\partial \rho_{700}^{m}} \\ \dfrac{\partial Z}{\partial \rho_{400}^{m}} & \dfrac{\partial Z}{\partial \rho_{420}^{m}} & \cdots & \dfrac{\partial Z}{\partial \rho_{700}^{m}} \end{bmatrix}$$

则：

$$B = SQ \tag{9-29}$$

根据色度学原理有：

$$X = \bar{x}_{400} E_{400} \rho_{400}^{m} + \bar{x}_{420} E_{420} \rho_{420}^{m} + \cdots + \bar{x}_{700} E_{700} \rho_{700}^{m}$$

$$\frac{X}{\rho_{\lambda}^{m}} = \bar{x}_{\lambda} E_{\lambda}$$

相类似可以求 Y 和 Z。

因此：

$$S = TE \tag{9-30}$$

Q 矩阵可由下列得知：

$$\frac{\partial \rho_{\lambda}^{m}}{\partial c_1} = \left(\frac{\partial \rho}{\partial \left(\frac{K}{S} \right)} \right)_{\lambda} \times \frac{\partial \left(\frac{K}{S} \right)_{\lambda}^{m}}{\partial c_1} = \Delta \lambda \frac{\partial \left(\frac{K}{S} \right)_{\lambda}^{m}}{\partial c_1}$$

由式（9-9）可知：

$$\left(\frac{K}{S} \right)_{\lambda}^{m} = \left(\frac{K}{S} \right)_{\lambda}^{1} + c_1 \left(\frac{K}{S} \right)_{\lambda}^{1} + c_2 \left(\frac{K}{S} \right)_{\lambda}^{2} + c_3 \left(\frac{K}{S} \right)_{\lambda}^{3}$$

其中，$(K/S)_{\lambda}^{1}$、$(K/S)_{\lambda}^{2}$、$(K/S)_{\lambda}^{3}$ 分别是染料 1、染料 2、染料 3 单位浓度的 K/S 值。

而：

$$\frac{\partial \left(\dfrac{K}{S} \right)^{m}_{\lambda}}{\partial c_1} = \left(\frac{K}{S} \right)^{1}_{\lambda}$$

因此：

$$\frac{\partial \rho^{m}_{\lambda}}{\partial c_1} = \mathrm{d}\lambda \left(\frac{K}{S} \right)^{1}_{\lambda} \tag{9-31}$$

故：

$$\boldsymbol{Q} = \boldsymbol{D\Phi} \tag{9-32}$$

把式(9-32)和式(9-30)代入式(9-29)可得：

$$B = \boldsymbol{TED\Phi}$$

即：

$$\Delta t = \boldsymbol{TED\Phi}\Delta c$$

$$\Delta C = (\boldsymbol{TED\Phi})^{-1}\Delta t \tag{9-33}$$

最后由 $C_{\mathrm{new}} = C_{\mathrm{old}} + \Delta C$,进行迭代运算,直至色差满足要求为止。在大多数情况下,最多需要 4~5 次迭代即可获得满意配方。

这些重复法只列举了三种染料的配方,若四种染料以上的配方可参照上述方法进行解决。

第三节　计算机配色的技术条件

一、测色与配色软件数据库中已存的资料

(1)标准施照态 A、B、C、D_{65}、TL-84、CWF、U300 等的光谱功率分布值。

(2)标准观察者光谱三刺激值 $\bar{x}(\lambda)$、$\bar{y}(\lambda)$、$\bar{z}(\lambda)$ 有 2°视场和 10°场两种数据。

(3)各种计算式,如配方计算式、色差式、配方修正式、染色常数计算式、三刺激值计算式、成本计算式、同色异谱指数计算式、反射率计算式、组织转换式、白度及深度比较式等。

二、需要输入计算机内的资料

1. 预选染料并给予编号

将所要用的各种类及不同染料给予编号。一般应考虑染料的价格、相对力份、染料的各种牢度、染料的相容性,同时还要考虑选用染料配出的色域范围要大等因素。

2. 染料的力份与价格

染料编完号后将其力份和单价输入计算机。

3. 选择参与配方的染料及配方的染料数目

要想对任意标准样用计算机计算配方,首先要选择染料及颜色,然后再考虑有多少只染料

参与配方,每个配方的染料数目是多少,每次配色的染料数目是多少,一般配方染料数目多为3个,也可选4个或5个染料的配方。配色的染料数目最多不要超过20个。参与制作配方的染料越多或每个配方的染料数目越多,计算机计算配方的时间就会增加。这是由于染料组合数目增加的结果。表9-1给出它们之间的关系。

表9-1 配方的染料数目与染料组合数目的关系

染料数目	组合数目		
	3 个染料	4 个染料	5 个染料
6	20	15	6
8	56	70	56
10	120	210	252
12	220	495	792
15	455	1365	3003

在染料的选用上采用下列11种色光染料为宜:大红、蓝光红、黄光红、橙、绿光黄、红光黄、紫、红光蓝、绿光蓝、绿、黑。

4. 计算机配方色差容许范围

色差值能确定计算机所用的配方浓度是否符合要求,符合要求的配方才能够打印出来,否则继续修正配方浓度至符合要求为止。也就是计算的配方色与标准色样是否在规定色差容许范围内。

5. 空白染色织物的反射率值

将所要染色的织物经空白染色(不加染料,只用助剂溶液,用同样的染色条件进行染色),将分光仪测定的反射率值输入计算机,由计算机换算成 K/S 值。

6. 标准色样的分光反射率值

标准色样经分光仪测定反射率值,输入计算机,换算成 K/S 值。

7. 基础色样的染料浓度和分光反射率值

基础色样的制作应注意下列问题。

(1)要由专人负责制作,以减少人为误差。

(2)所用染色浓度的档次视各染料情况而定,一般在实际使用范围内选定若干不同浓度(一般6~12个),浓度在0.01%~6%。

(3)所用纤维材质组织一般选用产量大且具有代表性的。

(4)实验室小样与大生产的染色方法条件应尽可能一致。

(5)被染的基础数据样要在同一台小样机上制作。

(6)小样制作要在连续的一段时间内完成,可重复制作两三次,以求结果正确。

(7)做好的基础色样在不同时间用同一台分光仪测定多点反射率,求取平均值,使其值有良好的重复性,如图9-2所示。

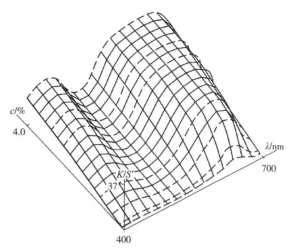

图9-2 染料不同浓度的分光反射率

将基础色样所求得的分光反射率输入计算机,换算成 K/S 值,再与空白染色织物的 K/S 值一起,利用 $K/S = \Phi c$ 求得各染料单位浓度下的 K/S 值,即 Φ 值。若基础小样制作不正确,其分光反射率及所求得的值也不正确,结果影响计算机配方的正确性。因此,基础色样制作后需要由下列各方法分析其正确性,对异常色样需修正或重新制作。

分析基础色样的方法是:

首先,以分光反射率 $\rho(\%)$ 对波长 λ 作曲线图。察看各染料在不同浓度下分光反射率曲线,一般各浓度的分光反射率曲线应呈有规则平行分布,若某曲线有部分不规则现象,如低浓度与高浓度的分光反射率相互交错,应将其修正后的反射率输入计算机,若分光反射率曲线异常严重,应将该浓度的色样重新制作。图9-3所示为基础色样分光反射率曲线举例。

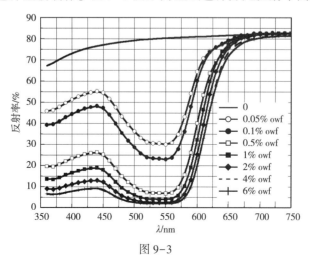

图9-3

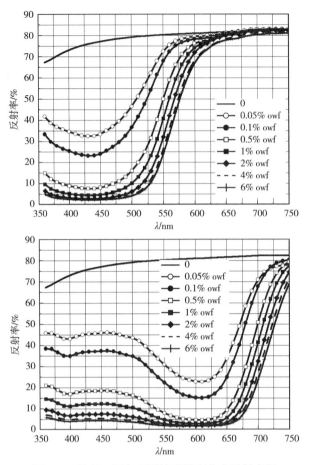

图9-3　某组三原色不同浓度梯度分光反射率图

其次,以 $\lg(K/S)$ 对 $\lg(c)$ 作曲线图。依据公式 $K/S=\Phi c$,在低浓度时,Φ 值固定,$\lg(K/S)$ 与 $\lg(c)$ 为直线关系,浓度高时直线会慢慢下垂,直到染料对纤维达到饱和上染率时,K/S 不再因 c 而变化。因此,$\lg(K/S)$ 对 $\lg(c)$ 曲线上很容易发现异常色样,将异常色样加以修正,再将修正后的浓度输入计算机,如图9-4所示。

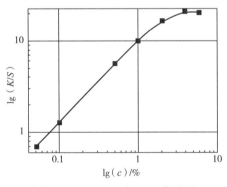

图9-4　$\lg(K/S)$ 对 $\lg(c)$ 曲线图

一般所选的 K/S 值是在最大吸收波长处,因吸收率最大处,其反射率最小,经换算成 K/S 值就最大,其相对误差就可减小。若选择反射率最大处,其 K/S 值较小,相对值较小,相对误差率就会增大,尤其对鲜明颜色或有同色异谱现象时更明显。

再次,再以染料相对色强度 FST 与染料浓度 C 作曲线图。染料相对色强度 FST 随染料浓度 C 的增加呈有规则的变化,如图 9-5 所示。如出现大的上下跳动,说明跳动点那只浓度的基础样有问题。

最后,再以多个波长的 K/S 与染料体积分数 φ 作曲线图。通过观察多个波长的 K/S 与染料浓度关系图(图 9-6),可更全面地分析基础小样制作的好坏。

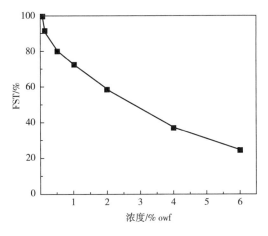

图 9-5　染料相对色强度 FST 与染料浓度曲线图

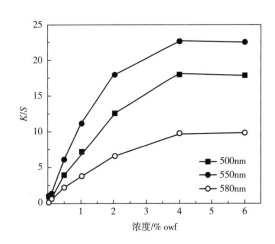

图 9-6　多个波长的 K/S 与染料浓度关系图

对于有些带荧光的染料,其在不同浓度下的分光反射率曲线的某些波段比空白样反射率还高,如图 9-7 所示。这种图形是荧光发射所致,并不是染色不均匀造成的,是正常的图形,应正常存入计算机,不需做任何修改。

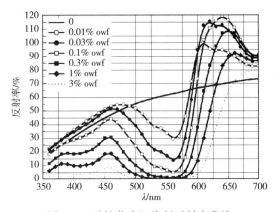

图 9-7　酸性荧光红染料反射率曲线

基础色样的制备质量可以通过对各基础色样进行反配来检验。利用各浓度基础色样原反射率值,由计算机反算其浓度分配,计算机算出的浓度配方应与建立基础资料时存入计算机的浓度相同。误差在2%~3%时,其基础资料算正确,超出此限值,原则上以重新建立此基础色样为宜。

如符合上述要求,完全可以认为你制作的基础小样是正确的。

三、计算机配方的计算

运用计算机中已存的资料和需输入的资料可以计算配方浓度。

1. 染料单位浓度 K/S 值的计算

基础色样及空白染色织物制好后,用分光仪分别测定其反射率值,根据式(9-2)计算出 K/S 值,然后将基础色样 K/S 值减去空白染色织物 K_0/S 值,即为不同浓度的 K/S 值。K_1/S 值除以该浓度即为染料的单位浓度 K/S 值;K/S 值与浓度呈线性关系时,染料单位浓度 K/S 值是不随浓度改变的。然而有些染料的单位浓度 K/S 值会随浓度改变,如图9-8所示。

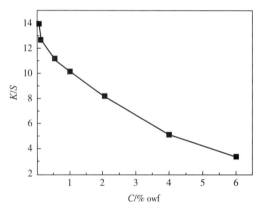

图9-8 染料的单位浓度 K/S 值与浓度之间关系

单位浓度 K/S 值与浓度未呈线性关系,尤其在高浓度时,有下垂现象,这是由于高浓度时,染料的吸收比例发生偏差,因此,要在不同染料浓度求其 K/S 值。尤其在高浓度时,可采用密集色样以提高正确性。一般采用线性内插法和多项式插值法求得两浓度间的单位浓度 K/S 值。

2. 标准色样与空白染色织物 K/S 值的计算

用分光仪分别测定标准色样和空白色样的反射率值,根据式(9-2)计算 K/S 值。

3. 计算机配方计算

应用第二节叙述的方法,由计算机软件计算给出配方。还可参照前面所输入的染料单价计算配方的成本。配方可以按照所需进行排序,如色差由低到高、成本由低到高、综合排序等。

4. 预测同色异谱指数

计算机配方在某标准照明体下(D_{65})与标准样是否等色。如果更换另一种照明体时,是否仍等色,如不等色,其色差是多少,这些都是需要知道的。因此计算几种不同照明体下的色差,以便预测同色异谱现象大小,即同色异谱指数的大小。

四、打印出配方结果

一般计算机打印出的结果包括标准样名称、基质种类、染料编号、染料名称、不同配方组合、染料浓度、成本及在不同照明条件下的色差(同色异谱指数)等。

五、小样染色

计算机给出的配方有若干组,根据需要按照染料的成本、相容性、匀染性、各种牢度及条件等色这些参考因素,选择一个理想的作为小样试染的处方,在化验室小样机内打小样,以确认能否实际达到与标样等色。由于计算机配色仅根据统一的计算模型进行计算,因此难免有不适应多变的实际情况,使得所预告的处方不能100%一次准确,所以打小样是不能省的。

六、配方修正

小样试验结果如色差不符合要求,就需要调整处方重新再染。把小样试染出的样品送到分光仪上进行测色,然后调用修正程序,在输入试染的染料及其浓度后,计算机配色系统将立即输出修正后的浓度,按目前计算机配色系统的水平,一般修正一次即可,也有不少色样可能无须修正,或需要进行两次修正。

修正计算是一种重复步骤,因此修正数学表达式基本上与重复法相同。首先需知道标准样的反射率资料及试染样的反射率或三刺激值资料及试染配方的染料浓度,然后发展一套修正矩阵。如式(9-25)、式(9-26)或 Allen 式等。根据标准样与试染样之间三刺激值的差来计算浓度的变化。染料浓度与三刺激值之间的关系不是线性的。图 9-9 所示显示了绿色染料的 Y 值随浓度变化的非线性关系。

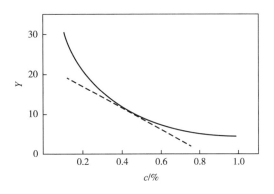

图 9-9　绿色染料 Y 值与浓度的非线性关系

由前述可知,修正矩阵是线性的,修正计算是沿着上述曲线切线进行的,如果修正计算在三刺激值空间的距离过大,此时的误差是相当大的。

另一类修正方法是应用 K—M 函数,使三刺激值与浓度具有线性关系:

$$f(X) = \frac{(1 - X)^2}{2X}$$

$$f(Y) = \frac{(1 - Y)^2}{2Y}$$

$$f(Z) = \frac{(1 - Z)^2}{2Z}$$

$$\frac{\partial X}{\partial c_1} = \{f(X)(c_1 + \partial c_1) - f(X)(c_1)\} \times \frac{1}{\partial c_1}$$

$$\frac{\partial Y}{\partial c_1} = \{f(Y)(c_1 + \partial c_1) - f(Y)(c_1)\} \times \frac{1}{\partial c_1}$$

$$\frac{\partial Z}{\partial c_1} = \{f(Z)(c_1 + \partial c_1) - f(Z)(c_1)\} \times \frac{1}{\partial c_1}$$

$$\frac{\partial X}{\partial c_2} = \{f(X)(c_2 + \partial c_2) - f(X)(c_2)\} \times \frac{1}{\partial c_2}$$

$$\frac{\partial Y}{\partial c_2} = \{f(Y)(c_2 + \partial c_2) - f(Y)(c_2)\} \times \frac{1}{\partial c_2}$$

$$\frac{\partial Z}{\partial c_2} = \{f(Z)(c_2 + \partial c_2) - f(Z)(c_2)\} \times \frac{1}{\partial c_2}$$

$$\frac{\partial X}{\partial c_3} = \{f(X)(c_3 + \partial c_3) - f(X)(c_3)\} \times \frac{1}{\partial c_3}$$

$$\frac{\partial Y}{\partial c_3} = \{f(Y)(c_3 + \partial c_3) - f(Y)(c_3)\} \times \frac{1}{\partial c_3}$$

$$\frac{\partial Z}{\partial c_3} = \{f(Z)(c_3 + \partial c_3) - f(Z)(c_3)\} \times \frac{1}{\partial c_3}$$

$$\Delta f(X) = \frac{\partial X}{\partial c_1} \times \Delta c_1 + \frac{\partial X}{\partial c_2} \times \Delta c_2 + \frac{\partial X}{\partial c_3} \times \Delta c_3$$

$$\Delta f(Y) = \frac{\partial Y}{\partial c_1} \times \Delta c_1 + \frac{\partial Y}{\partial c_2} \times \Delta c_2 + \frac{\partial Y}{\partial c_3} \times \Delta c_3$$

$$\Delta f(Z) = \frac{\partial Z}{\partial c_1} \times \Delta c_1 + \frac{\partial Z}{\partial c_2} \times \Delta c_2 + \frac{\partial Z}{\partial c_3} \times \Delta c_3 \tag{9-34}$$

式中:$\Delta f(X)$、$\Delta f(Y)$、$\Delta f(Z)$——标准样与染色样之间三刺激值与浓度呈线性关系后的差。

如果只有三刺激值方面的资料代表标准样与试样的差别时,就要使用另一修正矩阵及新的浓度计算。

$$\Delta C = tA$$

$$C_c = C_u + \Delta C \tag{9-35}$$

式中:ΔC——染料浓度调整向量;

t——标准样与染色样三刺激值差的向量；

A——修正矩阵；

C_c——修正后染料浓度的向量；

C_u——修正前染料浓度的向量。

如果已知标准样与试染样的反射率时，设原先计算的三种染料浓度分别为 c_1^a、c_1^b、c_1^c，试染色样计算的三种染料浓度分别为 c_2^a、c_2^b、c_2^c。修正系数就可以表示为：

$$f_1 = \frac{c_2^a}{c_1^a}, \quad f_2 = \frac{c_2^b}{c_1^b}, \quad f_3 = \frac{c_2^c}{c_1^c} \tag{9-36}$$

染料浓度使用这些修正系数，就可得到标准样与染色样的修正配方。

$$c_3^a = f_1 c_1^a, \quad c_3^b = f_2 c_1^b, \quad c_3^c = f_3 c_1^c$$
$$c_4^a = f_1 c_2^a, \quad c_4^b = f_2 c_2^b, \quad c_4^c = f_3 c_2^c$$
$$c_5^a = c_3^a - c_4^a, \quad c_5^b = c_3^b - c_4^b, \quad c_5^c = c_3^c - c_4^c \tag{9-37}$$

式中：c_3^a、c_3^b、c_3^c——标准样的染料修正浓度；

c_4^a、c_4^b、c_4^c——染色样的染料修正浓度；

c_5^a、c_5^b、c_5^c——标准样与染色样的染料修正浓度调整。

这些方法可以避免修正矩阵的线性问题，而且计算机时间可减至最小，若修正系数 f_i 值出现不合理的高或低值时，给试染色样带来的误差是明显的，若在合理范围内，若干修正系数能够平均而且可以用来调整基础资料。

另一种修正方法，是使用试染样计算的三种染料浓度与最初计算机配方的三种染料浓度（c_2^a、c_2^b、c_2^c）的比值，此值称为 YIELD。

$$f_1 = \frac{c_2^a}{c_1^a} \qquad f_2 = \frac{c_2^b}{c_1^b} \qquad f_3 = \frac{c_2^c}{c_1^c} \tag{9-38}$$

实际使用于批染的染料浓度除以比值 f，即为新配方的染料浓度。评估计算配方的修正性能是许多人关心的问题。依据 Hoffmaun 论点，式（9-24）的系数矩阵 $(TED\Phi)^{-1}$ 的相对决定值被计量如下：

$$D_R = (D_1 - D_2)(D_1 + D_2)$$
$$D_1 = (a_{11}a_{22}a_{33}) + (a_{12}a_{23}a_{31}) + (a_{13}a_{21}a_{32})$$
$$D_2 = (a_{31}a_{22}a_{13}) + (a_{32}a_{23}a_{11}) + (a_{33}a_{21}a_{12}) \tag{9-39}$$

式中：a_{ik}——系数矩阵 $(TED\Phi)^{-1}$ 内的元素。

对非常相似的染料，D_R 值接近零，若染料的向量 K—M 空间是垂直时，此值接近 1。D_R 值高的配方能够在色彩空间任何方向被修正，D_R 值低的配方只能在某些方向修正。

在某些情况下，使用原始配方的染料来修正是不可能的，标准样反射率曲线与配方试样反射率曲线的差别，可补充加入其他的染料，使两者的色差达到要求，而这种染料的加入量，全凭操作者的经验来定。

七、校正后的新配方染色

用新配方染色后,其色样与标准色样的色差若在可接受的范围内,则此新配方就是我们所要的染色配方,若不在可接受的范围内,则要重新修正,直到取得合乎要求的染色配方为止。

第四节　常用纺织品配色系统及应用

一、纺织品配色系统概览

常用纺织品配色系统一般包括以下功能。

(1)品管功能。该功能需要能提供颜色的反射率、色度值、色差值、白度、力份值、同色异谱指数等信息,方便用户对坯布面料进行白度评估、对染料进行力份评估,以指导生产的进行和保证工艺稳定性。

(2)染料库建立功能。该功能允许用户录入基材(坯布色样)、单色料(染料梯度版),并提供一定的评估数据(如错误百分比、力度差异等),方便用户在建立染料色库时对单色梯度进行取舍和补充。

(3)配方预测功能。将目标颜色测量到软件后,软件利用染料库或历史配方给出预测的配方。

(4)配方搜索功能。允许用户利用目标颜色去检索配方库,找到近似颜色的历史配方。

(5)修色功能。用户利用配方打样得到一个色板,软件根据色板与目标板的差异计算染料的表现系数,并重新生成一个新的配方。修色功能给出的配方有两种模式:一个是完整配方,需要用户从白坯布重新打色;一个是追加模式,只提供补充添加的染料百分比。

二、配色质量的影响因素

配色处方计算质量的好坏主要取决于描述反射、吸收和散射之间关系的算法有效性。大多数配色计算都采用 K—M 理论。但是,实际使用的染料、染色工艺以及纺织品的性能却只能部分地满足这些理论所要求的边界条件。在纺织行业,一般认为 $\Delta E_{CMC(2:1)}$ 在 1 以内的配方为成功配方,实践表明一次配色的成功率通常只有 30%~60%。传统配色一次成功率低的原因有以下几点。

(1)配色处方是根据选定染料不同浓度预先染色的结果计算出来的,计算给出所需的数据,这些数据的精度决定了染色处方的质量。因此,需要高精度、重现性好的染色工艺。

(2)预染必须在与正式生产中相同的材料上以相同的工艺进行,但在许多情况下,预染结果及数据是从外界得到的,在材料、工艺和测量条件方面都有所不同,这就恶化了计算得到处方的质量。

(3)如果染色处方在实施染色时与预染时的工艺条件、材料不同,则会出现严重色差,在这种情况下,必须进行处方的校正计算。

（4）传统配色处方计算假定染料混合后的特性与染料的单独特性相同,它不考虑染料间的相互作用,因而会导致处方不准确。

（5）在实践中,K—M理论的边界条件常常得不到满足。

（6）一般来说,被染物与标准色样材料表面情况的差异会影响到测色的精度,从而影响配色处方的质量,而视觉评价与仪器测色结果之间有一定的差异。

通常,试验室染色处方在交付生产实施的时候,需要经过有效的校正后才能取得良好的染色结果,而且常常要进行多次处方校正,大大降低了生产效率。如果能确定影响配色计算精度的因素,就能预先实施补偿,提高配方的准确性。

为了提升配方预测的有效性,各大配色系统供应商都提供了各自的解决方案,并在实践中取得了良好的效果。例如,Datacolor Match Textile 的"精明配色"和 Xrite Color iMatch 的"动态因子修正"等。

三、Datacolor 配色系统方案

通常情况下,生产实际中的误差大小只有在试验室或生产线上实际染色后才能发现,并根据误差进行校正计算。但是通过对最终生产用配色处方与计算得到的原始处方的差异进行系统的分析,Datacolor 建立了一种计算一次处方的新方法——精明配色(smart match)。

精明配色的方法可以对产生色差的影响因素进行定量描述。并能在第一次染色之前,消除由于理论与实际不相符而产生的误差。因此,需要随时能调用包括处方内容、试样色度值数据在内的处方档案,这种档案必须按染料种类、染色工艺和纺织品的情况适当编制,档案也可以与试验室处方联系起来。

当精明配色对处方进行校正时,首先搜索与被校正染料组分相同且被染物和染色过程相似的染色处方档案,然后根据标准染色结果与档案内染色结果的最大允许色差的判据找出一组 M 染色,其色度数据和处方构成了校正计算的基础。每一个 M 染色都或多或少地构成了配色计算中的一部分。

$$\frac{K}{S} = A_1 C_1 + A_2 C_2 + \cdots + A_N C_N + F_1(C_{11} \cdots C_{N1}) + F_2(C_{12} \cdots C_{N2}) + \cdots + F_M(C_{1M} \cdots C_{NM})$$

式中:F_1、$\cdots$、F_M——分别为与 M 染色及其所用染料浓度有关的校正函数。

校正函数 F 的参数根据各种染色所提供的数据进行计算,为了能进行精明配色校正计算,M 应至少等于1。不过,M 越大,校正计算的质量越好。

由于精明配色校正是以同样的染料混合体的实际染色为基础的,所以一次处方的误差能基本消除。只要校正是基于生产实际数据,那么试验室与实际生产线之间的任何系统误差都能得到补偿,这大大增强了在实验室进行的初次染色的效率。

实践表明,采用精明配色的计算方法,能将一次配色的成功率提高到90%以上,甚至达到100%,这就提高了配色的产量和效率。

四、Xrite 配色系统方案

在实际生产中,通常存在两种印染厂工作模式。一种是拥有自有产品,品种比较稳定,从原料(面料、纱线、染料)采购到生产决策均由自己控制;另一种是采用来料加工,纺织原料(面料、纱线)来自采购方,而工厂只有染料和工艺的决策权。这两种方式需求的配色系统方案完全不同。

对于前者,由于原料可控,生产稳定性较好,这时候影响染色的因素就只有理论边界和染料之间相互的影响。对于这种具有稳定系统性影响的情况,Xrite 的配色系统提供了同"精明配色"类似的"动态因子修正"方案,允许用户在配色过程中自动保存实际配方和对应颜色,在配方量达到一定规模后,允许用户利用历史配方生成"动态校正因子",这样进行配方预测时,就可以直接引入这些因子,使得第一次预测配方成功率达到90%以上。

对于后者,印染厂只能控制染料和染色工艺的稳定性,对于客户提供的面料坯布无法进行掌控,此时,Xrite 配色系统允许用户对实际坯布与数据库建立时采用的基材坯布进行差异研究,建立新的配色用基材并增加基材系数,使得配色预测时可以同时考虑面料的色泽和上色率,从而提升配方预测效果。

由于纺织行业不仅使用染料染色,还会存在涂料印花、化纤色母配色等不同的需求。针对这种情况,Xrite iMatch 配色系统同时也集成了涂料配色和塑料配色算法。这两种配色算法采用的不是染料配色常用的单项常数法,而是采用双常数法,即不但计算 K/S 与染料浓度的相互关系,同时也会单独计算 K(吸收)和 S(散射)与染料浓度的相互关系。从而满足一套软件在多个场景使用的要求。

五、纺织品配色的其他应用

(一)含有荧光色样的计算机配色

荧光染料时,所用分光测色仪的光源要含有紫外线,而且要用逆向光路分光的方式照射样品,否则会产生不正确的测色结果。目前常用分光光度计均为逆向光路设计,可以用于荧光染料或荧光增白剂的测试。

若客户色样或基础色样的反射率值超出空白染色织物的反射率时,其超出的部分应修改至与空白染色织物的反射率相同,然后再将此光学数据资料输入计算机,计算配方与实际染色配方相差很微小。

(二)混纺织物的计算机配色

以染聚酯纤维和羊毛的混纺织物(聚酯纤维占40%,羊毛占60%)为例来说明混纺织物配色过程。

(1)制作100%的纯聚酯织物和100%纯羊毛织物的基础色样,分别由分光测色仪测定其反射率值,再输入计算机。

(2)将客户色样与所要染色的混纺纤维材质的反射率值输入计算机。

（3）计算机计算出染 100%聚酯纤维的配方与染 100%羊毛的配方。

（4）染聚酯纤维的配方染料量的 40%与染羊毛的配方染料量的 60%为试染配方。

（5）试染织物包括所要染色的混纺织物、一块只剩余羊毛纤维的织物（聚酯纤维被溶解掉）及另一小块只剩余聚酯纤维（羊毛纤维被溶解）的织物。

（6）如果所试染的混纺织物的颜色不符合客户色样，比较只剩羊毛纤维的织物与客户色样的颜色，若不符合，由计算机来计算修色。

（7）如果所试染的混纺织物的颜色符合客户色样，则试染配方就是所要染此混纺织物的配方。

（8）此两小块经修色后的配方，即为试染的配方，如此继续（5）~（8）步骤可得到染混纺织物的配方。

（三）其他织物的计算机配色

若所需染色织物的组织与基础色样的织物组织不一样，一般可按照混合色样的修正，精确地转换到所要染色的织物组织上。混合色样是指任选红色、黄色、蓝色的三种染料，依同样浓度混合，如红色、黄色、蓝色染料的浓度为 0.1%、0.3%、0.6%、1.0%四种不同浓度来染所要染色的织物，染后织物的色彩一般为不同深浅的灰色或褐色。为保证精确，将这些混合色样隔天或隔缸再染一次，以检查其稳定性和再现性。经分光仪测定反射率值，输入计算机，利用基础色样资料计算此混合色样的配方，再将此计算配方与已知配方比较，得到修正系数，如果三色的修正系数几乎相同，则三色修正系数的平均值可适用于档案内的所有资料。

☞ **思考题**

1. 计算机配色大致分为几种方式？ 简述之。

2. 计算机配色时，配色软件数据库中需要哪些必要的资料？配色基础资料包括哪些内容？

3. 制作基础资料时，应注意哪些问题？

思考题答题要点

第十章　纺织品颜色信息管理

课件

颜色管理(color management)也称色彩管理,是一种用于在各种数字图像设备(如扫描仪、数码相机、显示器、打印机等)之间进行可控的色彩转换的技术。颜色管理的目的是让不同的设备能保持相对统一的色彩表现效果。颜色管理的应用很广,只要关系到颜色表征的领域都有颜色管理,如纺织、印染、数码印花、印刷、油墨、摄影、影像等领域。

仅就纺织服装领域而言,从产品设计到颜色标准制定(表征)再到印染生产、成品制造,整个产品生产周期中涉及许多不同的颜色设备和颜色状态,具体如下。

产品设计阶段:数码相机、彩色扫描仪、显示器、打印机。

颜色表征阶段:纸质色卡、纺织品色卡、纺织实物参考。

印染生产阶段:着色纤维、着色纱线、着色面料、染色设备、印花设备。

成品制造阶段:卷装面料分批、裁片颜色匹配。

在这些过程中,有的颜色以光的形式存在(显示器、电子图片)、有的颜色以纸质或油墨印刷的形式存在(打印件、设计纸稿、彩通色卡)、有的颜色以纺织品形式存在(TCX 色卡、实物样),这些不同形式和不同材质上的颜色如何能表现一致,就需要颜色管理发挥作用。同时,即使颜色在同一材质(纺织品)上呈现,如何能方便快捷准确稳定地向不同生产阶段传递,也需要颜色管理发挥作用。

所以,颜色管理可以定义为:通过科学规范、数字化的方法将各种设备校准后,将设备的颜色特性记录为特性化文件,通过与某些设备无关的参考颜色空间关联,将颜色重现于不同的环境和材质。

由于目前颜色管理多采用数字化方式运行,而在数码打印领域或数码印花领域涉及的不同数字化颜色设备比较多(扫描仪、显示器、打印输出设备),所以颜色管理系统的英文为 digital color management system,简称 CMS,也称为计算机颜色管理系统。许多时候,人们提到颜色管理就特指这个领域,也就是调整扫描颜色、显示器输出颜色、打印输出颜色保证其一致性。该领域多采用国际色彩联盟 ICC 发布的颜色管理规范。

随着生产全球化的发展需求,以及颜色数字化对行业产生越来越深的影响,纺织行业的颜色管理越来越重要。其中重要的一个环节就是全球数字化颜色传递的管理,包括测色设备选择、测色规范和颜色数据传递规程等。

第一节　颜色信息管理的相关概念和工作过程

一、颜色信息管理相关概念

(一)国际色彩联盟 ICC

国际色彩联盟(International Color Consortium,简称 ICC)成立于 1993 年,最初由 Adobe、爱克发、苹果公司、柯达、微软、硅谷图形公司等公司创立,后续加入的公司包括佳能、富士通、惠普、利盟、太阳化学、爱色丽和中国的小米公司等。

其宗旨是"负责创建、促进和鼓励开放的、供应商中立、跨平台的颜色管理系统体系结构和组件的标准化和发展。"合作的结果是制定了《ICC 颜色特性文件规范》。

ICC 特性文件规范于 1994 年首次发布,特性文件定义了将设备与参考颜色空间关联的转换。现已发展成为定义 ICC.1 特性文件的 ISO 标准。

2015 年,ICC 发布了 ICC.2(iccMAX)规范,该规范定义了 ICC.1 特性文件的扩展,其特点是突破了原特性文件规范的颜色链接空间的参考白场 D_{50} 的限制,但是它并不能取代 ICC.1。

2019 年 11 月 ICC 发布了 Specification ICC.2:2019(iccMAX),相当于 ISO 20677-1。

2022 年 5 月 ICC 发布最新的颜色规范 Specification ICC.1:2022(Profile version 4.4.0.0)。

目前采用最多颜色规范的版本是 Specification ICC.1:2010-12(Profile version4.3.0.0)相当于 ISO 15076-1。

(二)设备相关色和设备无关色

各种设备都有自己的颜色空间,且设备的颜色空间是与设备相关的,也就是说,设备的颜色视觉效果是基于材料和设备的,例如,RGB 色,相同的 RGB 值在不同显示器上,人们看到的颜色会有区别。相同的 CMYK 色图片,用不同的打印机打印出来,颜色也有差异。这种依赖于设备的颜色为设备相关色,这里的 RGB 和 CMYK 就是设备相关色。

与设备相关色相对应,设备无关的颜色是基于人眼视觉色空间的,不依赖于设备而存在。如由 CIEXYZ 表色体系表示的颜色或由 $L^*a^*b^*$ 颜色空间表示的颜色就是与设备无关的颜色。

在实际工作中,各种设备之间要交换数据,颜色在各个设备的颜色空间之间转换,为了保证同一颜色在不同设备上仍然是同一颜色,就要有一个与设备无关的颜色系统来衡量在各设备上的颜色,比如采用 $L^*a^*b^*$ 颜色空间,任何一个与设备有关的颜色空间都可以在 $L^*a^*b^*$ 颜色空间中测量、标定。这样就能使不同设备的相关颜色都能对应到 $L^*a^*b^*$ 颜色空间的同一点,从而实现它们之间的准确转换。

(三)设备校正

为了保证色彩信息传递过程中的稳定性、可靠性和可持续性,要求对输入设备、显示设备、输出设备进行标准化,以保证它们处于校准工作状态。

输入校正的目的是对输入设备的亮度、对比度、黑白场(RGB 三原色的平衡)进行校正。以对扫描仪的校正为例,当对扫描仪进行初始化归零后,对于同一份原稿,不论什么时候扫描,都应当获得相同的图像数据。

显示器校正使显示特性符合其自身设备描述文件中设置的理想参数值,使显示卡依据图像数据的色彩资料,在显示屏上准确显示色彩。

输出校正是校正过程的最后一步,对打印机进行校正。依据设备制造商所提供的设备描述文件,对输出设备的特性进行校正,使该设备按照出厂时的标准特性输出。在打样校正时,必须使该设备所用纸张、印墨等印刷材料符合标准。

设备校正是颜色管理前的一个步骤,通过确认设备的相关参数,使其置于一种可知的、标准的工作状态,并且确定是否在预期的允差范围之内。

(四)线性化

数码印花技术已经在纺织行业得到了快速发展,数码技术的优势在于其高效、灵活、可定制化的特点,而颜色复制是其重要的应用需求之一。颜色复制是指在不同的输出设备上准确地再现原始图像或设计中的颜色,以确保一致的视觉效果。数码印花颜色复制质量控制的目的是确保产品的颜色精确无误地再现,以满足客户的要求和期望。

然而,不同的设备可能存在色彩输出的差异,导致在不同设备上的颜色不一致,另外,纤维材料、织物类型、墨水配方等也会对颜色的复制产生影响。通过设备校准和配置、线性化和颜色管理、样品和参考标准的使用、色彩测量和校正等措施,可以提高数码印花颜色复制的一致性和准确性。

校准和配置打印设备是确保颜色复制质量的重要步骤。通过对打印设备进行校准,可以调整其输出色彩与标准匹配。校准包括调整打印设备的色彩设置、灰平衡和色彩偏移等参数。此外,配置打印设备的打印模式、分辨率和色彩管理选项也是重要的步骤,线性化和颜色管理是数码印花颜色复制质量控制的关键步骤。线性化是将打印设备的输入和输出之间的关系进行校正,以实现线性响应。这涉及使用特定的校正曲线和色彩校正工具,以确保所打印的颜色与原始颜色之间的一致性。例如,通过对打印机各个彩色通道墨量的控制,实现"用最小的墨量,喷出最大的平滑密度"。如果不经过线性化校准,可能打印机打印 98% 的青色和 100% 的青色密度一样,在线性校正过程中,软件会修改 100% 的地方采用 95% 时候的最大墨量,进而实现 0~100% 整个范围内的平滑控制。

(五)RIP 工具

RIP(raster image processor)的中文名称是光栅图像处理器。用途是处理以 PS、PDF 等格式的文档或其他精度各异的位图文档,转化成打印机或照排机所需要的点阵图像,再转化为打印机所需要的驱动数据文件。简单地说,RIP 的目的是将图像、图形、文字解释成了打印机、照排机能够识别的语言。在实际生产中 RIP 就是各种软件,起到了执行颜色管理操作的作用,如图 10-1 所示。

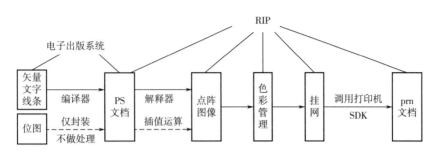

图 10-1 RIP 的应用过程

(六)特性化

在设备都经过校正后,需要将各种设备的特性记录下来,这就是特性化过程。颜色管理中的各种设备如:扫描仪、显示器、打印机都具有自身的颜色特性,为了实现准确的颜色转换和匹配,必须对设备进行特性化。对于输入设备和显示器,用一个已知的标准色度表的色度值,输入设备产生的色度值,做出该设备的标准色度曲线;对于输出设备,利用色空间图,做出该设备的色域输出曲线。特性化的结果是制作出各种设备的特性文件,又称为 ICC 文件。

(七)PCS

特性文件链接空间(profile connection space,简称 PCS),是指将各类设备的颜色特性文件链接起来,从而实现跨平台颜色转换的公用颜色空间,该空间必须是设备无关的标准化颜色空间。ICC 目前定义的 PCS 是 CIEXYZ 或 CIELAB。

(八)白点(白场)

白点(whitepoint)是指 PCS 空间或其他设备媒体的颜色空间的白平衡点。通常会以 D_{50} 为照明体,因为 PCS 白场会被定义为 D_{50} 照明下的完全漫反射体的 CIEXYZ 色度坐标。但是实际使用时,不同行业可能会有不同要求,比如在纺织品数码印花领域,很多时候白点是 D_{65} 照明下的。

(九)色域

表示某个颜色系统、设备、媒体等可以表示或处理的颜色范围。由于颜色复现原理的差异,不同类型的颜色处理设备如显示器、打印机的色域范围会有较大差异。即使是同类设备也会因为采用的标准、线性度、新旧情况的不同而导致色域差异。图 10-2 所示为 sRGB、Adobe RGB、CMYK 等不同的色域范围。

二、颜色管理的过程

颜色管理的过程中,首先要保证设备的一致性(consistency),确保设备可重复使用。对于显示器要保证其显示均匀或无图像亮点;对于打印机检查运行喷嘴和保持日常维护。然后是进行校正(calibration)、特性化检测(characterization)和转换(conversion)操作。

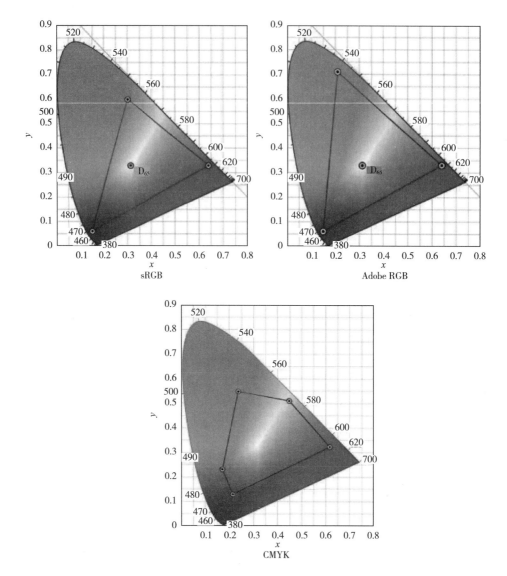

图 10-2　sRGB、Adobe RGB、CMYK 等不同的色域范围

(一) 校正

为了保证色彩信息传递过程中的稳定性、可靠性和可持续性,设备校正是颜色管理的第一步,也是该设备呈色方式作为特征描述的基础。在不同设备的颜色数据转换之前,一定要进行设备校正,包括输入设备、显示器、输出设备。通过校正确定同一设备在不同时间内颜色信息在获取和传递过程中具有一致性、可重复性,使图像系统中的各个设备都能按其相应的呈色方式呈色。

(二) 特性化

设备特性化是色彩管理的核心,当所有的设备都校正后,需要记录各设备的特性,这就是特性化过程。颜色管理系统中的每一种设备都具有其自身的颜色特性,为了实现准确的色空间转换和匹配,必须对设备进行特性化。对于输入设备和显示器,利用一个已知的标准色度值表(如 IT8 标准色标),对照该表的色度值和输入设备所产生的色度值,做出该设备的色度特性化曲线;对于输出设备,利用色空间图,做出该设备的输出色域特性曲线。在做出输入设备的色度特性曲线的基础上,对照与设备无关的色空间,做出输入设备的色彩描述文件;同时,利用输出设备的色域特性曲线做出该输出设备的色彩描述文件,这些描述文件是从设备色空间向标准设备无关色空间进行转换的桥梁。

在实际应用过程中,可以运行各种特性化软件(如 Profile Maker),利用各种测色工具对设备进行测量,最终生成其特性文件。

(三)转换

最后将特性文件应用于最终输出设备,软件会根据特性文件的信息输出最佳的匹配颜色。

色彩在不同设备特性文件间的转换是实现颜色管理的关键。由于不同设备色域有所不同,当一个设备的颜色转化为另一个设备表征时,特别是输出设备的色域通常要比原稿、扫描仪、显示器的色域窄,因此在色彩转换时需要对色域进行压缩和匹配转换。

ICC 定义了四种类型的设备之间颜色匹配转换方式:可感知方式(perceptual)、饱和度优先方式(saturation)、相对色度方式(relative colorimetric)和绝对色度方式(absolute colorimetric),如图 10-3 所示。

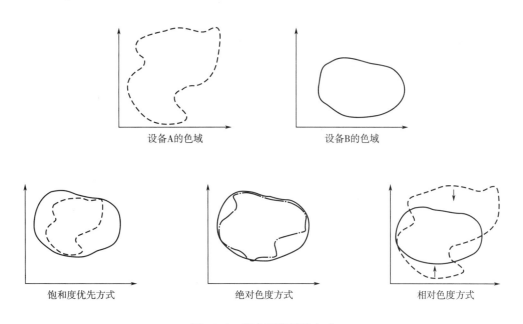

图 10-3 颜色匹配转换方式

(1)绝对色度方式。不对原设备的白点和黑点进行任何变换,尽量精确的匹配所有色度值,剪裁掉色域外的颜色。对于输出色域和输入色域相近的情况,此法可以得到理想的复制。

适用于对某些标志色的复制。

（2）相对色度方式。改变白点定标,重新缩放白点并剪辑色域外的颜色。黑点也可以重新缩放,称为黑点补偿。效果往往优于可感知显色,但是可能导致图像中颜色减少。所有颜色将根据定标点的改变而做相应改变,但不做色域压缩,因此所有超出色空间范围的颜色也都被色域边界最相近的颜色所代替。适合于色域范围接近的色空间转换。

（3）饱和度优先方式。追求高饱和度,对饱和度进行非线性压缩,但会尽量保持目标图像的最大饱和度,以充分利用设备的色域。适用于那些颜色与视觉关系不大,希望以靓丽饱和颜色展示的图像。因此这种方式不一定忠实于原稿,其目的是在设备限制的情况下,得到饱和的颜色。

（4）可感知方式。模仿了20世纪的化学摄影系统,产生令人愉悦的图像。该映射使用参考介质作为PCS,这种方法在进行色域映射的同时,还要进行梯度优化,压缩所有颜色和细节。它保持了颜色的相对关系,也就是根据输出设备的显色范围调整转换比例,以求色彩在感觉上的一致性,目标是能维持原来的整体效果。

在实际应用过程中,颜色匹配的好坏是判断颜色管理是否成功的主要参考指标,最简单的办法就是采用目前国际上常用的色差来检查判定颜色匹配结果。

第二节　纺织印染行业的颜色管理

纺织印染行业虽然是一个非常传统的行业,但是从20世纪90年代开始,电脑测色和配色等手段就逐渐开始服务于生产和贸易过程。早期仅仅侧重于应用色差、同色异谱等客观数据进行颜色评价和传递过程,从而避免主观评价所产生的一系列问题。

随着我国纺织生产技术和装备的不断进步,丰富的产品系列和较高的产品质量在国际上为我国赢得了良好的声誉,国产的纺织品逐渐在全球供应链中占有了举足轻重的地位,在发展过程中,纺织行业坚持立足国际前沿,始终保持开放包容的国际视野,积极吸收和传播世界先进理念、先进技术,我们国家也逐渐由纺织大国成为纺织强国。这在纺织颜色科学领域得到了很好的体现,通过积极参与国际化标准的制定,将最先进的颜色科学理念引入纺织生产管理之中,在生产技术和装备升级的同时,逐渐增加颜色数据的传输和分析功能的应用,从而逐步形成了系统的颜色管理概念并应用于纺织生产。

一、纺织印染行业颜色管理发展历程

20世纪30年代提出了众多颜色科学的基础理论,其中国际照明委员会提出的三刺激值表色系统最具意义,标志着颜色以数据进行表征的开始。随着K—M提出了不透明物体对光反射—吸收—散射的理论,使织物内染料的比例与色深度之间拥有了直接的关系,为计算机配色提供了理论支持。

1958 年,戴维森(Davidson)等设计了第一台用于纺织品测配色的商用计算机 COMIC(color-ant mixture computer)。计算机测配色系统正式开始出现;20 世纪 60 年代随着计算机技术飞速发展,许多配色算法得以产生,如 Allen 的单常数法和双常数法;20 世纪 80 年代以来个人计算机开始被广泛应用,测配色系统的推广也快速发展,计算机测色配色领域也越发活跃;1992 年国际颜色学会在美国召开了一次国际学术会议,主题是"计算机配色"。计算机配色系统获得进一步的发展;2000 年随着全球经济的一体化发展,计算机测配色系统的发展已经转向网络化、数据化、实时化和集成化。Datacolor 公司首先推出了用于供应链中颜色管理的颜色信息管理系统(CIMS),实现了通过 Email 传递客观颜色数据,方便了品牌商与各个供应商之间的颜色沟通,为颜色设计选择、颜色复现管控、颜色流通传递提供了方便;2004 年,Xrite 公司推出 Color iControl 系统,集成了颜色信息管理系统和计算机配色系统,为各大品牌商进行数据化颜色管理所采纳。

如今颜色管理系统有向网页化和数据云方向发展的趋势,例如,CSI 的 ColorFlow 系统,Natific 和 Archroma 的网络版本的颜色信息管理系统,所有数据在颜色测量时就已经放在网上,不用通过邮件,品牌商实时可以看到测试结果,并给予修改意见和评价。而 Xrite 公司开发的 Pantone Live 云标准系统,则集成了 Pantone 系统的强大色彩库,将标准数据云端的概念引入其中,满足了跨材质标准颜色传递的需要,实现了不同材质组合产品颜色的一致,并可配合仪器及软件实现数据实时传输分享。

随着我国的纺织印染加工从传统劳动密集型产业逐步转型升级为拥有数码高科技的现代制造业,颜色信息管理在纺织品印染加工过程中的应用已经越来越重要。例如在纺织品数码印花过程中,印花图案的颜色数据主要来自扫描仪、数码相机或计算机图案设计,再经过计算机分色系统编辑、组合和处理后,由专用软件转变为驱动控制喷印系统输出墨水的控制数据,直接喷印在经过预处理的织物上,形成印花产品。整个过程中不同设备之间的颜色转换和传递是印花产品实现重现性和稳定性的重要保证,如果没有颜色管理系统,就需要调色员凭经验解决屏幕显色、实际打样呈色和最终产品颜色之间的一致性问题,不仅效率低,而且质量不能得到保证。

二、纺织印染颜色管理系统的实际操作

纺织印染行业经过全球一体化的发展,形成了以光谱数据作为供应商和采购商之间颜色传递和沟通的标准,以 DE CMC$_{(2:1)}$色差公式为容差判断的依据,以高精度积分球分光测色仪为主要测色机型,以网络(邮件、网站)为数据传递方式的基本操作习惯。各个供应商和采购商之间都会根据自己的实际情况制定个性化的标准作业手册(SOP),但这些文件的核心要求很相似,总体而言主要有以下内容。

1. 测色仪器等硬件要求

分光测色仪的性能是测色准确性的保证,大型采购商会根据自身产品要求选择不同的硬件配置,通常考量的参数主要有台间差(精度、准确度)、重复性(精密度、精确度)、光源 UV 控制

能力、孔径配置、仪器几何结构,见表 10-1。

例如,有的品牌要求仪器的台间差 DE0.08 以内,重复性 DE0.01 以内,要求有 UV 校正和 UV 过滤功能,孔径要求 25mm 最小 17mm。

表 10-1   测色仪器参数要求

类型	重复性	台间差	SCI/SCE	紫外光校准能力	观察孔	积分球尺寸
大型台式	DE<0.01	DE<0.08	需要	需要	LAV,MAV	15.24cm (6英寸)

之所以要考察这些设备参数,是因为色度数据已经成为采购商品的颜色沟通标准,也就是说生产厂使用的颜色数据来自品牌商,为了颜色判定准确,必须保证不同工厂的设备不但重复性要好,还要好的一致性。

有时某些产品使用积分球测量的数据与人眼判定出现不一致的情况,这些产品的颜色测量时,通常选用跟人眼一致性更高的单角度分光光度仪。

2. 测色软件或网站要求

颜色管理的过程中,除了对测量的硬件有比较高的要求之外,软件的选择和使用也非常重要。合格的仪器保证了测量的精准度,使其传输出准确的光谱反射数据,而后数据的处理与转换,配方的计算与追加,全部由软件完成。如果软件有问题,会带来一系列问题。通常,纺织品牌采购商对颜色数据的传输有严格的要求,需要用特定的格式进行传输,甚至要求使用特定软件和版本。如有些采购商指定的是 iQC 软件,而有些则选用了 QcExpress,还有的要求供应商将测量好的数据上传 ColorFlow 系统等。

3. 颜色测量条件要求

测色条件是对软件硬件设置的具体规定以及操作手法的要求的总和,一般性要求见表 10-2。

表 10-2   测色条件设置的一般性要求

仪器设置	观察孔:LAV 紫外校准:UVexc SCE/SCI:SCI	校正要求	年校正:每年一次 日常校正:4h 一次 网络校正:每月一次
软件设置	版本:XX 以上 颜色空间:CIELAB 参数:DL*,Da*,Db*,DE CMC 光源/视角:D$_{65}$/10$°$ 色差公式:DE CMC 数据格式:QTX	操作手法	面料处理:折叠四次或不透光 压力:一般压力 平均:4 次测量,每次 90$°$ 旋转 方向:首次测量垂直纹理

从表10-3中可以看出,采购商会对仪器设置、软件设置、校正要求、操作手法等进行详细的规定,只有严格按照他们的要求操作,采集的颜色数据才是有效的。

表 10-3 部分采购商对颜色测量光源要求

序号	品牌	第一光源	第二光源	第三光源	参考
1	Soma	A	U_{30}	D_{65}	UV
2	POLO	A	D_{65}	U_{30}	
3	Limited Brand	A	CWF	D_{65}	
4	Walmart	LED4000K	D_{65}		
5	Anntaylor	CWF	D_{65}	A	
6	Anna's Linens	CWF	D_{65}		
7	Bed Bath & Beyond(BBB)	CWF			
8	Lowes	CWF	D_{65}		
9	Dollar General	CWF	D_{65}		
10	Family Dollar	CWF	D_{65}		
11	PVH	CWF	D_{65}		
12	Express	CWF	A	D_{65}	
13	Polo Jeans	CWF	D_{65}	A	U_{30}
14	Dillard's	CWF	D_{75}	A	
15	Apple	CWF	D_{65}		
16	Home Depot	CWF	D_{65}		
17	Lichtenberg In-Line Styles	CWF	D_{65}		
18	Sam's Club	CWF			
19	HSN	CWF			
20	Shopko	CWF	D_{65}		
21	Sears Home Fashions	CWF	D_{65}	A	
22	Adidas	D_{65}	TL_{84}		UV
23	Lands' End	D_{65}	U_{30}	A	
24	Macy's	D_{65}			

续表

序号	品牌	第一光源	第二光源	第三光源	参考
25	VF	D_{65}	CWF		
26	CELIO	D_{65}	TL_{84}		
27	IKEA	D_{65}	TL_{84}(TL_{83})		
28	UNIQLO	D_{65}	CWF		
29	New Balcance	D_{65}	CWF		
30	M&S	TL_{84}	D_{65}		
31	DECATHLON	TL_{84}	D_{65}		
32	Decat Hlon	TL_{84}	D_{65}		
33	JC Peny(成衣)	U_{30}	D_{65}	A	
34	JC Peny(内衣、家纺)	U_{30}	A	D_{65}	
35	Chico's	U_{30}	D_{65}	A	UV
36	WH/BM	U_{30}	D_{65}	A	UV
37	Boston Proper	U_{30}	A		
38	Kohl's	U_{35}	D_{65}		
39	Sears	U_{30}	D_{65}		
40	Levi's	U_{30}	D_{65}		
41	K-Mart	U_{30}	D_{65}		
42	MMG	U_{30}			
43	May Co	U_{30}	D_{65}		
44	AMC	U_{30}	D_{65}		
45	JM Collection	U_{30}	D_{65}	TL_{84}	
46	LaneBryant	U_{30}	D_{65}		
47	Target(成衣)	U_{35}	D_{65}		
48	Target(家纺)	U_{35}	A		
49	Target(荧光白)	D_{65}			
50	Gap	U_{35}	A	D_{65}	
51	Gap Outlet	U_{35}	A	D_{65}	
52	Banana Republic	A	U_{35}		
53	Banana Republic Factory	A	U_{35}		
54	Athleta	U_{35}	D_{64}	A	
55	Old Navy	U_{35}	D_{65}		

序号	品牌	第一光源	第二光源	第三光源	参考
56	A&F	A	U_{35}	D_{65}	
57	GU	D_{65}	CWF		
58	UnderArmour	D_{65}	U_{35}	A	

4. 测量环境要求

环境也是一个需要控制的因素,包括温度、湿度、整洁情况、实验室色调布置、操作人员的服装、电源是否稳定等。只有环境标准稳定,测量结果才能够得到保证。

通常按照 ISO 105-J01 和 AATCC 评定程序 6 规定执行,温度要求:(21 ± 1)℃,绝对湿度:65%±2%,墙壁颜色中性灰色(孟塞尔灰 N5~N7)。

另外,有的采购商要求仪器必须做绿板校正和 Netprofiler 校正,如果环境温度控制不好,往往这些校正都无法通过。

5. 供应商颜色认证

为了确保纺织印染供应商与采购商在颜色数据化及目视颜色评估方面正确地沟通,一些国际品牌商会进行供应商颜色认证。

颜色认证分为两类:数字化颜色认证、视觉颜色认证。

供应商认证的一般要求如下。

(1)规程要求。供应商必须熟读品牌商的颜色手册(ColorSOP),遵守里面所规定的所有与颜色控制有关的规程。

(2)仪器要求。供应商必须拥有经过品牌商核准的特定品牌和型号的分光光度仪或光源箱。

(3)服务要求。供应商应该与当地代理公司或地方办事处签订服务合同,对分光光度仪或光源箱进行定期维护保养。

(4)软件要求。为了更好地进行数字化沟通,供应商应该具备品牌商指定的软件(如 DC-tools 或 ColoriQc 等),软件必须在规定等级和版本以上;供应商要购买品牌商指定的网站的账号,以方便数据的收集和传输。

颜色认证的一般流程如下。

(1)检查供应商仪器和服务要求。

(2)分光光度仪年度校准证书检查。

(3)光源箱年度校准证书检查。

(4)实验室温湿度及其他条件检查。

(5)计算机软件及病毒防护情况检查。

(6)仪器设置及软件设定检查。

（7）仪器日常 Netprofiler 核验检查。

（8）对操作员的评审考核包括仪器测量操作、目视颜色评估及流程熟悉程度等。

供应商的颜色认证一般一年或两年评估认证一次，认证通过将发放证书以资证明。

思考题

一、单项选择题（下列每题的选项中，只有一个是正确的，请将其代号填在横线空白处）

1. 利用设备描述文件，以标准的设备无关色空间为媒介，实现各设备色空间之间的正确转换。色域压缩在 ICC 协议中提出的 4 种方法是_____。

  A. 显示、对比、沟通及传递

  B. 曲线拟合法、强行修正法、效应值法及差值法

  C. 主波长、纯度、色域及色温

  D. 可感知方式、饱和度优先方式、相对色度方式和绝对色度方式

2. 在 Windows 软件中打开一幅 RGB 图像时，选择将其转换为 CMYK 图像，则色彩转换将以_____为目标。

  A. CMYK 工作空间　　　　　　　　B. RGB 工作空间

  C. ICC 文件色彩空间　　　　　　　　D. SPOT 工作空间

3. 在显示器上观察图像时，周围的颜色最好是_____。

  A. 红色　　　　B. 绿色　　　　C. 中灰　　　　D. 蓝色

二、判断题（下列判断正确的请打"√"，错误的打"×"）

1. 任何一个与设备有关的颜色间都可以在 $L^*a^*b^*$ 颜色空间中测量、标定。

2. 扫描仪工作在 RGB 的色彩空间中。

3. 显示器工作在 CMYK 的色彩空间中。

4. 打印机工作在 CMYK 的色彩空间中。

5. 由 $L^*a^*b^*$ 颜色空间表示的颜色就是与设备有关的颜色。

6. ICC 的宗旨是创建一种开放式的颜色管理标准。

7. ICC 特征文件不仅包含从设备颜色向色彩连接空间转化的数据，还包括从色彩连接空间到设备色彩空间转换的数据。

思考题答案

参考文献

［1］董振礼,郑宝海,轾桂芬. 测色与计算机配色［M］. 3 版. 北京：中国纺织出版社,2017.

［2］BERNS R S. Billmeyer and Saltzman's Principles of Color Technology［M］. Wiley, 2019.

［3］KETTLER W, et al. Colour Technology of Coatings［M］. Hanover：Vincentz Network, 2016.

［4］BRUCE F,CHRIS M,FRED B,et al. 色彩管理［M］. 刘浩学,梁炯,武兵,等译. 北京：电子工业出版社,2005.

［5］ROY S B. 颜色技术原理［M］. 李小梅,等译. 北京：化学工业出版社,2002.

［6］程杰铭,叶青. 印刷色彩学［M］. 北京：化学工业出版社,2006.

［7］胡成发. 印刷色彩与色度学［M］. 北京：印刷工业出版社,1993.

［8］荆其诚. 色度学［M］. 北京：科学出版社,1979.

［9］束越新. 颜色光学基础理论［M］. 济南：山东科学技术出版社,1981.

［10］ALLEN E. Basic equations used in computer color matching［J］. JOSA, 1966, 56(9)：1256-1259.

［11］ALLEN E. Basic equations used in computer color matching, Ⅱ. Tristimulus match, two-constant theory［J］. JOSA, 1974, 64(7)：991-993.

［12］BONHAM J S. Fluoresscence and Kubelka-Mank theory［M］. Color Res, 1986：223-230.

［13］DAVIDSON H R. The origin and development of instrumental color matching［C］//. AIC 25th Anniversary and ISCC 61st Annual Meeting,Orinceton, 1992：27-32.

［14］MCDONALD R. Industrial pass/fail colour matching part 1-preparation of visual colour-matching data［J］. Journal of the Society of Dyers and Colourists, 1980, 96(7)：372-376.

［15］MENDEZ-DIAZ I, COGNO J A. Mixed-integer programming algorithm for computer color matching［J］. Color Research & Application, 1988, 13(1)：43-45.

［16］NOBBS J H. Colour-match prediction for pigmented materials［M］. Bradford, England, 1997：292-372.

［17］RICH D C, BILLMEYER F W. Small and moderate color difference ellipses in surface color space［M］. Color Res. 1993：18, 11-27.

［18］SLUBAN B, NOBBS J H. The colour sensitivity of a colour matching recipe［J］. Color Research & Application, 1995, 20(4)：226-234.

［19］STILES W S, BURCH J M. Colour-matching investigation：Final report［J］. Optica Acta：International Journal of Optics, 1959, 6(1)：1-26.

［20］WYSZECKI G, FIELDER G H. New color-matching ellipses［J］. Journal of the Optical Society of America, 1971, 61(9)：1135.

［21］陈妮, 黄长林, 王徐伟, 等. 纺织品数码印花色彩管理研究及实践［J］. 纺织导报, 2021(3)：53-57.

［22］章熹, 苏洁. 传统龙纹在现代丝绸服装中的时尚演绎［J］. 丝绸, 2012, 49(3)：45-49.

［23］刘珂艳. 元代纺织品中龙纹的形象特征［J］. 丝绸, 2014, 51(8)：70-74.

［24］AATCC. Standard depth scales for depth determination：EP4-2011［S］.

［25］Textiles：Tests for colour fastness：Part A08：Vocabulary used in colour measurement(ISO 105-A08：2001)：DIN EN ISO 105-A08 (2003-01)［S］.

［26］中华人民共和国国家质量监督检验检疫总局, 中国国家标准化管理委员会. 染料名词术语：GB/T 6687—2006［S］. 北京：中国标准出版社, 2006.

［27］MCDONALD R. Colour physics for industry［J］. Society of Dyers and Colourists on behalf of the Dyers' Company Publications Trust, 1997.

［28］NOBBS J H. Kubelka—Munk theory and the prediction of reflectance［J］. Review of Progress in Coloration and Related Topics, 1985, 15(1)：66-75.

［29］GARLAND C E. Shade and strength predictions and tolerances from spectral analysis of solutions［J］. Text Chem Color. 1973, 5(10)：39-43.

［30］RABE P. The standard depth of shade in relation to the assessment of color fastness of dyes on textiles［J］. Am Dyest Rep. 1957(15)：504-508.

［31］GALL L, RIEDEL G. Farbe-Frankfurt then Gottingen［J］. Die Farbe, 1965(14)：342-353.

［32］KUBELKA P, MUNK F. An article on optics of paint layers［J］. Z Tech Phys, 1931(12)：593-601.

［33］Testing of pigments-Tests on specimens having standard depth of shade：Part 1：Standard depth of shade：DIN 53235-1：2005［S］.

［34］Testing of pigments-Tests on specimens having standard depth of shade：Part 2：Adjustment of specimens to standard depth of shade：DIN 53235-2：2005［S］.

［35］杨红英, 杨志晖, 谢宛姿, 等. 国际上最重要的两个颜色深度标准的比较［J］. 染料与染色. 2019, (2)：54-58,62.

[36]纵瑞龙,王建明,郝新敏. K/S 值与 Integ 值差异的探讨[J].印染,2006(24):30-32.

[37]张靖晶,杨红英,谢宛姿,等. 国内外染料强度评价标准与方法[J].染料与染色,2021, 12(58):54-59.

附 录

附录一 CIEXYZ 系统权重分布系数

附表 1-1 CIE 标准照明体 A、B、C(2°视场,$\lambda = 380 \sim 770\text{nm}$,$\Delta\lambda = 10\text{nm}$)

波长 λ/nm	A			B			C		
	$S(\lambda)\bar{x}(\lambda)$	$S(\lambda)\bar{y}(\lambda)$	$S(\lambda)\bar{z}(\lambda)$	$S(\lambda)\bar{x}(\lambda)$	$S(\lambda)\bar{y}(\lambda)$	$S(\lambda)\bar{z}(\lambda)$	$S(\lambda)\bar{x}(\lambda)$	$S(\lambda)\bar{y}(\lambda)$	$S(\lambda)\bar{z}(\lambda)$
380	0.001	0.000	0.006	0.003	0.000	0.014	0.004	0.000	0.020
390	0.005	0.000	0.023	0.013	0.000	0.060	0.019	0.000	0.089
400	0.019	0.001	0.093	0.056	0.002	0.268	0.085	0.002	0.404
410	0.071	0.002	0.340	0.217	0.006	1.033	0.329	0.009	1.570
420	0.262	0.008	1.256	0.812	0.024	3.899	1.238	0.037	5.949
430	0.649	0.027	3.167	1.983	0.081	9.678	2.997	0.122	14.628
440	0.926	0.061	4.647	2.689	0.178	13.489	3.975	0.262	19.938
450	1.031	0.117	5.435	2.744	0.310	14.462	3.915	0.443	20.638
460	1.019	0.210	5.851	2.454	0.506	14.085	3.362	0.694	19.299
470	0.776	0.362	5.116	1.718	0.800	11.319	2.272	1.058	14.972
480	0.428	0.622	3.636	0.870	1.265	7.396	1.112	1.618	9.461
490	0.160	1.039	2.324	0.295	1.918	4.290	0.363	2.358	5.274
500	0.027	1.792	1.509	0.044	2.908	2.449	0.052	3.401	2.864
510	0.057	3.080	0.969	0.081	4.360	1.371	0.089	4.833	1.520
520	0.425	4.771	0.525	0.541	6.072	0.669	0.576	6.462	0.712
530	1.214	6.322	0.309	1.458	7.594	0.372	1.523	7.934	0.388
540	2.313	7.600	0.162	2.689	8.834	0.188	2.785	9.149	0.195
550	3.732	8.568	0.075	4.183	9.603	0.084	4.282	9.832	0.086
560	5.510	9.222	0.036	5.840	9.774	0.038	5.880	9.841	0.039
570	7.571	9.457	0.021	7.472	9.334	0.021	7.322	9.147	0.020
580	9.719	9.228	0.018	8.843	8.396	0.016	8.417	7.992	0.016
590	11.579	8.540	0.012	9.728	7.176	0.010	8.984	6.627	0.010
600	12.704	7.547	0.010	9.948	5.909	0.007	8.949	5.316	0.007
610	12.669	6.356	0.004	9.436	4.734	0.003	8.325	4.176	0.002
620	11.373	5.071	0.003	8.140	3.630	0.002	7.070	3.153	0.002
630	8.980	3.704	0.000	6.200	2.558	0.000	5.309	2.190	0.000
640	6.558	2.562	0.000	4.374	1.709	0.000	3.693	1.443	0.000

波长	A			B			C		
λ/nm	$S(\lambda)\bar{x}(\lambda)$	$S(\lambda)\bar{y}(\lambda)$	$S(\lambda)\bar{z}(\lambda)$	$S(\lambda)\bar{x}(\lambda)$	$S(\lambda)\bar{y}(\lambda)$	$S(\lambda)\bar{z}(\lambda)$	$S(\lambda)\bar{x}(\lambda)$	$S(\lambda)\bar{y}(\lambda)$	$S(\lambda)\bar{z}(\lambda)$
650	4.336	1.637	0.000	2.815	1.062	0.000	2.349	0.886	0.000
660	2.628	0.972	0.000	1.655	0.612	0.000	1.361	0.504	0.000
670	1.448	0.530	0.000	0.876	0.321	0.000	0.708	0.259	0.000
680	0.804	0.292	0.000	0.465	0.169	0.000	0.369	0.134	0.000
690	0.404	0.146	0.000	0.220	0.080	0.000	0.171	0.062	0.000
700	0.209	0.075	0.000	0.108	0.039	0.000	0.082	0.029	0.000
710	0.110	0.040	0.000	0.053	0.019	0.000	0.039	0.014	0.000
720	0.057	0.019	0.000	0.026	0.009	0.000	0.019	0.006	0.000
730	0.028	0.010	0.000	0.012	0.004	0.000	0.008	0.003	0.000
740	0.014	0.006	0.000	0.006	0.002	0.000	0.004	0.002	0.000
750	0.006	0.002	0.000	0.002	0.001	0.000	0.002	0.001	0.000
760	0.004	0.002	0.000	0.002	0.001	0.000	0.001	0.001	0.000
770	0.002	0.000	0.000	0.001	0.000	0.000	0.001	0.000	0.000
总和 (X,Y,Z)	109.828	100.000	35.547	99.072	100.000	85.223	98.041	100.000	118.103
(x,y,z)	0.4476	0.4075	0.1449	0.3485	0.3517	0.2998	0.3101	0.3163	0.3736
(u,v)	0.2560	0.3495		0.2137	0.3234		0.2009	0.3073	

附表 1-2　CIE 标准照明体 D_{55}、D_{65}、D_{75}（2°视场，$\lambda=380\sim770\mathrm{nm}$，$\Delta\lambda=10\mathrm{nm}$）

波长	D_{55}			D_{65}			D_{75}		
λ/nm	$S(\lambda)\bar{x}(\lambda)$	$S(\lambda)\bar{y}(\lambda)$	$S(\lambda)\bar{z}(\lambda)$	$S(\lambda)\bar{x}(\lambda)$	$S(\lambda)\bar{y}(\lambda)$	$S(\lambda)\bar{z}(\lambda)$	$S(\lambda)\bar{x}(\lambda)$	$S(\lambda)\bar{y}(\lambda)$	$S(\lambda)\bar{z}(\lambda)$
380	0.004	0.000	0.020	0.006	0.000	0.031	0.009	0.000	0.040
390	0.015	0.000	0.073	0.022	0.001	0.104	0.028	0.001	0.132
400	0.083	0.002	0.394	0.112	0.003	0.531	0.137	0.004	0.649
410	0.284	0.008	1.354	0.377	0.010	1.795	0.457	0.013	2.180
420	0.915	0.027	4.398	1.188	0.035	5.708	1.424	0.042	6.840
430	1.834	0.075	8.951	2.329	0.095	11.365	2.749	0.112	13.419
440	2.836	0.187	14.228	3.456	0.228	17.336	3.965	0.262	19.889
450	3.135	0.354	16.523	3.722	0.421	19.621	4.200	0.475	22.139
460	2.781	0.574	15.960	3.242	0.669	18.608	3.617	0.746	20.759
470	1.857	0.865	12.239	2.123	0.989	13.995	2.336	1.088	15.397
480	0.935	1.358	7.943	1.049	1.525	8.917	1.139	1.656	9.683
490	0.299	1.942	4.342	0.330	2.142	4.790	0.354	2.302	5.147
500	0.047	3.095	2.606	0.051	3.342	2.815	0.054	3.538	2.979

波长 λ/nm	D55			D65			D75		
	$S(\lambda)\bar{x}(\lambda)$	$S(\lambda)\bar{y}(\lambda)$	$S(\lambda)\bar{z}(\lambda)$	$S(\lambda)\bar{x}(\lambda)$	$S(\lambda)\bar{y}(\lambda)$	$S(\lambda)\bar{z}(\lambda)$	$S(\lambda)\bar{x}(\lambda)$	$S(\lambda)\bar{y}(\lambda)$	$S(\lambda)\bar{z}(\lambda)$
510	0.089	4.819	1.516	0.095	5.131	1.614	0.099	5.372	1.690
520	0.602	6.755	0.744	0.627	7.040	0.776	0.646	7.249	0.799
530	1.641	8.546	0.418	1.686	8.784	0.430	1.716	8.939	0.437
540	2.821	9.267	0.197	2.869	9.425	0.201	2.900	9.526	0.203
550	4.248	9.750	0.086	4.267	9.796	0.086	4.271	9.804	0.086
560	5.656	9.467	0.037	5.625	9.415	0.037	5.584	9.346	0.037
570	7.048	8.804	0.019	6.947	8.678	0.019	6.843	8.549	0.019
580	8.517	8.087	0.015	8.305	7.886	0.015	8.108	7.698	0.015
590	8.925	6.583	0.010	8.613	6.353	0.009	8.387	6.186	0.009
600	9.540	5.667	0.007	9.047	5.374	0.007	8.700	5.168	0.007
610	9.071	4.551	0.003	8.500	4.265	0.003	8.108	4.068	0.003
620	7.658	3.415	0.002	7.091	3.162	0.002	6.710	2.992	0.001
630	5.525	2.279	0.000	5.063	2.089	0.000	4.749	1.959	0.000
640	3.933	1.537	0.000	3.547	1.386	0.000	3.298	1.289	0.000
650	2.398	0.905	0.000	2.147	0.810	0.000	1.992	0.752	0.000
660	1.417	0.524	0.000	1.252	0.463	0.000	1.151	0.426	0.000
670	0.781	0.286	0.000	0.680	0.249	0.000	0.619	0.227	0.000
680	0.400	0.146	0.000	0.346	0.126	0.000	0.315	0.114	0.000
690	0.172	0.062	0.000	0.150	0.054	0.000	0.136	0.049	0.000
700	0.089	0.032	0.000	0.077	0.028	0.000	0.069	0.025	0.000
710	0.047	0.017	0.000	0.041	0.015	0.000	0.037	0.013	0.000
720	0.019	0.007	0.000	0.017	0.006	0.000	0.015	0.006	0.000
730	0.011	0.004	0.000	0.010	0.003	0.000	0.009	0.003	0.000
740	0.006	0.002	0.000	0.005	0.002	0.000	0.004	0.002	0.000
750	0.002	0.001	0.000	0.002	0.001	0.000	0.002	0.001	0.000
760	0.001	0.000	0.000	0.001	0.000	0.000	0.001	0.000	0.000
770	0.001	0.000	0.000	0.001	0.000	0.000	0.000	0.000	0.000
总和(X,Y,Z)	95.642	100.000	92.085	95.017	100.000	108.813	94.939	100.000	122.558
(x,y,z)	0.3324	0.3476	0.3200	0.3127	0.3291	0.3581	0.2990	0.3150	0.3860
(u,v)	0.2044	0.3205		0.1978	0.3122		0.1935	0.3057	

附表 1-3　CIE 标准照明体 A、B、C（10°视场，$\lambda = 380 \sim 770nm$，$\Delta\lambda = 10nm$）

波长 λ/nm	A			B			C		
	$S(\lambda)\bar{x}_{10}(\lambda)$	$S(\lambda)\bar{y}_{10}(\lambda)$	$S(\lambda)\bar{z}_{10}(\lambda)$	$S(\lambda)\bar{x}_{10}(\lambda)$	$S(\lambda)\bar{y}_{10}(\lambda)$	$S(\lambda)\bar{z}_{10}(\lambda)$	$S(\lambda)\bar{x}_{10}(\lambda)$	$S(\lambda)\bar{y}_{10}(\lambda)$	$S(\lambda)\bar{z}_{10}(\lambda)$
380	0.000	0.000	0.001	0.000	0.000	0.002	0.001	0.000	0.002
390	0.003	0.000	0.011	0.007	0.001	0.029	0.009	0.001	0.043
400	0.025	0.003	0.111	0.070	0.007	0.313	0.103	0.011	0.463
410	0.132	0.014	0.605	0.388	0.040	1.786	0.581	0.060	2.672
420	0.377	0.040	1.795	1.137	0.119	5.411	1.708	0.179	8.122
430	0.682	0.083	3.368	2.025	0.249	9.997	3.011	0.370	14.865
440	0.968	0.156	4.962	2.729	0.442	13.994	3.969	0.643	20.349
450	1.078	0.260	5.802	2.787	0.673	14.997	3.914	0.945	21.058
460	1.005	0.426	5.802	2.350	0.997	13.568	3.168	1.343	18.292
470	0.737	0.698	4.965	1.585	1.500	10.671	2.062	1.952	13.887
480	0.341	1.076	3.274	0.674	2.125	6.470	0.849	2.675	8.144
490	0.076	1.607	1.968	0.137	2.880	3.528	0.167	3.484	4.268
500	0.020	2.424	1.150	0.032	3.822	1.812	0.037	4.398	2.085
510	0.218	3.523	0.650	0.299	4.845	0.894	0.327	5.284	0.976
520	0.750	4.854	0.387	0.927	6.002	0.478	0.971	6.285	0.501
530	1.644	6.086	0.212	1.920	7.103	0.247	1.973	7.302	0.255
540	2.847	4.267	0.104	3.214	8.207	0.117	3.275	8.362	0.119
550	4.326	8.099	0.033	4.711	8.818	0.035	4.744	8.882	0.036
560	6.198	8.766	0.000	6.382	9.025	0.000	6.322	8.941	0.000
570	8.277	9.002	0.000	7.936	8.630	0.000	7.653	8.322	0.000
580	10.201	8.740	0.000	9.017	7.726	0.000	8.444	7.235	0.000
590	11.967	8.317	0.000	9.768	6.789	0.000	8.874	6.168	0.000
600	12.748	7.466	0.000	9.697	5.679	0.000	8.583	5.027	0.000
610	12.349	6.327	0.000	8.935	4.579	0.000	7.756	3.974	0.000
620	10.809	5.026	0.000	7.515	3.494	0.000	6.422	2.986	0.000
630	8.583	3.758	0.000	5.757	2.520	0.000	4.851	2.124	0.000
640	5.992	2.496	0.00	3.883	1.618	0.000	3.226	1.344	0.000
650	3.892	1.561	0.000	2.454	0.984	0.000	2.014	0.808	0.000
660	2.306	0.911	0.000	1.410	0.557	0.000	1.142	0.451	0.000
670	1.277	0.499	0.000	0.751	0.294	0.000	0.598	0.233	0.000
680	0.666	0.259	0.000	0.374	0.145	0.000	0.293	0.114	0.000

波长	A			B			C		
λ/nm	$S(\lambda)\bar{x}_{10}(\lambda)$	$S(\lambda)\bar{y}_{10}(\lambda)$	$S(\lambda)\bar{z}_{10}(\lambda)$	$S(\lambda)\bar{x}_{10}(\lambda)$	$S(\lambda)\bar{y}_{10}(\lambda)$	$S(\lambda)\bar{z}_{10}(\lambda)$	$S(\lambda)\bar{x}_{10}(\lambda)$	$S(\lambda)\bar{y}_{10}(\lambda)$	$S(\lambda)\bar{z}_{10}(\lambda)$
690	0.336	0.130	0.000	0.178	0.069	0.000	0.136	0.053	0.000
700	0.167	0.064	0.000	0.084	0.033	0.000	0.062	0.024	0.000
710	0.083	0.033	0.000	0.039	0.015	0.000	0.028	0.011	0.000
720	0.040	0.015	0.000	0.018	0.006	0.000	0.013	0.004	0.000
730	0.019	0.008	0.000	0.008	0.004	0.000	0.005	0.003	0.000
740	0.010	0.004	0.000	0.004	0.002	0.000	0.003	0.001	0.000
750	0.006	0.002	0.000	0.003	0.001	0.000	0.002	0.001	0.000
760	0.002	0.000	0.000	0.001	0.000	0.000	0.001	0.000	0.000
770	0.002	0.000	0.000	0.001	0.000	0.000	0.001	0.000	0.000
总和 (X,Y,Z)	111.159	100.000	35.200	99.207	100.000	84.349	97.298	100.000	116.137
(x,y,z)	0.4512	0.4059	0.1429	0.3499	0.3526	0.2975	0.3104	0.3191	0.3705
(u,v)	0.2590	0.3494		0.2143	0.3239		0.2000	0.3084	

附表 1-4　CIE 标准照明体 D_{55}、D_{65}、D_{75}（$10°$ 视场，$\lambda=380\sim770nm$，$\Delta\lambda=10nm$）

波长	D_{55}			D_{65}			D_{75}		
λ/nm	$S(\lambda)\bar{x}_{10}(\lambda)$	$S(\lambda)\bar{y}_{10}(\lambda)$	$S(\lambda)\bar{z}_{10}(\lambda)$	$S(\lambda)\bar{x}_{10}(\lambda)$	$S(\lambda)\bar{y}_{10}(\lambda)$	$S(\lambda)\bar{z}_{10}(\lambda)$	$S(\lambda)\bar{x}_{10}(\lambda)$	$S(\lambda)\bar{y}_{10}(\lambda)$	$S(\lambda)\bar{z}_{10}(\lambda)$
380	0.000	0.000	0.002	0.001	0.000	0.003	0.001	0.000	0.004
390	0.008	0.001	0.035	0.011	0.001	0.049	0.014	0.002	0.062
400	0.102	0.011	0.458	0.136	0.014	0.613	0.165	0.017	0.744
410	0.507	0.052	2.330	0.667	0.069	3.066	0.805	0.083	3.698
420	1.277	0.134	6.075	1.644	0.172	7.820	1.958	0.205	9.311
430	1.864	0.229	9.203	2.348	0.289	11.589	2.754	0.338	13.593
440	2.866	0.464	14.692	3.463	0.560	17.755	3.947	0.639	20.236
450	3.170	0.765	17.056	3.733	0.901	20.088	4.180	1.010	22.517
460	2.650	1.124	15.304	3.065	1.300	17.697	3.397	1.441	19.613
470	1.705	1.614	11.484	1.934	1.831	13.025	2.113	2.001	14.235
480	0.721	2.272	6.918	0.803	2.530	7.703	0.866	2.729	8.309
490	0.138	2.903	3.554	0.151	3.176	3.889	0.162	3.391	4.152
500	0.034	4.048	1.920	0.036	4.337	2.056	0.038	4.560	2.162
510	0.329	5.331	0.984	0.348	5.629	1.040	0.362	5.855	1.081
520	1.027	6.646	0.530	1.062	6.870	0.548	1.086	7.028	0.560
530	2.150	7.957	0.277	2.192	8.112	0.282	2.216	8.201	0.285

波长 λ/nm	D$_{55}$			D$_{65}$			D$_{75}$		
	$S(\lambda)\bar{x}_{10}(\lambda)$	$S(\lambda)\bar{y}_{10}(\lambda)$	$S(\lambda)\bar{z}_{10}(\lambda)$	$S(\lambda)\bar{x}_{10}(\lambda)$	$S(\lambda)\bar{y}_{10}(\lambda)$	$S(\lambda)\bar{z}_{10}(\lambda)$	$S(\lambda)\bar{x}_{10}(\lambda)$	$S(\lambda)\bar{y}_{10}(\lambda)$	$S(\lambda)\bar{z}_{10}(\lambda)$
540	3.356	8.569	0.122	3.385	8.644	0.123	3.399	8.679	0.123
550	4.761	8.912	0.036	4.744	8.881	0.036	4.717	8.830	0.036
560	6.153	8.701	0.000	6.069	8.583	0.000	5.985	8.465	0.000
570	7.451	8.103	0.000	7.285	7.922	0.000	7.129	7.753	0.000
580	8.645	7.407	0.000	8.361	7.163	0.000	8.108	6.947	0.000
590	8.919	6.199	0.000	8.537	5.934	0.000	8.259	5.740	0.000
600	9.257	5.422	0.000	8.707	5.100	0.000	8.318	4.872	0.000
610	8.550	4.381	0.000	7.946	4.071	0.000	7.530	3.858	0.000
620	7.038	3.271	0.000	6.463	3.004	0.000	6.076	2.824	0.000
630	5.107	2.236	0.000	4.641	2.031	0.000	4.325	1.894	0.000
640	3.475	1.448	0.000	3.109	1.295	0.000	2.872	1.197	0.000
650	2.081	0.835	0.000	1.848	0.741	0.000	1.703	0.683	0.000
660	1.202	0.475	0.000	1.053	0.416	0.000	0.962	0.380	0.000
670	0.666	0.261	0.000	0.575	0.225	0.000	0.520	0.203	0.000
680	0.321	0.125	0.000	0.275	0.107	0.000	0.248	0.097	0.000
690	0.139	0.054	0.000	0.120	0.046	0.000	0.108	0.042	0.000
700	0.069	0.027	0.000	0.059	0.023	0.000	0.053	0.021	0.000
710	0.034	0.013	0.000	0.029	0.011	0.000	0.026	0.010	0.000
720	0.013	0.005	0.000	0.012	0.004	0.000	0.010	0.004	0.000
730	0.007	0.003	0.000	0.006	0.002	0.000	0.006	0.002	0.000
740	0.004	0.001	0.000	0.003	0.001	0.000	0.003	0.001	0.000
750	0.002	0.001	0.000	0.001	0.001	0.000	0.001	0.000	0.000
760	0.001	0.000	0.000	0.001	0.000	0.000	0.000	0.000	0.000
770	0.000	0.000	0.000	0.000	0.000	0.000	0.000	0.000	0.000
总和 (X,Y,Z)	95.800	100.000	90.980	94.825	100.000	107.381	94.428	100.000	120.721
(x,y,z)	0.3341	0.3487	0.3172	0.3138	0.3309	0.3553	0.2996	0.3173	0.3831
(u,v)	0.2051	0.3211		0.1979	0.3130		0.1930	0.3066	

附录二　X、Y、Z 与 V_X、V_Y、V_Z 的关系

X、Y、Z	V_X	V_Y	V_Z	X、Y、Z	V_X	V_Y	V_Z	X、Y、Z	V_X	V_Y	V_Z
0.0	0.000	0.000	0.000	4.0	2.336	2.310	2.019	8.0	3.340	3.308	3.049
0.1	0.085	0.083	0.070	4.1	2.369	2.343	2.130	8.1	3.360	3.323	3.068
0.2	0.172	0.168	0.142	4.2	2.401	2.374	2.160	8.2	3.379	3.347	3.087
0.3	0.260	0.255	0.215	4.3	2.432	2.405	2.190	8.3	3.399	3.367	3.106
0.4	0.349	0.342	0.288	4.4	2.463	2.436	2.219	8.4	3.419	3.386	3.124
0.5	0.438	0.429	0.362	4.5	2.493	2.466	2.248	8.5	3.438	3.406	3.142
0.6	0.526	0.516	0.436	4.6	2.523	2.496	2.276	8.6	3.457	3.425	3.160
0.7	0.613	0.601	0.509	4.7	2.552	2.525	2.304	8.7	3.476	3.444	3.178
0.8	0.697	0.621	0.582	4.8	2.581	2.554	2.331	8.8	3.495	3.462	3.196
0.9	0.780	0.765	0.653	4.9	2.609	2.582	2.358	8.9	3.514	3.481	3.214
1.0	0.859	0.844	0.722	5.0	2.637	2.610	2.385	9.0	3.532	3.499	3.231
1.1	0.936	0.920	0.790	5.1	2.665	2.637	2.411	9.1	3.551	3.518	3.248
1.2	1.010	0.993	0.856	5.2	2.692	2.665	2.437	9.2	3.569	3.536	3.266
1.3	1.031	1.063	0.920	5.3	2.719	2.691	2.463	9.3	3.587	3.554	3.283
1.4	1.149	1.131	0.982	5.4	2.746	2.718	2.488	9.4	3.605	3.572	3.300
1.5	1.215	1.196	1.042	5.5	2.772	2.744	2.513	9.5	3.623	3.590	3.317
1.6	1.279	1.259	1.101	5.6	2.798	2.769	2.537	9.6	3.641	3.607	3.333
1.7	1.340	1.320	1.157	5.7	2.823	2.795	2.561	9.7	3.659	3.625	3.350
1.8	1.398	1.378	1.212	5.8	2.849	2.820	2.585	9.8	3.676	3.643	3.367
1.9	1.455	1.434	1.264	5.9	2.874	2.845	2.609	9.9	3.694	3.660	3.383
2.0	1.510	1.489	1.316	6.0	2.898	2.869	2.632	10.0	3.711	3.677	3.399
2.1	1.563	1.541	1.365	6.1	2.922	2.893	2.655	10.1	3.728	3.694	3.416
2.2	1.614	1.592	1.414	6.2	2.947	2.917	2.678	10.2	3.745	3.711	3.432
2.3	1.664	1.642	1.460	6.3	2.970	2.941	2.700	10.3	3.762	3.728	3.448
2.4	1.712	1.689	1.506	6.4	2.994	2.964	2.723	10.4	3.779	3.745	3.463
2.5	1.759	1.736	1.560	6.5	3.017	2.987	2.745	10.5	3.796	3.761	3.479
2.6	1.804	1.781	1.593	6.6	3.040	3.010	2.766	10.6	3.813	3.778	3.495
2.7	1.848	1.825	1.635	6.7	3.063	3.033	2.788	10.7	3.829	3.795	3.510
2.8	1.891	1.868	1.676	6.8	3.085	3.055	2.809	10.8	3.846	3.811	3.526
2.9	1.933	1.909	1.715	6.9	3.108	3.078	2.830	10.9	3.862	3.827	3.541
3.0	1.974	1.950	1.754	7.0	3.130	3.099	2.851	11.0	3.879	3.843	3.557
3.1	2.014	1.990	1.792	7.1	3.152	3.121	2.872	11.1	3.895	3.859	3.572
3.2	2.053	2.029	1.819	7.2	3.173	3.143	2.892	11.2	3.911	3.875	3.587
3.3	2.091	2.066	1.865	7.3	3.195	3.164	2.913	11.3	3.927	3.891	3.602
3.4	2.128	2.103	1.911	7.4	3.216	3.185	2.933	11.4	3.943	3.907	3.617
3.5	2.165	2.140	1.935	7.5	3.237	3.206	2.953	11.5	3.958	3.923	3.632
3.6	2.200	2.175	1.969	7.6	3.258	3.227	2.972	11.6	3.974	3.928	3.646
3.7	2.235	2.210	2.033	7.7	3.279	3.247	2.992	11.7	3.990	3.954	3.661
3.8	2.270	2.244	2.035	7.8	3.299	3.268	3.011	11.8	4.005	3.969	3.676
3.9	2.303	2.278	2.067	7.9	3.319	3.288	3.030	11.9	4.021	3.985	3.690

X、Y、Z	V_X	V_Y	V_Z	X、Y、Z	V_X	V_Y	V_Z	X、Y、Z	V_X	V_Y	V_Z
12.0	4.036	4.000	3.704	16.0	4.594	4.554	4.226	20.0	5.070	5.026	4.670
12.1	4.051	4.015	3.719	16.1	4.607	4.566	4.239	20.1	5.081	5.037	4.680
12.2	4.067	4.030	3.733	16.2	4.619	4.579	4.250	20.2	5.092	5.043	4.691
12.3	4.082	4.045	3.747	16.3	4.632	4.592	4.262	20.3	5.103	5.059	4.701
12.4	4.097	4.060	4.761	16.4	4.645	4.604	4.274	20.4	5.114	5.070	4.711
12.5	4.112	4.075	3.775	16.5	4.657	4.617	4.286	20.5	5.125	5.081	4.721
12.6	4.127	4.090	3.789	16.6	4.670	4.629	4.297	20.6	5.136	5.092	4.732
12.7	4.142	4.105	3.803	16.7	4.682	4.641	4.309	20.7	5.147	5.102	4.742
12.8	4.156	4.119	3.817	16.8	4.695	4.654	4.320	20.8	5.158	5.113	4.752
12.9	4.171	4.134	3.831	16.9	4.707	4.666	4.332	20.9	5.168	5.124	4.762
13.0	4.186	4.148	3.844	17.0	4.719	4.678	4.343	21.0	5.179	5.135	4.772
13.1	4.200	4.163	3.858	17.1	4.732	4.690	4.355	21.1	5.190	5.145	4.782
13.2	4.215	4.177	3.872	17.2	4.744	4.702	4.366	21.2	5.201	5.156	4.792
13.3	4.229	4.191	3.885	17.3	4.756	4.715	4.378	21.3	5.212	5.167	4.802
13.4	4.243	4.206	3.898	17.4	4.768	4.727	4.389	21.4	5.222	5.177	4.812
13.5	4.258	4.220	3.912	17.5	4.780	4.739	4.400	21.5	5.233	5.188	4.822
13.6	4.272	4.234	3.925	17.6	4.792	4.751	4.411	21.6	5.243	5.198	4.832
13.7	4.286	4.248	3.938	17.7	4.804	4.762	4.423	21.7	5.254	5.209	4.842
13.8	4.300	4.262	3.951	17.8	4.816	4.774	4.434	21.8	5.265	5.219	4.852
13.9	4.314	4.276	3.965	17.9	4.828	4.786	4.445	21.9	5.275	5.230	4.861
14.0	4.328	4.289	3.978	18.0	4.840	4.798	4.456	22.0	5.286	5.240	4.871
14.1	4.342	4.303	3.991	18.1	4.852	4.810	4.467	22.1	5.296	5.251	4.881
14.2	4.355	4.317	4.003	18.2	4.864	4.821	4.478	22.2	5.307	5.261	4.891
14.3	4.369	4.331	4.016	18.3	4.876	4.833	4.489	22.3	5.317	5.271	4.900
14.4	4.383	4.344	4.029	18.4	4.887	4.845	4.500	22.4	5.327	5.282	4.910
14.5	4.396	4.358	4.042	18.5	4.899	4.856	4.511	22.5	5.338	5.292	4.920
14.6	4.410	4.371	4.055	18.6	4.911	4.868	4.522	22.6	5.358	5.302	4.930
14.7	4.424	4.385	4.067	18.7	4.922	4.880	4.533	22.7	5.358	5.312	4.939
14.8	4.437	4.398	4.080	18.8	4.934	4.891	4.543	22.8	5.369	5.323	4.948
14.9	4.450	4.411	4.092	18.9	4.945	4.902	4.554	22.9	5.379	5.333	4.958
15.0	4.464	4.424	4.105	19.0	4.957	4.914	4.565	23.0	5.389	5.343	4.967
15.1	4.477	4.438	4.117	19.1	4.968	4.925	4.576	23.1	5.399	5.353	4.977
15.2	4.490	4.451	4.120	19.2	4.980	4.937	4.586	23.2	5.410	5.363	4.986
15.3	4.503	4.464	4.142	19.3	4.991	4.948	4.597	23.3	5.420	5.373	4.996
15.4	4.516	4.477	4.154	19.4	5.002	4.959	4.607	23.4	5.430	5.383	5.005
15.5	4.530	4.490	4.166	19.5	5.014	4.970	4.618	23.5	5.440	5.393	5.015
15.6	4.543	4.503	4.179	19.6	5.025	4.981	4.628	23.6	5.450	5.403	5.024
15.7	4.555	4.515	4.190	19.7	5.036	4.993	4.639	23.7	5.460	5.413	5.033
15.8	4.568	4.529	4.202	19.8	5.047	5.004	4.649	23.8	5.470	5.423	5.043
15.9	4.581	4.541	4.214	19.9	5.059	5.015	4.660	23.9	5.480	5.433	5.052

X、Y、Z	V_X	V_Y	V_Z	X、Y、Z	V_X	V_Y	V_Z	X、Y、Z	V_X	V_Y	V_Z
24.0	5.490	5.443	5.061	28.0	5.869	5.819	5.414	32.0	6.217	6.165	5.737
24.1	5.500	5.453	5.070	28.1	5.878	5.828	5.422	32.1	6.226	6.173	5.745
24.2	5.510	5.463	5.080	28.2	5.887	5.837	5.431	32.2	6.234	6.181	5.753
24.3	5.520	5.472	5.089	28.3	5.896	5.846	5.439	32.3	6.242	6.189	5.760
24.4	5.530	5.482	5.098	28.4	5.905	5.855	5.448	32.4	6.251	6.198	5.768
24.5	5.539	5.492	5.107	28.5	5.914	5.864	5.456	32.5	6.259	6.206	5.776
24.6	5.549	5.502	5.116	28.6	5.923	5.873	5.464	32.6	6.267	6.214	5.784
24.7	5.559	5.511	5.125	28.7	5.932	5.882	5.472	32.7	6.275	6.222	5.791
24.8	5.569	5.521	5.134	28.8	5.941	5.891	5.481	32.8	6.284	6.230	5.799
24.9	5.578	5.531	5.144	28.9	5.950	5.900	5.489	32.9	6.292	6.239	5.807
25.0	5.588	5.540	5.153	29.0	5.959	5.908	5.497	33.0	6.300	6.247	5.814
25.1	5.598	5.550	5.162	29.1	5.968	5.917	5.506	33.1	6.308	6.255	5.822
25.2	5.608	5.560	5.171	29.2	5.977	5.926	5.514	33.2	6.316	6.263	5.829
25.3	5.617	5.569	5.180	29.3	5.986	5.935	5.522	33.3	6.325	6.271	5.837
25.4	5.627	5.579	5.189	29.4	5.994	5.943	5.530	33.4	6.333	6.279	5.845
25.5	5.636	5.588	5.197	29.5	6.003	5.952	5.538	33.5	6.341	6.287	5.852
25.6	5.646	5.598	5.206	29.6	6.012	5.961	5.546	33.6	6.349	6.295	5.860
25.7	5.656	5.607	5.215	29.7	6.021	5.970	5.555	33.7	6.357	6.303	5.867
25.8	5.665	5.617	5.224	29.8	6.029	5.978	5.563	33.8	6.365	6.311	5.875
25.9	5.675	5.626	5.233	29.9	6.038	5.987	5.571	33.9	6.373	6.319	5.882
26.0	5.684	5.636	5.242	30.0	6.017	5.995	5.579	34.0	6.381	6.327	5.890
26.1	5.694	5.645	5.251	30.1	6.055	6.004	5.587	34.1	6.389	6.335	5.897
26.2	5.703	5.654	5.259	30.2	6.064	6.013	5.595	34.2	6.397	6.343	5.905
26.3	5.713	5.664	5.268	30.3	6.073	6.021	5.603	34.3	6.405	6.351	5.912
26.4	5.722	5.673	5.277	30.4	6.081	6.030	5.611	34.4	6.413	6.359	5.920
26.5	5.731	5.682	5.286	30.5	6.090	6.038	5.619	34.5	6.421	6.367	5.927
26.6	5.741	5.692	5.294	30.6	6.099	6.047	5.627	34.6	6.429	6.375	5.934
26.7	5.750	5.701	5.303	30.7	6.107	6.055	5.635	34.7	6.437	6.383	5.942
26.8	5.759	5.710	5.312	30.8	6.116	6.064	5.643	34.8	6.445	6.391	5.949
26.9	5.769	5.719	5.320	30.9	6.124	6.072	5.651	34.9	6.453	6.399	5.957
27.0	5.778	5.728	5.329	31.0	6.133	5.081	5.659	35.0	6.461	6.407	5.964
27.1	5.787	5.738	5.337	31.1	6.141	6.089	5.667	35.1	6.469	6.414	5.971
27.2	5.796	5.747	5.346	31.2	6.150	6.098	5.675	35.2	6.477	6.422	5.979
27.3	5.805	5.756	5.355	31.3	6.158	6.106	5.683	35.3	6.485	6.430	5.986
27.4	5.815	5.765	5.363	31.4	6.167	6.114	5.690	35.4	6.493	6.438	5.993
27.5	5.824	5.774	5.372	31.5	6.175	6.123	5.698	35.5	6.501	6.446	6.001
27.6	5.833	5.783	5.380	31.6	6.184	6.131	5.706	35.6	6.508	6.453	6.008
27.7	5.842	5.792	5.389	31.7	6.192	6.140	5.714	35.7	6.516	6.461	6.015
27.8	5.851	5.801	5.397	31.8	6.200	6.143	5.722	35.8	6.524	6.469	6.022
27.9	5.860	5.810	5.406	31.9	6.209	6.156	5.729	35.9	6.532	6.477	6.030

续表

X、Y、Z	V_X	V_Y	V_Z	X、Y、Z	V_X	V_Y	V_Z	X、Y、Z	V_X	V_Y	V_Z
36.0	6.540	6.484	6.037	40.0	6.841	6.783	6.317	44.0	7.124	7.064	6.580
36.1	6.547	6.492	6.044	40.1	6.848	6.791	6.324	44.1	7.131	7.071	6.587
36.2	6.555	6.500	6.051	40.2	6.855	6.798	6.330	44.2	7.138	7.078	6.593
36.3	6.563	6.508	6.058	40.3	6.863	6.805	6.337	44.3	7.145	7.085	6.600
36.4	6.571	6.515	6.066	40.4	6.870	6.812	6.344	44.4	7.151	7.092	6.606
36.5	6.578	6.523	6.073	40.5	6.877	6.819	6.351	44.5	7.158	7.098	6.612
36.6	6.586	6.531	6.080	40.6	6.884	6.827	6.357	44.6	7.165	7.105	6.619
36.7	6.594	6.538	6.087	40.7	6.892	6.834	6.364	44.7	7.172	7.112	6.625
36.8	6.601	6.546	6.094	40.8	6.899	6.841	6.371	44.8	7.179	7.119	6.631
36.9	6.609	6.553	6.101	40.9	6.906	6.848	6.377	44.9	7.186	7.125	6.638
37.0	6.617	6.561	6.109	41.0	6.913	6.855	6.384	45.0	7.192	7.132	6.644
37.1	6.624	6.559	6.116	41.1	6.920	6.862	6.391	45.1	7.199	7.139	6.650
37.2	6.632	6.576	6.123	41.2	6.928	6.869	6.398	45.2	7.206	7.146	6.657
37.3	6.640	6.584	6.130	41.3	6.935	6.876	6.404	45.3	7.213	7.152	6.663
37.4	6.647	6.591	6.137	41.4	6.942	6.884	6.411	45.4	7.219	7.159	6.669
37.5	6.655	6.599	6.141	41.5	6.949	6.891	6.417	45.5	7.226	7.166	6.675
37.6	6.662	6.606	6.151	41.6	6.956	6.898	6.424	45.6	7.233	7.172	6.682
37.7	6.670	6.614	6.158	41.7	6.963	6.905	6.431	45.7	7.240	7.179	6.688
37.8	6.678	6.621	6.165	41.8	6.970	6.912	6.437	45.8	7.246	7.186	6.694
37.9	6.685	6.629	6.172	41.9	6.977	6.919	6.444	45.9	7.253	7.192	6.700
38.0	6.693	6.636	6.179	42.0	6.985	6.926	6.451	46.0	7.260	7.199	6.707
38.1	6.700	6.644	6.186	42.1	6.992	6.933	6.457	46.1	7.266	7.206	6.713
38.2	6.708	6.651	6.193	42.2	6.999	6.940	6.464	46.2	7.273	7.212	6.719
38.3	6.175	6.659	6.200	42.3	7.006	6.947	6.470	46.3	7.280	7.219	6.725
38.4	6.723	6.666	6.207	42.4	7.013	6.954	6.477	46.4	7.286	7.225	6.731
38.5	6.730	6.673	6.214	42.5	7.020	6.961	6.483	46.5	7.293	7.232	6.738
38.6	6.738	6.681	6.221	42.6	7.027	6.968	6.490	46.6	7.300	7.239	6.744
38.7	6.745	6.688	6.228	42.7	7.034	6.975	6.496	46.7	7.306	7.245	6.750
38.8	6.752	6.696	6.235	42.8	7.041	6.982	6.503	46.8	7.313	7.252	6.756
38.9	6.760	6.703	6.242	42.9	7.048	6.989	6.509	46.9	7.319	7.258	6.762
39.0	6.767	6.710	6.248	43.0	7.055	6.996	6.516	47.0	7.326	7.265	6.769
39.1	6.775	6.718	6.255	43.1	7.062	7.003	6.523	47.1	7.333	7.271	6.775
39.2	6.782	6.725	6.262	43.2	7.069	7.009	6.529	47.2	7.339	7.278	6.781
39.3	6.789	6.732	6.269	43.3	7.076	7.016	6.536	47.3	7.346	7.285	6.787
39.4	6.797	6.740	6.276	43.4	7.083	7.023	6.542	47.4	7.352	7.291	6.793
39.5	6.804	6.747	6.283	43.5	7.090	7.030	6.548	47.5	7.359	7.298	6.799
39.6	6.812	6.754	6.290	43.6	7.096	7.037	6.555	47.6	7.365	7.304	6.805
39.7	6.819	6.762	6.296	43.7	7.103	7.044	6.561	47.7	7.372	7.311	6.811
39.8	6.826	6.769	6.303	43.8	7.110	7.051	6.568	47.8	7.379	7.317	6.817
39.9	6.834	6.776	6.310	43.9	7.117	7.058	6.574	47.9	7.385	7.323	6.824

X、Y、Z	V_X	V_Y	V_Z	X、Y、Z	V_X	V_Y	V_Z	X、Y、Z	V_X	V_Y	V_Z
48.0	7.392	7.330	6.830	52.0	7.645	7.582	7.066	56.0	7.887	7.822	7.292
48.1	7.398	7.336	6.836	52.1	7.652	7.588	7.072	56.1	7.893	7.828	7.298
48.2	7.405	7.343	6.842	52.2	7.658	7.594	7.078	56.2	7.899	7.833	7.303
48.3	7.411	7.349	6.848	52.3	7.664	7.600	7.084	56.3	7.905	7.839	7.309
48.4	7.418	7.356	6.854	52.4	7.670	7.606	7.089	56.4	7.910	7.845	7.314
48.5	7.424	7.362	6.860	52.5	7.676	7.613	7.095	56.5	7.916	7.851	7.320
48.6	7.430	7.369	6.866	52.6	7.682	7.619	7.101	56.6	7.922	7.857	7.325
48.7	7.437	7.375	6.872	52.7	7.688	7.625	7.107	56.7	7.928	7.863	7.331
48.8	7.443	7.381	6.878	52.8	7.695	7.631	7.112	56.8	7.934	7.868	7.336
48.9	7.450	7.383	6.884	52.9	7.701	7.637	7.118	56.9	7.940	7.874	7.341
49.0	7.456	7.394	6.890	53.0	7.707	7.643	7.124	57.0	7.945	7.880	7.347
49.1	7.463	7.401	6.896	53.1	7.713	7.649	7.130	57.1	7.951	7.886	7.352
49.2	7.469	7.407	6.902	53.2	7.719	7.655	7.135	57.2	7.957	7.892	7.358
49.3	7.475	7.413	6.908	53.3	7.725	7.661	7.141	57.3	7.963	7.897	7.363
49.4	7.482	7.419	6.914	53.4	7.731	7.667	7.147	57.4	7.969	7.903	7.369
49.5	7.488	7.426	6.920	53.5	7.737	7.673	7.152	57.5	7.975	7.909	7.374
49.6	7.495	7.432	6.926	53.6	7.743	7.679	7.158	57.6	7.980	7.915	7.380
49.7	7.501	7.439	6.932	53.7	7.749	7.685	7.164	57.7	7.986	7.920	7.385
49.8	7.507	7.445	6.938	53.8	7.755	7.691	7.169	57.8	7.992	7.926	7.390
49.9	7.514	7.451	6.944	53.9	7.762	7.697	7.175	57.9	7.998	7.932	7.396
50.0	7.520	7.458	6.949	54.0	7.768	7.703	7.181	58.0	8.003	7.938	7.401
50.1	7.526	7.464	6.955	54.1	7.774	7.709	7.186	58.1	8.009	7.943	7.407
50.2	7.533	7.470	6.961	54.2	7.780	7.715	7.192	58.2	8.015	7.949	7.412
50.3	7.539	7.476	6.967	54.3	7.786	7.721	7.197	58.3	8.021	7.955	7.417
50.4	7.545	7.483	6.973	54.4	7.792	7.727	7.203	58.4	8.026	7.960	7.423
50.5	7.552	7.489	6.979	54.5	7.798	7.733	7.209	58.5	8.032	7.966	7.428
50.6	7.558	7.495	6.985	54.6	7.804	7.739	7.214	58.6	8.038	7.972	7.433
50.7	7.564	7.501	6.991	54.7	7.810	7.745	7.220	58.7	8.044	7.978	7.439
50.8	7.571	7.508	6.997	54.8	7.816	7.751	7.225	58.8	8.049	7.983	7.444
50.9	7.577	7.514	7.002	54.9	7.822	7.757	7.231	58.9	8.055	7.989	7.449
51.0	7.583	7.520	7.008	55.0	7.828	7.763	7.237	59.0	8.061	7.994	7.455
51.1	7.589	7.526	7.014	55.1	7.834	7.769	7.242	59.1	8.066	8.000	7.460
51.2	7.596	7.533	7.020	55.2	7.839	7.775	7.248	59.2	8.072	8.006	7.465
51.3	7.602	7.539	7.026	55.3	7.845	7.781	7.253	59.3	8.078	8.011	7.471
51.4	7.608	7.545	7.032	55.4	7.851	7.787	7.259	59.4	8.083	8.017	7.476
51.5	7.614	7.551	7.037	55.5	7.857	7.792	7.264	59.5	8.089	8.023	7.481
51.6	7.621	7.557	7.043	55.6	7.863	7.798	7.270	59.6	8.095	8.028	7.487
51.7	7.627	7.563	7.049	55.7	7.869	7.804	7.276	59.7	8.100	8.034	7.492
51.8	7.633	7.570	7.055	55.8	7.875	7.810	7.281	59.8	8.106	8.039	7.497
51.9	7.639	7.576	7.061	55.9	7.881	7.816	7.287	59.9	8.112	8.045	7.503

X,Y,Z	V_X	V_Y	V_Z	X,Y,Z	V_X	V_Y	V_Z	X,Y,Z	V_X	V_Y	V_Z
60.0	8.117	8.051	7.508	64.0	8.338	8.270	7.715	68.0	8.549	8.480	7.913
60.1	8.123	8.056	7.513	64.1	8.343	8.275	7.720	68.1	8.554	8.435	7.918
60.2	8.129	8.062	7.518	64.2	8.348	8.280	7.725	68.2	8.559	8.490	7.923
60.3	8.134	8.067	7.524	64.3	8.354	8.286	7.730	68.3	8.564	8.495	7.938
60.4	8.140	8.073	7.529	64.4	8.359	8.291	7.735	68.4	8.570	8.500	7.933
60.5	8.145	8.079	7.534	64.5	8.365	8.296	7.740	68.5	8.575	8.505	7.938
60.6	8.151	8.084	7.539	64.6	8.370	8.302	7.745	68.6	8.580	8.510	7.942
60.7	8.157	8.090	7.545	64.7	8.375	8.307	7.750	68.7	8.585	8.515	7.947
60.8	8.162	8.095	7.550	64.8	8.381	8.312	7.755	68.8	8.590	8.521	7.952
60.9	8.168	8.101	7.555	64.9	8.386	8.318	7.760	68.9	8.595	8.526	7.957
61.0	8.173	8.106	7.560	65.0	8.391	8.323	7.765	69.0	8.600	8.531	7.962
61.1	8.179	8.112	7.563	65.1	8.397	8.328	7.770	69.1	8.606	8.536	7.967
61.2	8.184	8.117	7.571	65.2	8.402	8.331	7.775	69.2	8.611	8.541	7.971
61.3	8.190	8.123	7.576	65.3	8.407	8.339	7.780	69.3	8.616	8.546	7.976
61.4	8.196	8.128	7.581	65.4	8.413	8.341	7.785	69.4	8.621	8.551	7.981
61.5	8.201	8.134	7.585	65.5	8.418	8.349	7.790	69.5	8.626	8.556	7.986
61.6	8.207	8.139	7.592	65.6	8.423	8.355	7.795	69.6	8.631	8.561	7.991
61.7	8.212	8.145	7.597	65.7	8.429	8.360	7.800	69.7	8.636	8.566	7.995
61.8	8.218	8.150	7.602	65.8	8.434	8.365	7.805	69.8	8.641	8.571	8.000
61.9	8.223	8.156	7.607	65.9	8.439	8.370	7.810	69.9	8.646	8.576	8.005
62.0	8.229	8.161	7.612	66.0	8.444	8.376	7.815	70.0	8.651	8.581	8.010
62.1	8.234	8.167	7.618	66.1	8.450	8.381	7.820	70.1	8.656	8.586	8.014
62.2	8.240	8.172	7.623	66.2	8.455	8.386	7.825	70.2	8.661	8.591	8.019
62.3	8.245	8.178	8.628	66.3	8.460	8.391	7.830	70.3	8.667	8.596	8.024
62.4	8.251	8.183	7.633	66.4	8.466	8.397	7.835	70.4	8.672	8.601	8.029
62.5	8.256	8.189	7.638	66.5	8.471	8.402	7.840	70.5	8.677	8.606	8.034
62.6	8.262	8.194	7.643	66.6	8.476	8.407	7.845	70.6	8.682	8.611	8.038
62.7	8.267	8.200	7.648	66.7	8.481	8.412	7.850	70.7	8.687	8.616	8.043
62.8	8.273	8.205	7.654	66.8	8.486	8.418	7.855	70.8	8.692	8.621	8.048
62.9	8.278	8.210	7.659	66.9	8.492	8.423	7.859	70.9	8.697	8.626	8.053
63.0	8.284	8.216	7.664	67.0	8.497	8.428	7.864	71.0	8.702	8.631	8.057
63.1	8.289	8.221	7.669	67.1	8.502	8.433	7.869	71.1	8.707	8.636	8.062
63.2	8.294	8.227	7.674	67.2	8.507	8.438	7.874	71.2	8.712	8.641	8.067
63.3	8.300	8.232	7.679	67.3	8.513	8.443	7.879	71.3	8.717	8.616	8.071
63.4	8.305	8.237	7.684	67.4	8.518	8.449	7.884	71.4	8.722	8.651	8.076
63.5	8.311	8.243	7.689	67.5	8.523	8.454	7.889	71.5	8.727	8.656	8.081
63.6	8.316	8.248	7.694	67.6	8.528	8.459	7.894	71.6	8.732	8.661	8.086
63.7	8.322	8.254	7.699	67.7	8.533	8.464	7.899	71.7	8.737	8.666	8.090
63.8	8.327	8.259	7.705	67.8	8.539	8.469	7.904	71.8	8.742	8.671	8.095
63.9	8.332	8.264	7.710	67.9	8.544	8.474	7.909	71.9	8.747	8.676	8.100

X、Y、Z	V_X	V_Y	V_Z	X、Y、Z	V_X	V_Y	V_Z	X、Y、Z	V_X	V_Y	V_Z
72.0	8.752	8.681	8.104	76.0	8.947	8.875	8.288	80.0	9.134	9.062	8.466
72.1	8.757	8.686	8.109	76.1	8.951	8.880	8.293	80.1	9.139	9.066	8.470
72.2	8.762	8.691	8.110	76.2	8.956	8.884	8.297	80.2	9.143	9.071	8.475
72.3	8.767	8.696	8.113	76.3	8.961	8.889	8.302	80.3	9.148	9.075	8.479
72.4	8.772	8.701	8.123	76.4	8.966	8.894	8.306	80.4	9.153	9.080	8.483
72.5	8.777	8.706	8.128	76.5	8.970	8.899	8.311	80.5	9.157	9.084	8.488
72.6	8.781	8.711	8.132	76.6	8.975	8.903	8.315	80.6	9.162	9.089	8.492
72.7	8.786	8.716	8.137	76.7	8.980	8.908	8.320	80.7	9.166	9.093	8.497
72.8	8.791	8.720	8.142	76.8	8.985	8.913	8.324	80.8	9.171	9.098	8.501
72.9	8.796	8.725	8.146	76.9	8.990	8.918	8.829	80.9	9.175	9.103	8.505
73.0	8.801	8.730	8.151	77.0	8.994	8.922	8.333	81.0	9.180	9.107	8.510
73.1	8.806	8.735	8.156	77.1	8.999	8.927	8.338	81.1	9.185	9.112	8.514
73.2	8.811	8.740	8.160	77.2	9.004	8.932	8.342	81.2	9.189	9.116	8.518
73.3	8.816	8.745	8.165	77.3	9.008	8.936	8.347	81.3	9.194	9.121	8.522
73.4	8.821	8.750	8.170	77.4	9.013	8.941	8.351	81.4	9.198	9.125	8.527
73.5	8.826	8.755	8.174	77.5	9.018	8.946	8.356	81.5	9.203	9.130	8.531
73.6	8.831	8.760	8.179	77.6	9.022	8.950	8.360	81.6	9.207	9.134	8.535
73.7	8.835	8.764	8.183	77.7	9.027	8.955	8.365	81.7	9.212	9.139	8.540
73.8	8.840	8.769	8.188	77.8	9.032	8.960	8.369	81.8	9.216	9.143	8.544
73.9	8.845	8.774	8.193	77.9	9.037	8.964	8.374	81.9	9.221	9.148	8.548
74.0	8.850	8.779	8.197	78.0	9.041	8.969	8.378	82.0	9.225	9.152	8.553
74.1	8.855	8.784	8.202	78.1	9.046	8.974	8.382	82.1	9.230	9.157	8.557
74.2	8.860	8.789	8.206	78.2	9.051	8.978	8.387	82.2	9.234	9.161	8.561
74.3	8.865	8.793	8.211	78.3	9.055	8.983	8.391	82.3	9.239	9.166	8.565
74.4	8.870	8.798	8.216	78.4	9.060	8.988	8.396	82.4	9.243	9.170	8.570
74.5	8.874	8.803	8.220	78.5	9.065	8.992	8.400	82.5	9.248	9.175	8.574
74.6	8.879	8.808	8.225	78.6	9.069	8.997	8.405	82.6	9.252	9.179	8.578
74.7	8.881	8.813	8.229	78.7	9.074	9.002	8.409	82.7	9.257	9.184	8.583
74.8	8.889	8.818	8.234	78.8	9.079	9.006	8.413	82.8	9.261	9.188	8.587
74.9	8.894	8.822	8.238	78.9	9.083	9.011	8.418	82.9	9.266	9.193	8.591
75.0	8.899	8.827	8.243	79.0	9.088	9.016	8.422	83.0	9.270	9.197	8.595
75.1	8.903	8.832	8.248	79.1	9.093	9.020	8.427	83.1	9.275	9.202	8.600
75.2	8.908	8.837	8.252	79.2	9.097	9.025	8.431	83.2	9.279	9.206	8.604
75.3	8.913	8.842	8.257	79.3	9.102	9.030	8.435	83.3	9.284	9.210	8.608
75.4	8.918	8.846	8.261	79.4	9.106	9.034	8.440	83.4	9.288	9.215	8.612
75.5	8.923	8.851	8.266	79.5	9.111	9.039	8.444	83.5	9.293	9.219	8.617
75.6	8.927	8.856	8.270	79.6	9.116	9.043	8.449	83.6	9.297	9.224	8.621
75.7	8.932	8.861	8.275	79.7	9.120	9.048	8.453	83.7	9.302	9.228	8.625
75.8	8.937	8.865	8.280	79.8	9.125	9.052	8.457	83.8	9.306	9.233	8.629
75.9	8.942	8.370	8.284	79.9	9.130	9.057	8.462	83.9	9.311	9.237	8.633

X、Y、Z	V_X	V_Y	V_Z	X、Y、Z	V_X	V_Y	V_Z	X、Y、Z	V_X	V_Y	V_Z
84.0	9.315	9.241	8.638	88.0	9.490	9.415	8.804	92.0	9.658	9.583	8.964
84.1	9.319	9.246	8.642	88.1	9.494	9.419	8.808	92.1	9.662	9.587	8.968
84.2	9.324	9.250	8.646	88.2	9.498	9.424	8.812	92.2	9.666	9.591	8.972
84.3	9.328	9.255	8.650	88.3	9.502	9.428	8.816	92.3	9.670	9.595	8.976
84.4	9.333	9.259	8.655	88.4	9.507	9.432	8.820	92.4	9.674	9.599	8.980
84.5	9.337	9.263	8.659	88.5	9.511	9.436	8.824	92.5	9.679	9.603	8.984
84.6	9.342	9.268	8.663	88.6	9.515	9.441	8.828	92.6	9.683	9.607	8.988
84.7	9.346	9.272	8.667	88.7	9.519	9.445	8.832	92.7	9.687	9.612	8.992
84.8	9.350	9.277	8.671	88.8	9.524	9.449	8.836	92.8	9.691	9.616	8.996
84.9	9.355	9.281	8.675	88.9	9.528	9.453	8.840	92.9	9.695	9.620	9.000
85.0	9.359	9.285	8.680	89.0	9.532	9.458	8.844	93.0	9.699	9.624	9.004
85.1	9.364	9.290	8.684	89.1	9.536	9.462	8.848	93.1	9.703	9.628	9.008
85.2	9.368	9.294	8.688	89.2	9.541	9.466	8.852	93.2	9.707	9.632	9.012
85.3	9.372	9.299	8.692	89.3	9.545	9.470	8.856	93.3	9.711	9.636	9.015
85.4	9.377	9.303	8.696	89.4	9.549	9.474	8.860	93.4	9.716	9.640	9.019
85.5	9.381	9.307	8.701	89.5	9.553	9.479	8.865	93.5	9.720	9.644	9.023
85.6	9.386	9.312	8.705	89.6	9.558	9.482	8.869	93.6	9.724	9.648	9.027
85.7	9.390	9.316	8.709	89.7	9.562	9.487	8.873	93.7	9.728	9.652	9.031
85.8	9.394	9.320	8.713	89.8	9.566	9.491	8.877	93.8	9.732	9.656	9.035
85.9	9.399	9.325	8.717	89.9	9.570	9.495	8.881	93.9	9.736	9.660	9.039
86.0	9.403	9.329	8.721	90.0	9.574	9.500	8.885	94.0	9.740	9.664	9.043
86.1	9.407	9.333	8.725	90.1	9.579	9.504	8.889	94.1	9.744	9.669	9.047
86.2	9.412	9.338	8.730	90.2	9.583	9.508	8.893	94.2	9.748	9.673	9.051
86.3	9.416	9.342	8.734	90.3	9.587	9.512	8.897	94.3	9.752	9.677	9.054
86.4	9.420	9.346	8.738	90.4	9.591	9.516	8.901	94.4	9.756	9.681	9.058
86.5	9.425	9.351	8.742	90.5	9.595	9.521	8.905	94.5	9.760	9.685	9.062
86.6	9.429	9.355	8.746	90.6	9.600	9.525	8.909	94.6	9.764	9.689	9.066
86.7	9.433	9.359	8.750	90.7	9.604	9.529	8.913	94.7	9.768	9.693	9.070
86.8	9.438	9.364	8.754	90.8	9.608	9.533	8.917	94.8	9.773	9.697	9.074
86.9	9.442	9.368	8.759	90.9	9.612	9.537	8.921	94.9	9.777	9.701	9.078
87.0	9.446	9.372	8.763	91.0	9.616	9.541	8.925	95.0	9.781	9.705	9.082
87.1	9.451	9.377	8.767	91.1	9.621	9.546	8.929	95.1	9.785	9.709	9.085
87.2	9.455	9.381	8.771	91.2	9.625	9.550	8.933	95.2	9.789	9.713	9.089
87.3	9.459	9.385	8.775	91.3	9.629	9.554	8.937	95.3	9.793	9.717	9.093
87.4	9.464	9.389	8.779	91.4	9.633	9.558	8.941	95.4	9.797	9.721	9.097
87.5	9.468	9.394	8.783	91.5	9.637	9.562	8.945	95.5	9.801	9.725	9.101
87.6	9.472	9.398	8.787	91.6	9.641	9.566	8.948	95.6	9.805	9.729	9.105
87.7	9.477	9.402	8.791	91.7	9.645	9.570	8.952	95.7	9.809	9.733	9.109
87.8	9.481	9.407	8.795	91.8	9.650	9.575	8.956	95.8	9.813	9.737	9.113
87.9	9.485	9.411	8.800	91.9	9.654	9.579	8.960	95.9	9.817	9.741	9.116

$X、Y、Z$	V_X	V_Y	V_Z	$X、Y、Z$	V_X	V_Y	V_Z	$X、Y、Z$	V_X	V_Y	V_Z
96.0	9.821	9.745	9.120	100.0	9.978	9.902	9.271	104.0			9.418
96.1	9.825	9.749	9.124	100.1	9.982	9.906	9.275	104.1			9.421
96.2	9.829	9.753	9.128	100.2	9.986	9.910	9.279	104.2			9.425
96.3	9.833	9.757	9.132	100.3	9.990	9.913	9.282	104.3			9.428
96.4	9.837	9.761	9.135	100.4	9.994	9.917	9.286	104.4			9.432
96.5	9.841	9.765	9.139	100.5	9.998	9.921	9.290	104.5			9.436
96.6	9.845	9.769	9.143	100.6		9.925	9.293	104.6			9.439
96.7	9.849	9.773	9.147	100.7		9.929	9.297	104.7			9.443
96.8	9.853	9.777	9.151	100.8		9.933	9.301	104.8			9.446
96.9	9.857	9.781	9.154	100.9		9.936	9.304	104.9			9.450
97.0	9.861	9.785	9.158	101.0		9.940	9.308	105.0			9.454
97.1	9.865	9.789	9.162	101.1		9.944	9.312	105.1			9.457
97.2	9.869	9.793	9.166	101.2		9.948	9.316	105.2			9.461
97.3	9.873	9.796	9.170	101.3		9.952	9.319	105.3			9.464
97.4	9.877	9.800	9.173	101.4		9.956	9.323	105.4			9.468
97.5	9.880	9.804	9.177	101.5		9.959	9.327	105.5			9.471
97.6	9.884	9.808	9.181	101.6		9.963	9.330	105.6			9.475
97.7	9.888	9.812	9.185	101.7		9.967	9.334	105.7			9.479
97.8	9.892	9.816	9.189	101.8		9.971	9.338	105.8			9.482
97.9	9.896	9.820	9.192	101.9		9.975	9.341	105.9			9.486
98.0	9.900	9.824	9.196	102.0		9.978	9.345	106.0			9.489
98.1	9.904	9.828	9.200	102.1		9.982	9.349	106.1			9.493
98.2	9.908	9.832	9.204	102.2		9.986	9.352	106.2			9.496
98.3	9.912	9.836	9.207	102.3		9.990	9.356	106.3			9.500
98.4	9.916	9.840	9.211	102.4		9.994	9.360	106.4			9.504
98.5	9.920	9.844	9.215	102.5		9.997	9.363	106.5			9.507
98.6	9.924	9.847	9.219	102.6			9.367	106.6			9.511
98.7	9.928	9.851	9.222	102.7			9.370	106.7			9.514
98.8	9.932	9.855	9.226	102.8			9.374	106.8			9.518
98.9	9.936	9.859	9.230	102.9			9.378	106.9			9.521
99.0	9.939	9.863	9.234	103.0			9.381	107.0			9.525
99.1	9.943	9.867	9.237	103.1			9.385	107.1			9.528
99.2	9.947	9.871	9.241	103.2			9.389	107.2			9.532
99.3	9.951	9.875	9.245	103.3			9.392	107.3			9.535
99.4	9.955	9.879	9.249	103.4			9.396	107.4			9.539
99.5	9.959	9.883	9.253	103.5			9.400	107.5			9.542
99.6	9.963	9.886	9.256	103.6			9.403	107.6			9.546
99.7	9.967	9.890	9.260	103.7			9.407	107.7			9.549
99.8	9.970	9.894	9.264	103.8			9.410	107.8			9.553
99.9	9.974	9.898	9.267	103.9			9.414	107.9			9.556

X、Y、Z	V_X	V_Y	V_Z	X、Y、Z	V_X	V_Y	V_Z	X、Y、Z	V_X	V_Y	V_Z
108.0			9.560	112.0			9.698	116.0			9.833
108.1			9.563	112.1			9.702	116.1			9.836
108.2			9.567	112.2			9.705	116.2			9.839
108.3			9.570	112.3			9.708	116.3			9.843
108.4			9.574	112.4			9.712	116.4			9.846
108.5			9.577	112.5			9.715	116.5			9.849
108.6			9.581	112.6			9.719	116.6			9.853
108.7			9.584	112.7			9.722	116.7			9.856
108.8			9.588	112.8			9.725	116.8			9.859
108.9			9.591	112.9			9.729	116.9			9.862
109.0			9.595	113.0			9.732	117.0			9.866
109.1			9.598	113.1			9.736	117.1			9.869
109.2			9.602	113.2			9.739	117.2			9.872
109.3			9.605	113.3			9.742	117.3			9.876
109.4			9.609	113.4			9.746	117.4			9.879
109.5			9.612	113.5			9.749	117.5			9.882
109.6			9.616	113.6			9.752	117.6			9.885
109.7			9.619	113.7			9.756	117.7			9.889
109.8			9.623	113.8			9.759	117.8			9.892
109.9			9.626	113.9			9.763	117.9			9.895
110.0			9.630	114.0			9.766	118.0			9.899
110.1			9.633	114.1			9.769	118.1			9.902
110.2			9.636	114.2			9.773	118.2			9.905
110.3			9.640	114.3			9.776	118.3			9.908
110.4			9.643	114.4			9.779	118.4			9.912
110.5			9.647	114.5			9.783	118.5			9.915
110.6			9.650	114.6			9.786	118.6			9.918
110.7			9.654	114.7			9.789	118.7			9.921
110.8			9.657	114.8			9.793	118.8			9.925
110.9			9.661	114.9			9.796	118.9			9.928
111.0			9.664	115.0			9.799	119.0			9.931
111.1			9.667	115.1			9.803	119.1			9.934
111.2			9.671	115.2			9.806	119.2			9.938
111.3			9.674	115.3			9.809	119.3			9.941
111.4			9.678	115.4			9.813	119.4			9.944
111.5			9.681	115.5			9.816	119.5			9.947
111.6			9.685	115.6			9.819	119.6			9.951
111.7			9.688	115.7			9.823	119.7			9.954
111.8			9.691	115.8			9.826	119.8			9.957
111.9			9.695	115.9			9.829	119.9			9.960

X、Y、Z	V_X	V_Y	V_Z	X、Y、Z	V_X	V_Y	V_Z	X、Y、Z	V_X	V_Y	V_Z
120.0			9.964	120.4			9.976	120.8			9.989
120.1			9.967	120.5			9.980	120.9			9.993
120.2			9.970	120.6			9.983	121.0			9.996
120.3			9.973	120.7			9.986	121.1			9.999

附录三　CIE 1931 色度图标准照明体 A、B、C、E 恒定主波长线的斜率

A		B		波长/nm	C		E	
$x_0=0.4476, y_0=0.4075$		$x_0=0.3485, y_0=0.3517$			$x_0=0.3101, y_0=0.3163$		$x_0=0.3333, y_0=0.3333$	
$\dfrac{x-x_0}{y-y_0}$	$\dfrac{y-y_0}{x-x_0}$	$\dfrac{x-x_0}{y-y_0}$	$\dfrac{y-y_0}{x-x_0}$		$\dfrac{x-x_0}{y-y_0}$	$\dfrac{y-y_0}{x-x_0}$	$\dfrac{x-x_0}{y-y_0}$	$\dfrac{y-y_0}{x-x_0}$
+0.67950		+0.50303		380	+0.43688		+0.48508	
0.67954		0.50307		381	0.43693		0.48513	
0.67957		0.50311		382	0.43698		0.48517	
0.67963		0.50319		383	0.43706		0.48525	
0.67968		0.50326		384	0.43714		0.48532	
+0.67972		+0.50330		385	+0.43719		+0.48537	
0.67980		0.50340		386	0.43731		0.48548	
0.67986		0.50347		387	0.43739		0.48555	
0.67991		0.50355		388	0.43747		0.48563	
0.68000		0.50365		389	0.43759		0.48574	
+0.68008		+0.50375		390	+0.43770		+0.48584	
0.68016		0.50385		391	0.43782		0.48595	
0.68024		0.50395		392	0.43793		0.48606	
0.68035		0.50408		393	0.43808		0.48620	
0.68046		0.50421		394	0.43822		0.48633	
+0.68052		+0.50430		395	+0.43832		+0.48643	
0.68066		0.50445		396	0.43850		0.48659	
0.68076		0.50458		397	0.43865		0.48673	
0.68087		0.50471		398	0.43879		0.48687	
0.68102		0.50489		399	0.43899		0.48705	
+0.68115		+0.50504		400	+0.43917		+0.48722	
0.68130		0.50522		401	0.43936		0.48740	
0.68143		0.50538		402	0.43954		0.48757	
0.68157		0.50553		403	0.43971		0.48774	
0.68171		0.50571		404	0.43991		0.48792	
+0.68189		+0.50591		405	+0.44013		+0.48813	
0.68202		0.50607		406	0.44031		0.48830	
0.68222		0.50630		407	0.44057		0.48854	
0.68241		0.50651		408	0.44081		0.48877	
0.68265		0.50679		409	0.44111		0.48906	

A		B		波长/nm	C		E	
$x_0=0.4476, y_0=0.4075$		$x_0=0.3485, y_0=0.3517$			$x_0=0.3101, y_0=0.3163$		$x_0=0.3333, y_0=0.3333$	
$\dfrac{x-x_0}{y-y_0}$	$\dfrac{y-y_0}{x-x_0}$	$\dfrac{x-x_0}{y-y_0}$	$\dfrac{y-y_0}{x-x_0}$		$\dfrac{x-x_0}{y-y_0}$	$\dfrac{y-y_0}{x-x_0}$	$\dfrac{x-x_0}{y-y_0}$	$\dfrac{y-y_0}{x-x_0}$
+0.6829		+0.5071		410	+0.4414		+0.4893	
0.6831		0.5074		411	0.4417		0.4897	
0.6834		0.5076		412	0.4421		0.4900	
0.6836		0.5079		413	0.4424		0.4903	
0.6839		0.5082		414	0.4427		0.4906	
+0.6841		+0.5085		415	+0.4430		+0.4909	
0.6846		0.5089		416	0.4435		0.4913	
0.6848		0.5092		417	0.4438		0.4916	
0.6855		0.5100		418	0.4446		0.4924	
0.6857		0.5102		419	0.4449		0.4927	
+0.6864		+0.5110		420	+0.4457		+0.4935	
0.6870		0.5117		421	0.4465		0.4942	
0.6877		0.5124		422	0.4473		0.4950	
0.6886		0.5133		423	0.4482		0.4959	
0.6892		0.5140		424	0.4490		0.4966	
+0.6903		+0.5152		425	+0.4502		+0.4979	
0.6914		0.5163		426	0.4515		0.4991	
0.6923		0.5172		427	0.4524		0.5000	
0.6933		0.5184		428	0.4537		0.5012	
0.6944		0.5196		429	0.4550		0.5024	
+0.6957		+0.5209		430	+0.4564		+0.5038	
0.6972		0.5225		431	0.4581		0.5055	
0.6988		0.5241		432	0.4598		0.5072	
0.7000		0.5254		433	0.4613		0.5086	
0.7020		0.5275		434	0.4635		0.5108	
+0.7037		+0.5293		435	+0.4654		+0.5126	
0.7056		0.5314		436	0.4676		0.5148	
0.7074		0.5332		437	0.4695		0.5167	
0.7095		0.5354		438	0.4719		0.5190	
0.7115		0.5375		439	0.4742		0.5212	

A		B		波长/nm	C		E	
$x_0=0.4476, y_0=0.4075$		$x_0=0.3485, y_0=0.3517$			$x_0=0.3101, y_0=0.3163$		$x_0=0.3333, y_0=0.3333$	
$\dfrac{x-x_0}{y-y_0}$	$\dfrac{y-y_0}{x-x_0}$	$\dfrac{x-x_0}{y-y_0}$	$\dfrac{y-y_0}{x-x_0}$		$\dfrac{x-x_0}{y-y_0}$	$\dfrac{y-y_0}{x-x_0}$	$\dfrac{x-x_0}{y-y_0}$	$\dfrac{y-y_0}{x-x_0}$
+0.7141		+0.5402		440	+0.4771		+0.5240	
0.7165		0.5428		441	0.4798		0.5267	
0.7191		0.5455		442	0.4827		0.5296	
0.7215		0.5481		443	0.4855		0.5323	
0.7244		0.5511		444	0.4888		0.5354	
+0.7277		+0.5546		445	+0.4926		+0.5391	
0.7310		0.5581		446	0.4964		0.5428	
0.7344		0.5617		447	0.5002		0.5465	
0.7382		0.5657		448	0.5045		0.5507	
0.7424		0.5702		449	0.5094		0.5555	
+0.7465		+0.5746		450	+0.5141		+0.5600	
0.7508		0.5791		451	0.5190		0.5648	
0.7556		0.5842		452	0.5244		0.5701	
0.7602		0.5891		453	0.5297		0.5753	
0.7655		0.5947		454	0.5358		0.5811	
+0.7708		+0.6003		455	+0.5419		+0.5871	
0.7766		0.6065		456	0.5486		0.5935	
0.7826		0.6129		457	0.5555		0.6003	
0.7894		0.6201		458	0.5633		0.6079	
0.7963		0.6273		459	0.5711		0.6155	
+0.8036		+0.6351		460	+0.5796		+0.6236	
0.8110		0.6429		461	0.5881		0.6319	
0.8192		0.6516		462	0.5975		0.6410	
0.8281		0.6611		463	0.6078		0.6510	
0.8382		0.6717		464	0.6192		0.6622	
0.8490		+0.6831		465	+0.6317		+0.6743	
0.8610		0.6958		466	0.6455		0.6877	
0.8747		0.7103		467	0.6612		0.7030	
0.8899		0.7263		468	0.6788		0.7200	
0.9062		0.7435		469	0.6976		0.7382	

A		B		波长/nm	C		E	
$x_0=0.4476, y_0=0.4075$		$x_0=0.3485, y_0=0.3517$			$x_0=0.3101, y_0=0.3163$		$x_0=0.3333, y_0=0.3333$	
$\dfrac{x-x_0}{y-y_0}$	$\dfrac{y-y_0}{x-x_0}$	$\dfrac{x-x_0}{y-y_0}$	$\dfrac{y-y_0}{x-x_0}$		$\dfrac{x-x_0}{y-y_0}$	$\dfrac{y-y_0}{x-x_0}$	$\dfrac{x-x_0}{y-y_0}$	$\dfrac{y-y_0}{x-x_0}$
+0.9251		+0.7635		470	+0.7195		+0.7594	
0.9455		0.7852		471	0.7434		0.7825	
0.9682		0.8094		472	0.7702		0.8084	
0.9934	+1.0066	0.8364		473	0.8002		0.8372	
+1.0217	0.9788	0.8669		474	0.8342		0.8699	
	+0.9488	+0.9018		475	+0.8736		+0.9075	
	0.9168	0.9421		476	0.9193		0.9510	+1.0515
	0.8832	0.9879	+1.0122	477	0.9719	+1.0289	+1.0009	0.9991
	0.8479	+1.0405	0.9611	478	+1.0328	0.9682		0.9449
	0.8107		0.9076	479		0.9050		0.8883
	+0.7713		+0.8515	480		+0.8391		+0.8290
	0.7296		0.7927	481		0.7705		0.7670
	0.6863		0.7322	482		0.7002		0.7033
	0.6410		0.6695	483		0.6277		0.6374
	0.5943		0.6056	484		0.5543		0.5704
	+0.5458		0.5397	485		+0.4789		+0.5013
	0.4953		0.4717	486		+0.4015		+0.4302
	0.4433		0.4023	487		+0.3227		+0.3577
	0.3899		0.3315	488		+0.2428		+0.2838
	0.3353		0.2596	489		+0.1619		+0.2089
	+0.2797		+0.1871	490		+0.0805		+0.1333
	+0.2224		+0.1127	491		−0.0026		+0.0560
	+0.1638		+0.0371	492		−0.0869		−0.0225
	+0.1051		−0.0382	493		−0.1706		−0.1008
	+0.0464		−0.1131	494		−0.2537		−0.1785
	−0.0123		−0.1877	495		−0.3364		−0.2559
	−0.0708		−0.2619	496		0.4185		0.3329
	−0.1287		−0.3350	497		0.4993		0.4087
	−0.1860		−0.4074	498		0.5793		0.4838
	−0.2423		−0.4784	499		0.6579		0.5574

A		B		波长/nm	C		E	
$x_0 = 0.4476, y_0 = 0.4075$		$x_0 = 0.3485, y_0 = 0.3517$			$x_0 = 0.3101, y_0 = 0.3163$		$x_0 = 0.3333, y_0 = 0.3333$	
$\dfrac{x-x_0}{y-y_0}$	$\dfrac{y-y_0}{x-x_0}$	$\dfrac{x-x_0}{y-y_0}$	$\dfrac{y-y_0}{x-x_0}$		$\dfrac{x-x_0}{y-y_0}$	$\dfrac{y-y_0}{x-x_0}$	$\dfrac{x-x_0}{y-y_0}$	$\dfrac{y-y_0}{x-x_0}$
	−0.2979		−0.5486	500		−0.7357		−0.6304
	0.3519		0.6169	501		0.8114		0.7013
	0.4050		0.6842	502		0.8863		0.7714
	0.4569		0.7504	503	−1.0415	0.9601		0.8403
	0.5075		0.8153	504	0.9681	−1.0330		0.9081
	−0.5574		−0.8796	505	−0.9046		−1.0252	−0.9754
	0.6062	−1.0601	0.9433	506	0.8490		0.9594	−1.0423
	0.6539	0.9939	−1.0061	507	0.8002		0.9021	
	0.7006	0.9359		508	0.7567		0.8516	
	0.7459	0.8850		509	0.7178		0.8068	
	−0.7902	−0.8396		510	−0.6826		−0.7666	
	0.8329	0.7992		511	0.6507		0.7304	
	0.8742	0.7629		512	0.6216		0.6977	
	0.9143	0.7298		513	0.5947		0.6677	
	0.9530	0.6998		514	0.5699		0.6403	
−1.0104	−0.9897	−0.6726		515	−0.5471		−0.6153	
0.9767	−1.0239	0.6483		516	0.5263		0.5928	
0.9473		0.6262		517	0.5072		0.5722	
0.9208		0.6057		518	0.4890		0.5528	
0.8969		0.5865		519	0.4718		0.5347	
−0.8757		−0.5688		520	−0.4557		−0.5178	
0.8568		0.5522		521	0.4403		0.5019	
0.8399		0.5368		522	0.4258		0.4870	
0.8244		0.5221		523	0.4117		0.4726	
0.8101		0.5079		524	0.3979		0.4587	
−0.7963		−0.4938		525	−0.3842		−0.4448	
0.7833		0.4802		526	0.3708		0.4313	
0.7704		0.4664		527	0.3572		0.4177	
0.7583		0.4531		528	0.3439		0.4045	
0.7467		0.4398		529	0.3306		0.3913	

A		B		波长/nm	C		E	
$x_0=0.4476, y_0=0.4075$		$x_0=0.3485, y_0=0.3517$			$x_0=0.3101, y_0=0.3163$		$x_0=0.3333, y_0=0.3333$	
$\dfrac{x-x_0}{y-y_0}$	$\dfrac{y-y_0}{x-x_0}$	$\dfrac{x-x_0}{y-y_0}$	$\dfrac{y-y_0}{x-x_0}$		$\dfrac{x-x_0}{y-y_0}$	$\dfrac{y-y_0}{x-x_0}$	$\dfrac{x-x_0}{y-y_0}$	$\dfrac{y-y_0}{x-x_0}$
−0.7352		−0.4267		530	−0.3174		−0.3782	
0.7240		0.4137		531	0.3043		0.3652	
0.7129		0.4008		532	0.2913		0.3523	
0.7021		0.3879		533	0.2782		0.3394	
0.6913		0.3749		534	0.2650		0.3264	
−0.6808		−0.3619		535	−0.2519		−0.3135	
0.6704		0.3490		536	0.2386		0.3005	
0.6598		0.3357		537	0.2252		0.2872	
0.6493		0.3223		538	0.2114		0.2737	
0.6389		0.3088		539	0.1977		0.2602	
−0.6286		−0.2953		540	−0.1838		−0.2466	
0.6179		0.2812		541	0.1694		0.2325	
0.6073		0.2671		542	0.1548		0.2182	
0.5962		0.2523		543	0.1397		0.2034	
0.5851		0.2373		544	0.1243		0.1884	
−0.5739		−0.2220		545	−0.1086		−0.1729	
0.5625		0.2063		546	−0.0926		0.1573	
0.5504		0.1899		547	−0.0759		0.1409	
0.5381		0.1730		548	−0.0586		0.1239	
0.5257		0.1558		549	−0.0410		0.1067	
−0.5126		−0.1377		550	−0.0226		−0.0886	
0.4989		−0.1189		551	−0.0035		−0.0698	
0.4849		−0.0996		552	+0.0160		−0.0506	
0.4700		−0.0792		553	+0.0365		−0.0304	
0.4547		−0.0583		554	+0.0575		−0.0096	
−0.4387		−0.0365		555	+0.0794		+0.0120	
0.4217		−0.0133		556	0.1025		+0.0348	
0.4036		+0.0109		557	0.1265		+0.0587	
0.3847		+0.0359		558	0.1512		+0.0833	
0.3644		+0.0626		559	0.1774		+0.1094	

续表

A $x_0=0.4476, y_0=0.4075$		B $x_0=0.3485, y_0=0.3517$		波长/nm	C $x_0=0.3101, y_0=0.3163$		E $x_0=0.3333, y_0=0.3333$	
$\dfrac{x-x_0}{y-y_0}$	$\dfrac{y-y_0}{x-x_0}$	$\dfrac{x-x_0}{y-y_0}$	$\dfrac{y-y_0}{x-x_0}$		$\dfrac{x-x_0}{y-y_0}$	$\dfrac{y-y_0}{x-x_0}$	$\dfrac{x-x_0}{y-y_0}$	$\dfrac{y-y_0}{x-x_0}$
−0.3433		+0.0902		560	+0.2044		+0.1364	
0.3210		0.1193		561	0.2327		0.1647	
0.2966		0.1503		562	0.2627		0.1949	
0.2708		0.1826		563	0.2938		0.2261	
0.2433		0.2168		564	0.3264		0.2591	
−0.2136		+0.2530		565	+0.3608		+0.2939	
−0.1816		0.2915		566	0.3969		0.3307	
−0.1469		0.3323		567	0.4350		0.3695	
−0.1092		0.3757		568	0.4752		0.4107	
−0.0681		0.4221		569	0.5177		0.4544	
−0.0238		+0.4709		570	+0.5621		+0.5002	
+0.0242		0.5227		571	0.6086		0.5485	
+0.0780		0.5788		572	0.6585		0.6005	
+0.1377		0.6394		573	0.7119		0.6564	
+0.2033		0.7039		574	0.7679		0.7154	
+0.2768		+0.7733		575	+0.8274		+0.7784	
0.3588		0.8479		576	0.8904		0.8456	
0.4521		0.9290	+1.0764	577	0.9580	+1.0439	0.9180	
0.5574		+1.0162	0.9841	578	+1.0294	0.9714	0.9952	+1.0048
0.6791			0.8996	579		0.9039	+1.0788	0.9269
+0.8205			+0.8226	580		+0.8414		+0.8554
0.9862	+1.0140		0.7521	581		0.7833		0.7894
+1.1818	0.8462		0.6877	582		0.7295		0.7289
	0.7053		0.6285	583		0.6793		0.6729
	0.5853		0.5737	584		0.6322		0.6207
	+0.4825		+0.5232	585		+0.5884		+0.5724
	0.3936		0.4765	586		+0.5475		0.5276
	0.3157		0.4332	587		0.5091		0.4857
	0.2463		0.3925	588		0.4727		0.4463
	0.1859		0.3552	589		0.4392		0.4101

A $x_0=0.4476, y_0=0.4075$		B $x_0=0.3485, y_0=0.3517$		波长/nm	C $x_0=0.3101, y_0=0.3163$		E $x_0=0.3333, y_0=0.3333$	
$\dfrac{x-x_0}{y-y_0}$	$\dfrac{y-y_0}{x-x_0}$	$\dfrac{x-x_0}{y-y_0}$	$\dfrac{y-y_0}{x-x_0}$		$\dfrac{x-x_0}{y-y_0}$	$\dfrac{y-y_0}{x-x_0}$	$\dfrac{x-x_0}{y-y_0}$	$\dfrac{y-y_0}{x-x_0}$
	+0. 1309		+0. 3198	590		+0. 4070		+0. 3755
	+0. 0817		0. 2869	591		0. 3769		0. 3433
	0. 0381		0. 2566	592		0. 3490		0. 3136
	0. 0021		0. 2277	593		0. 3222		0. 2852
	0. 0380		0. 2011	594		0. 2974		0. 2589
	−0. 0708		+0. 1761	595		+0. 2739		+0. 2341
	−0. 1004		0. 1530	596		0. 2521		0. 2112
	−0. 1270		0. 1316	597		0. 2318		0. 1899
	−0. 1516		0. 1114	598		0. 2125		0. 1698
	−0. 1744		0. 0923	599		0. 1943		0. 1508
	−0. 1951		+0. 0747	600		+0. 1773		+0. 1332
	0. 2148		+0. 0576	601		0. 1609		0. 1161
	0. 2326		+0. 0418	602		0. 1455		0. 1002
	0. 2497		+0. 0264	603		0. 1306		0. 0847
	0. 2654		+0. 0122	604		0. 1167		0. 0704
	−0. 2797		−0. 0010	605		+0. 1038		+0. 0572
	0. 2926		−0. 0132	606		0. 0918		+0. 0449
	0. 3051		−0. 0251	607		0. 0802		+0. 0329
	0. 3166		−0. 0360	608		0. 0693		+0. 0218
	0. 3271		−0. 0462	609		0. 0593		+0. 0115
	−0. 3368		−0. 0558	610		+0. 0498		+0. 0018
	0. 3461		0. 0649	611		+0. 0407		−0. 0075
	0. 3549		0. 0736	612		+0. 0321		−0. 0162
	0. 3628		0. 0815	613		+0. 0241		−0. 0243
	0. 3703		0. 0891	614		+0. 0166		−0. 0320
	−0. 3776		−0. 0965	615		+0. 0092		−0. 0395
	0. 3843		0. 1033	616		+0. 0024		0. 0464
	0. 3902		0. 1094	617		−0. 0037		0. 0526
	0. 3961		0. 1154	618		−0. 0098		0. 0588
	0. 4016		0. 1211	619		−0. 0156		0. 0646

A $x_0=0.4476, y_0=0.4075$		B $x_0=0.3485, y_0=0.3517$		波长/nm	C $x_0=0.3101, y_0=0.3163$		E $x_0=0.3333, y_0=0.3333$	
$\dfrac{x-x_0}{y-y_0}$	$\dfrac{y-y_0}{x-x_0}$	$\dfrac{x-x_0}{y-y_0}$	$\dfrac{y-y_0}{x-x_0}$		$\dfrac{x-x_0}{y-y_0}$	$\dfrac{y-y_0}{x-x_0}$	$\dfrac{x-x_0}{y-y_0}$	$\dfrac{y-y_0}{x-x_0}$
	−0.4067		−0.1265	620		−0.0210		−0.0701
	0.4111		0.1313	621		0.0258		0.0750
	0.4157		0.1361	622		0.0306		0.0798
	0.4199		0.1405	623		0.0351		0.0844
	0.4238		0.1447	624		0.0394		0.0886
	−0.4277		−0.1488	625		−0.0435		−0.0929
	0.4313		0.1527	626		0.0474		0.0968
	0.4346		0.1562	627		0.0511		0.1005
	0.4377		0.1596	628		0.0544		0.1038
	0.4409		0.1631	629		0.0580		0.1074
	−0.4437		−0.1661	630		−0.0611		−0.1105
	0.4465		0.1691	631		0.0641		0.1136
	0.4492		0.1721	632		0.0672		0.1167
	0.4517		0.1748	633		0.0700		0.1195
	0.4542		0.1776	634		0.0727		0.1223
	−0.4565		−0.1800	635		−0.0753		−0.1248
	0.4587		0.1825	636		0.0778		0.1273
	0.4607		0.1847	637		0.0800		0.1296
	0.4627		0.1869	638		0.0823		0.1319
	0.4647		0.1891	639		0.0846		0.1341
	−0.4665		−0.1911	640		−0.0866		−0.1362
	0.4682		0.1931	641		0.0886		0.1382
	0.4696		0.1947	642		0.0903		−0.1399
	0.4712		0.1965	643		0.0921		0.1417
	0.4725		0.1980	644		0.0936		0.1432
	−0.4739		−0.1995	645		−0.0952		−0.1448
	0.4752		0.2010	646		0.0967		0.1463
	0.4763		0.2022	647		0.0980		0.1476
	0.4775		0.2035	648		0.0993		0.1489
	0.4786		0.2048	649		0.1006		0.1502

A		B		波长/nm	C		E	
$x_0=0.4476, y_0=0.4075$		$x_0=0.3485, y_0=0.3517$			$x_0=0.3101, y_0=0.3163$		$x_0=0.3333, y_0=0.3333$	
$\frac{x-x_0}{y-y_0}$	$\frac{y-y_0}{x-x_0}$	$\frac{x-x_0}{y-y_0}$	$\frac{y-y_0}{x-x_0}$		$\frac{x-x_0}{y-y_0}$	$\frac{y-y_0}{x-x_0}$	$\frac{x-x_0}{y-y_0}$	$\frac{y-y_0}{x-x_0}$
	−0.4795		−0.2058	650		−0.1017		−0.1513
	0.4805		0.2069	651		0.1028		0.1524
	0.4814		0.2079	652		0.1039		0.1535
	0.4821		0.2088	653		0.1047		0.1543
	0.4831		0.2098	654		0.1058		0.1554
	−0.4838		−0.2106	655		−0.1066		−0.1562
	0.4845		0.2115	656		0.1075		0.1571
	0.4851		0.2121	657		0.1081		0.1577
	0.4858		0.2129	658		0.1090		0.1586
	0.4864		0.2135	659		0.1096		0.1592
	−0.4869		−0.2142	660		−0.1103		−0.1599
	0.4873		0.2146	661		0.1107		0.1603
	0.4878		0.2152	662		0.1113		0.1609
	0.4882		0.2156	663		0.1117		0.1613
	0.4885		0.2160	664		0.1122		0.1618
	−0.4889		−0.2164	665		−0.1126		−0.1622
	0.4892		0.2168	666		0.1130		0.1626
	0.4896		0.2172	667		0.1134		0.1630
	0.4900		0.2176	668		0.1139		0.1634
	0.4901		0.2178	669		0.1141		0.1637
	−0.4905		−0.2183	670		−0.1145		−0.1641
	0.4907		0.2185	671		0.1147		0.1643
	0.4910		0.2189	672		0.1151		0.1647
	0.4912		0.2191	673		0.1153		0.1649
	0.4916		0.2195	674		0.1157		0.1653
	−0.4918		−0.2197	675		−0.1159		−0.1655
	0.4921		0.2201	676		0.1164		0.1660
	0.4923		0.2203	677		0.1166		0.1662
	0.4925		0.2205	678		0.1168		0.1664
	0.4928		0.2209	679		0.1172		0.1668
	−0.49300		−0.22110	680		−0.11741		−0.16700
	0.49321		0.22134	681		0.11766		0.16725

A		B		波长/nm	C		E	
$x_0 = 0.4476, y_0 = 0.4075$		$x_0 = 0.3485, y_0 = 0.3517$			$x_0 = 0.3101, y_0 = 0.3163$		$x_0 = 0.3333, y_0 = 0.3333$	
$\dfrac{x-x_0}{y-y_0}$	$\dfrac{y-y_0}{x-x_0}$	$\dfrac{x-x_0}{y-y_0}$	$\dfrac{y-y_0}{x-x_0}$		$\dfrac{x-x_0}{y-y_0}$	$\dfrac{y-y_0}{x-x_0}$	$\dfrac{x-x_0}{y-y_0}$	$\dfrac{y-y_0}{x-x_0}$
	0.49343		0.22158	682		0.11791		0.16750
	0.49362		0.22180	683		0.11814		0.16773
	0.49382		0.22203	684		0.11837		0.16796
	-0.49401		-0.22225	685		-0.11860		-0.16819
	0.49419		0.22245	686		0.11881		0.16839
	0.49435		0.22263	687		0.11899		0.16858
	0.49451		0.22281	688		0.11918		0.16877
	0.49465		0.22297	689		0.11935		0.16893
	-0.49477		-0.22311	690		-0.11949		-0.16908
	0.49488		-0.22324	691		-0.11962		-0.16920
	0.49496		0.22334	692		0.11972		0.16931
	0.49503		0.22342	693		0.11980		0.16939
	0.49510		0.22350	694		0.11987		0.16947
	-0.49514		-0.22354	695		-0.11993		-0.16951
	0.49519		0.22360	696		0.11999		0.16957
	0.49521		0.22362	697		0.12001		0.16960
	0.49523		0.22364	698		0.12003		0.16962
	-0.49525		-0.22366	699		-0.12005		-0.16964

附录四 高尔式计算标准深度有关参数表

（C照明体,2°视场）

1/1 标准深度

序号	ϕ_0	$\alpha(\phi_0)$	K_1	K_2	K_3
1	0	2.162	2.11456	5.66846	−7.69141
2	56	3.773	2.29816	−11.7495	17.6848
3	88	3.885	−1.40472	0.860046	−0.547974
4	200	2.6205	−0.712646	−7.25098	−6.42383
5	228	1.711	−2.56482	−57.7461	316.031
6	244	2.117	3.67960	−4.18445	1.54260
7	328	2.170	−1.01903	4.70361	−18.6445
8	344	2.051	−1.46170	15.4683	−12.2627
9	360				

1/3 标准深度

序号	ϕ_0	$\alpha(\phi_0)$	K_1	K_2	K_3
1	0	1.971	1.88544	7.21387	−9.80811
2	52	3.523	0.569638	−0.97366	0.380866
3	156	3.491	−0.369324	−5.51416	1.48145
4	188	2.856	−2.81256	−2.37598	11.2539
5	216	2.130	−2.74438	−25.4053	62.6152
6	252	0.771	−0.421143	70.0625	−182.867
7	276	2.177	2.79831	−12.0183	17.0195
8	308	2.400	−0.492714	3.15607	−8.72205
9	344	2.224	−2.95581	−5.12891	85.1523
10	360				

1/9 标准深度

序号	ϕ_0	$\alpha(\phi_0)$	K_1	K_2	K_3
1	0	2.338	−0.899719	11.9614	−10.4897
2	48	3.502	5.24835	−17.4316	19.165
3	92	4.069	−0.36496	0.647095	−1.41742
4	188	3.061	−1.78186	−3.7832	−4.89355
5	224	1.701	−5.83112	14.4609	−12.9414
6	244	1.010	4.65631	−0.212402	−5.78418
7	288	2.525	1.51682	−1.57715	−0.630615
8	344	2.769	−0.353577	−31.7139	125.77
9	360				

1/25 标准深度

序号	ϕ_0	$\alpha(\phi_0)$	K_1	K_2	K_3
1	0	2.399	-3.06669	16.38	-10.9985
2	24	2.454	6.05066	19.0391	-87.7031
3	44	3.725	6.83469	-38.7412	69.4805
4	72	4.126	-0.303894	5.60791	5.65527
5	104	4.788	3.50299	-17.5785	20.2175
6	144	4.671	-1.60059	-3.75781	2.90381
7	196	3.231	-3.99182	-3.58398	-7.41406
8	220	1.964	-8.67981	27.377	-17.6328
9	236	1.204	3.00708	4.0166	-7.15625
10	296	2.908	0.416885	-1.06287	-1.29846
11	360				

1/200 标准深度

序号	ϕ_0	$\alpha(\phi_0)$	K_1	K_2	K_3
1	0	5.781	-8.22876	-7.56250	32.1875
2	20	4.090	-6.29501	27.7158	-28.7322
3	56	4.075	3.92737	13.5898	-14.1484
4	88	6.260	6.75366	-11.4219	-22.2578
5	104	6.957	2.35322	-12.4543	14.9242
6	140	6.887	-2.55719	4.14014	-9.9624
7	196	5.003	-4.13501	-31.582	78.5703
8	216	3.542	-4.12299	16.9131	24.6016
9	232	3.416	0.285156	121.195	-299.687
10	248	5.336	19.0779	-110.375	311.437
11	264	6.839	4.34583	-12.8137	15.3516
12	304	7.510	-1.00726	1.25439	-4.74463
13	344	7.004	-5.10107	-17.707	10.2500
14	360				